# 三江平原湿地生态系统健康评价与管理

王书可 著

中国农业出版社

北 京

# 前　言

　　湿地、森林和草地为陆地三大生态系统，能够提供巨大的社会效益、经济效益和生态效益。伴随着全球性湿地消失和退化危机的日益加重，湿地保护和管理逐渐成为国际社会关注的热点。基于生态系统管理的法则进行湿地生态系统健康的研究，既是湿地科学发展的必然结果，也是管理学科不断拓展与深化的要求，更是当前湿地保护与管理的紧迫诉求。

　　三江平原地处中国东北部，土地广袤、资源丰富，是我国淡水沼泽、湿地的集中分布区，拥有三江、洪河和兴凯湖等六块国际重要湿地。三江平原作为世界上重要的湿地物种基因库、我国商品粮生产和战备粮储存基地、我国与俄罗斯的界江地区，其湿地保护工作对于保护生物多样性、筑牢粮食生产的天然屏障、维护国土安全都具有重要的意义。然而，垦荒造田背景下对湿地资源过度、无序、不合理地开发利用，使三江平原也未能摆脱湿地消失和退化的危机。1998 年，黑龙江省颁布了《中共黑龙江省委、黑龙江省人民政府关于加强湿地保护的决定》，明确规定对现有湿地一律停止垦殖，三江平原湿地也正式进入了保护阶段。但是，在湿地生态效益、社会效益和经济效益实现的过程中，却出现了湿地保护与利用相互制约的困境，湿地管理失灵，湿地生态系统难以健康发展。为了确保三江平原湿地生态系统的健康，本书阐述了相关的评价与管理研究结果。

　　首先，在国内外关于湿地生态系统健康评价研究的基础上，本书对三江平原湿地进行了数据收集与摸底调研，针对三江平原湿地生态系统健康状况进行了系统深入的研究分析。研究人员邀请林业管理部门、相关高校及行政管理部门专家进行研究讨论，确定数据调查和问卷调查的内容，并在参与三江平原湿地管理的行政管理部门、科研院所以及当地居民中进行了摸底测数与社会调查，获取了科学翔实的数据，得到了三江平原湿地健康状况统计分析的基础数据。其次，运用结构方程模型对调研取得的数据进行数理统计分析，将公众的期望与专家的科学研判相结合，确定了三江平原湿地生态系统健康影响因子及其重要性序列。在此基础上，运用集对分析方法构建了三江平原湿地生态系统健康评价及其预测模型，对三江平原湿地生态系统的健康进行了评价及预测分析。

研究发现，近年来，三江平原湿地生态系统健康陷入了改善缓滞的局面，面临的外部干扰主要来源于人类扰动和自然扰动，而且这两类干扰相互影响、不断叠加，其中人类扰动是主要扰动因素，且放大了自然扰动的影响。三江平原湿地生态系统健康改善缓滞受限于湿地管理和湿地自我恢复能力低效等原因。在模拟三江平原湿地生态系统健康演化趋势后发现，人类扰动、湿地恢复和湿地物质贡献力是未来一段时期内三江平原湿地生态系统健康改善的重点，进而为对三江平原湿地进行合理有序的保护与利用找到了科学的依据。

最后，针对三江平原湿地生态系统健康评价及预测结果，结合地区实际，创新性地构建了三江平原湿地生态系统健康管理体系希望该管理体系对三江平原生态环境的改善、农业生产的保障、国土安全的维护以及该地区经济社会的可持续发展做出应有的贡献。

# 目　　录

# 第一章 三江平原湿地生态系统健康研究的背景与方案

## 第一节 研究背景、目的及意义

### 一、研究背景

#### （一）《湿地公约》的国际价值

湿地、森林、草地并称为陆地三大生态系统。人们对湿地进行保护，是因为湿地是迁徙鸟类和水禽栖息地。1971年2月2日，来自18个国家的代表在伊朗的拉姆萨尔签署了《关于特别是作为水禽栖息地的国际重要湿地公约》，简称《湿地公约》。《湿地公约》的宗旨是通过各成员国之间的合作，加强对世界湿地资源的保护及合理利用，以实现湿地生态系统的可持续发展。至2022年，《湿地公约》已有缔约国172个，共有2 466处湿地被列入《国际重要湿地名录》，名录所收录的湿地在生态学、植物学、动物学、湖沼学或水文学等方面具有独特的科研意义。1992年，中国正式加入《湿地公约》。2007年，中华人民共和国国际湿地公约履约办公室正式成立。至2021年，我国已建立64处国际重要湿地、600余处湿地自然保护区和1 600余处湿地公园，湿地保护率达到52.65%，其中位于三江平原区划范围内的三江、洪河、兴凯湖、七星河、珍宝岛和东方红6处湿地先后被列入《国际重要湿地名录》。

#### （二）"生态文明建设"与"湿地保护"

党的十八大把生态文明建设纳入中国特色社会主义事业总体布局，使生态文明建设的战略地位更加明确，有利于把生态文明建设融入经济建设、政治建设、文化建设、社会建设各方面和全过程。与此同时，湿地退化也已成为我国面临的主要生态危机之一，湿地恢复和管理受到我国专家学者和政府的重视。党的十八大和十九大报告分别提出"扩大森林、湖泊、湿地面积，保护生物多样性"和"强化湿地保护和恢复"。2018年，湿地保护立法列入《十三届全国人大常委会立法规划》，由全国人大环境资源委员会牵头研究起草和提请审议。十三届全国人大常委会第二十五次会议、第三十一次会议、第三十二次会议先后三次对湿地保护法草案进行了审议和修改，并表决通过。2021年12月24日，第102号中华人民共和国主席令公布了《中华人民共和国湿地保护法》，于2022年6月1日起施行。

三江平原是遭受人类扰动较为强烈的湿地集中分布区，同时也是全球湿地及其生物多样性最为丰富和关键的地区之一，对该区域湿地生态系统的恢复与保护成为三江平原生态文明建设的关键和三江平原生态文明建设的必然选择。

在上述背景下，三江平原湿地管理失灵问题凸显。三江平原湿地管理失灵问题体现在历史和现实两个层面。历史上，三江平原地区多为森林植被富集的湿地环岛，拥有独特的湿地-森林-草地天然生态环境系统。中华人民共和国成立后，在农业开荒、人口激增和粮食生产的三重压力下，三江平原湿地面积锐减。1949 年至 1998 年，三江平原湿地减少了 $419×10^4$ 平方千米。1998 年，黑龙江省委和省政府在对三江平原湿地的开发利用状况进行了调查研究的基础上，颁布了《中共黑龙江省委、黑龙江省人民政府关于加强湿地保护的决定》，指出："今后发展农业特别是粮食生产，主要靠加快中低产田改造、提高防灾减灾能力、加大科技投入和提高集约化经营水平来实现，而不是靠垦殖湿地扩大耕地规模来实现，对现有的湿地要进行全面规划、合理建设、有效保护。

这一决定的颁布，快速遏制住了大规模的湿地垦荒活动，但是对湿地的管理仍有待加强。在经过 60 多年的农业开发与利用后，三江平原湿地已经由以自然生态为主的环境系统转变为以半自然生态为主的环境系统，由以湿地为主要景观类型转变为以农田为主要景观类型。2003 年，黑龙江省政府颁布了《黑龙江省湿地保护条例》，但是在湿地管理的过程中违规的机会主义行为仍然时常发生。这导致三江平原湿地面积继续下滑，1998 年至 2015 年，三江平原湿地面积又减少了 $21×10^4$ 平方千米。现行的湿地保护措施虽然对保护湿地生物多样性和发挥生态功能具有积极意义，但是一些条款也限制了当地居民的活动空间，比如"湿地自然保护区核心区严禁人口定居""禁止在湿地自然保护区缓冲区内开展旅游和生产经营活动，现有生产经营活动应当停止"等。从历史和现实两方面看，三江平原在湿地管理方面存在着管理失灵的问题，这使得已经受损的三江平原湿地生态系统难以健康发展。

由此可见，将三江平原湿地作为研究对象，不仅在生态文明建设方面具有典型意义，而且在管理方面也具有重要的实践价值。本文以三江平原湿地生态系统健康作为研究的切入点，对湿地生态系统健康状况进行全面评价，找准"病症"；将湿地生态系统健康问题作为湿地管理的目标，提出对湿地生态系统健康进行管理的方案，"对症下药"，解决三江平原湿地管理失灵问题。湿地生态系统健康评价能够判定湿地生态系统现状与管理目标之间的差距，搭建起自然状态与人类社会管理需求之间的桥梁，为提高湿地管理效果提供科学依据。以健康问题为导向的湿地生态系统健康管理能够发挥改善和提高三江平原湿地生态系统健康状况的作用，逐渐降低乃至消除湿地破坏对三江平原地区社会综合发展的负面影响，进而打破三江平原地区的自然-经济-社会发展困境。这既是三江平原地区相关研究迫切需要解决的问题，也是生态文明建设和履行国际《湿地公约》的必然选择。希望本书的研究，能为三江平原湿地生态系统健康管理提供一些有参考性、有针对性、有可操作性的意见和建议。

## 二、研究目的

本书的研究目的是通过三江平原湿地生态系统健康评价与管理的研究，改善三江平原湿地管理效果，打破三江平原湿地生态系统在实现生态效益、社会效益和经济效益的过程中出现的湿地保护与利用相互制约的困境，统筹实现湿地生态系统的综合效益，提高三江平原湿地生态系统健康水平。本书通过研究，希冀达到以下三个具体目的。

### （一）探究三江平原湿地生态系统健康的主要影响因素

根据三江平原湿地特点和社会现状构建适宜的、可操作的湿地生态系统健康评价指标体系。根据三江平原湿地生态系统健康评价的具体结果，理性评估其健康现状，探寻其健康问题的症结，发出预警，为管理部门和决策部门提供科学管理的依据。

### （二）搭建湿地与湿地管理之间的桥梁

通过对湿地生态系统健康评价的研究，搭建起湿地生态学与湿地管理的桥梁，实现湿地科学技术与管理的衔接与融合。湿地生态系统健康的概念起源于生态学，但是随着湿地生态学研究的不断深入与发展，对湿地生态系统健康评价的研究在评价尺度上逐渐扩展，评价指标涉及的领域也日趋多元。湿地生态系统健康评价从局限于自然生态领域，发展到涵盖社会经济领域，综合多元的发展态势日益显著。通过湿地生态系统健康评价，将湿地生态学领域的研究成果更多地应用于湿地生态系统管理之中，能为湿地管理提供可遵循的自然科学规律，增强生态规律、生态技术在管理实践中的应用。

### （三）探索改善三江平原湿地生态系统健康状况的有效途径

根据湿地生态系统健康状况选择管理模式，对湿地生态系统进行系统管理与持续反馈，能增强湿地功能、提高湿地对研究区域社会发展的贡献。因此，将湿地特征、湿地功能和人类扰动强度都纳入湿地管理目标，统筹规划、系统考量，有助于最终实现三江平原湿地生态系统健康的目标。

## 三、研究意义

### （一）理论意义

本研究的理论意义是探索湿地生态系统健康在湿地管理中的实现途径，在湿地管理中引入湿地生态系统健康的概念，将管理和技术相衔接。我国关于湿地生态系统健康的研究已经从对概念和内涵的研究转向对评价方法的研究，但是在湿地生态系统健康评价指标体系的构建中，评价体系适用类型仍然相对宽泛，并且以湿地生态系统健康问题为导向进行的湿地管理的研究与实践相对较少。本书在借鉴前人研究成果的基础上，尝试构建三江平原湿地生态系统健康评价指标体系，通过使用结构方程模型、集对分析等方法，构建并使用三江平原湿地生态系统健康评价及预测模型做出评价及预测分析，进行以健康问题为导向的湿地生态系统健康管理。

### （二）现实意义

三江平原湿地是我国重要的湿地资源，其以特殊的地理位置、独特的生态功能和社会价值，引起国内外的广泛关注。随着生态系统健康研究的深入，在实践上，健康的生态系统被视为环境管理的终极目标，而准确的湿地生态系统健康评价是有效管理的基础。这不仅对于三江平原湿地生态系统健康管理具有重要意义，同时它也是三江平原地区实现可持续发展的关键所在。三江平原湿地生态系统健康管理，对于三江平原地区确保国家粮食生产、维护国家界江领土完整具有重要的国家安全意义；对于保护和恢复三江平原湿地及其生物多样性，发挥其生态功能，维持区域生态平衡，调节全球物质循环，促进区域可持续发展，履行《湿地公约》《生物多样性公约》等国际公约，具有重要的国际意义。

# 第二节　国内外研究现状

国际上关于湿地生态系统健康的研究，普遍是伴随着人类破坏湿地后果的不断显露而开始和逐渐深入的。当人类对湿地的破坏行为的后果开始显现后，人们逐渐认识到湿地生态系统对于可持续发展的重要性。各国学者相继对湿地生态系统健康进行研究，并逐渐建立了早期的湿地生态系统健康诊断指标。湿地生态系统健康成为湿地管理的终极目标，人们为此探索了许多具体做法，例如强化人们对于湿地健康现状的认识，采取必要的措施调整人类的行为以恢复湿地，统筹实现湿地生态系统的生态效益、社会效益、经济效益。本书结合国内外的研究进展，对湿地生态健康及湿地生态健康评价研究的成果进行了系统梳理与归类分析，进而展望下一步的研究重点与发展方向。

## 一、国外研究现状

笔者于 2021 年 9 月，分别以湿地（Wetland）、湿地生态系统（Wetland Ecosystem）、湿地生态系统管理（Wetland Ecosystem Management）、湿地生态系统健康（Wetland Ecosystem Health）、湿地生态系统健康评价（Health Assessment of Wetland Ecological System）、三江平原湿地生态系统健康评价（Health Assessment of Wetland Ecological System in Sanjiang Plain）为主题词在网络上进行检索，检索到的结果分别为 89 825 条、59 744 条、48 212 条、26 507 条、17 716 条、94 条。

国外关于湿地生态系统健康的研究主要从以下四个方面进行探讨。

### （一）国外关于湿地科学的研究

早期的湿地研究主要是针对泥炭和沼泽的研究。公元 46 年，日耳曼人因为泥炭开采活动，初步认识了沼泽湿地。经过漫长的酝酿期，在 20 世纪初期，"湿地"一词正式出现，完成了湿地科学创立的基本准备。随着湿地相关研究成果的逐渐增多，系统性与综合性的研究成为主导趋势，湿地科学成为一门独立的学科。1982 年，第一届国际湿地会议在印度召开，标志着湿地科学进入蓬勃发展阶段。

**1. 美国的研究** 美国关于湿地的研究相对较早，代表性研究成果集中体现于在 1890 年编制的《美国淡水沼泽总报告》；1986 年，W. L. 米契（W. L. Mitsch）和 J. G. 戈斯林克（J. G. Gosselink）编写了综合性著作《湿地》。在美国湿地研究的过程中有三个关键性的时间段：一是 1950—1980 年，学者们在研究红树林沼泽时将生态学等相关理论引入湿地科学研究；二是 20 世纪 80 年代末期至 21 世纪初期，学者们进行了对湿地生态系统结构的研究，使湿地研究更具有系统性；三是 2004 年，小布什总统颁布了"无净损失"的湿地保护法律，正式确认了湿地保护的法律身份，使之得到了正式的制度认可。

**2. 苏联的研究** 苏联在湿地分类及演化方面的研究取得了重要成果，如 1940 年苏联学者卡乌（Kau）系统地研究了沼泽的分类；20 世纪 70 年代初，苏联召开了湿地分类和保护会议，在会议上公布了苏联和欧洲部分湿地名单。

**3. 加拿大的研究** 加拿大在湿地研究方面也取得了巨大的成就，如于 1988 年出版了系统总结加拿大湿地研究成果的《加拿大湿地》。2000 年在魁北克举行的魁北克 2000 - 世纪湿地大事件活动，是一次在世界湿地科学发展历史上具有里程碑意义的活动。

### （二）国外关于生态系统健康的概念研究

"土地健康"是由利奥波德（Leopold）在 20 世纪 40 年代提出的，拉波特（Rapport）在 1989 年时根据土地健康的内涵对生态系统健康进行了相对完整的阐述，科斯坦萨（Costanza）在 1998 年提出没有疾病、稳定性、多样性、可恢复性、平衡性是生态系统健康的具体特征。生态系统健康的内涵也由最初土地健康所追求的最佳标准——"荒野性"，丰富为健康的生态系统应该具有稳定性和可持续性。

继拉波特等人展开关于生态系统健康内涵的研究后，从 20 世纪 90 年代至今，关于它的讨论从未间断，如卡尔（Karr）在 1991 年提出"系统具有从紊乱的状态自动恢复的内在潜力"，迈耶（Meyer）在 1991 年提出"健康的生态系统不仅是可持续和有弹性的，其生态结构和功能相对稳定，而且能够维持满足社会化的需求和期望"，哈维（Harvey）在 2001 年提出"健康的生态系统具有可持续的能量流、营养流、有机质及水的循环"，2006 年武特维思（Vugteveen）提出"健康的河流生态系统能维持河流生态功能和组织结构，又能满足人类社会需求"。

随着生态系统健康内涵研究的深入，生态系统健康研究的系统性和应用领域也在逐渐扩大。从 20 世纪 90 年代至今，生态系统健康研究的成果应用到生态系统管理中，成为生态系统管理的新目标、新方法。在此之后，关于生态系统健康评价的研究逐渐增多，最具有代表性的评价模型是 20 世纪 90 年代后期，由联合国经济合作开发署提出的"压力-状态-响应"模型。该模型从自然、经济、社会三因素之间的关系入手，对生态系统健康情况进行研究，追求环境保护与社会经济发展有机统一，开启了生态系统健康评价由单一性走向系统性的先河。

### （三）国外关于湿地生态系统健康评价的研究

国外关于湿地生态系统健康评价的研究，从内容上看，主要分为三个阶段。第一阶段是 20 世纪初期到 20 世纪 70 年代中期，是以评价栖息地状态为主要内容的研究阶段。各国进行湿地生态系统健康评价的最初目的是保护珍稀的野生禽类和动物，后来逐渐扩展为保护湿地物种，将研究重点从保护动物栖息地扩展至保护湿地动植物。但是，此时各国的研究并没有突破国界的限制，还没有形成"湿地国际"的意识。第二阶段是从 20 世纪 70 年代中期到 20 世纪 80 年代中期，是以评价湿地功能为主的研究阶段。这个阶段从时间上看比较短暂，但却是一个重要的过渡阶段。由于各国普遍受到《湿地公约》的影响，关于湿地生态系统健康评价的研究出现新的发展态势。湿地生态系统健康评价的研究，一方面集中于对湿地功能的评价，另一方面突破了国界的限制，从学术领域的相互借鉴延伸到实践领域的相互合作。第三阶段是 20 世纪 80 年代至今，是以评价湿地效益为主要研究内容的阶段。这个阶段以马萨诸塞大学的拉尔森（Larson）提出湿地效益价值的快速评价基础模型为开端，随后各国学者从资源经济学、系统生态学等方面对湿地生态系统的健康评价进行了不断的探索与研究。

国外关于湿地生态系统健康评价的研究，从评价方法上看主要包括指示物种评价法和指标体系评价法。

**1. 指示物种评价法**　运用指示物种评价法进行湿地生态系统健康评价，其原理是通过指示类群的情况来监测生态系统健康状况，是一种间接评价方法。指示物种评价法包括单物种生态系统健康评价和多物种生态系统健康评价，被选择的物种在质量或数量上要对生态系统健康状况的变化具有高度的敏感性。同时，指示物种要具有代表性，是该生态系统中的关键物种、特有物种、指示物种、濒危物种、长寿命物种和环境敏感物种。在对指示物种评价法的研究中发现，指示物种的筛选标准不明确时，这种方法不能准确地反映生态系统健康状况。有时,当单一物种不能完全指示生态系统健康状况时,就要选取多个指示物种。总体来看有效使用指示物种评价法对生态系统健康进行评价的关键在于有效选取指示物种。

**2. 指标体系评价法** 指标体系评价法经历了评价指标由生物化学指标向综合指标演变的过程,各项从不同评价尺度刻画生态系统特征,反映湿地生态系统的健康状况。在指标体系评价方法兴起之初,受监测技术不发达不完备、湿地生态学的研究成果不多等外在条件的限制,指标体系主要由简单直观的指标构成,如水情、动植物丰度、种群大小等。随着对湿地生态系统健康研究的深入,对湿地生态系统健康评价指标的选择逐渐出现系统化和综合化的趋势,物理指标、压力指标等先后被纳入和丰富到指标体系中来。代表性的评价指标体系有前文所述的"压力-状态-响应"模型和美国在河口湿地生态系统健康研究中提出的指标体系。美国在河口湿地生态系统健康研究中建立的指标体系是由响应指标、暴露指标、栖息环境指标和干扰因子构成。响应指标包括底栖生物构成及生物量,鱼类明显的病理状况,鱼群结构,大甲壳动物的相对丰度等。暴露指标包括沉积物中污染物浓度,沉积物毒性,水体毒性等。栖息环境指标包括盐度,沉积物特性,水深等。干扰因子包括淡水排入量,气候波动状况,污染物负荷量,河流状况,人口地理分布状况等。

## 二、国内研究现状

我国关于湿地生态系统健康的研究与国外相比起步较晚,20 世纪 90 年代后,由于我国湿地生态环境破坏加重、面积萎缩速度加快、物种多样性减少,湿地生态系统健康问题逐步成为我国学者研究的热点问题。2021 年,笔者分别以湿地、湿地生态系统、湿地生态系统管理、湿地生态系统健康、湿地生态系统健康评价、三江平原湿地为主题词在网络上进行检索,检索到的结果分别为 88 467 条、4 824 条、253 条、314 条、219 条、891 条。

关于湿地生态系统健康评价的研究,国内主要集中在以下几方面。

### (一) 关于生态系统健康的研究

我国关于生态系统健康的研究主要从以下两个方面进行。

**1. 方法类研究成果** 研究者侧重于对生态系统健康评价方法的具体研究。袁兴中等在研究生态系统健康概念的基础上,提出了生态系统健康评价体系。他们将生态系统健康评价体系分为生物物理指标、生态学指标和社会经济指标子体系三大类。马克明等通过梳理前人关于生态系统健康评价的方法,指出了生态系统健康研究定义上存在的争议。他们认为,生态系统健康评价的目的不是为生态系统诊断疾病,而是定义人类所期望的生态系统状态。欧阳毅等介绍了生态系统健康概念的由来、内涵,引入工程模糊集理论建立生态系统健康评价的数学模型。

**2. 景观类研究成果** 研究者侧重于将具体的景观类型作为研究对象,研究其生态系统健康状况。崔保山等以湿地生态系统作为研究对象,阐述了湿地生态系统健康的时间尺度特征、空间尺度特征以及时空尺度的统一性和差异性。王小艺等以农业生态系统为研究对象,对于农业生态系统健康评价的常用方法进行了比较研究。刘红对管理景观中的生态系统健康进行了研究,并对适用于管理景观的生态系统健康评价指标体系进行了讨论。罗跃初等以流域生态系统为研究对象,通过对流域生态系统健康评价指标体系的探讨,提出流域生态系统健康评价存在的问题。

### （二）关于湿地生态系统健康的研究

我国关于湿地生态系统健康的研究起步较晚，最早的研究大约开始于 1999 年，在 2015 年的时候达到高峰。

我国在湿地研究、湿地生态系统健康研究、三江平原湿地生态系统健康评价领域具有代表性的学者为刘兴土、吕宪国、崔保山等。在三江平原湿地研究方面成果较多的科研机构和高等院校包括中国科学院东北地理与农业生态研究所、黑龙江省科学院、东北林业大学等。我国关于湿地生态系统健康的研究主要集中在对湿地生态系统健康评价方法的研究上，研究者们提出了多个湿地生态系统健康评价指标体系。但这些指标体系在管理中缺乏可操作性，大部分指标都很难量化或基础数据缺失，因此，这些指标体系在管理实践中运用较少。根据评价指标的侧重点不同，可以将我国湿地生态系统健康评价的研究工作大致分为两种。

**1. 单一因素湿地生态系统健康评价研究**　这种类型的评价方法一般仅考虑湿地某一方面的因素，以研究者选择的关键评价角度或是因素的情况来判断湿地生态系统的健康状况。徐（xu）等在湖泊生态系统健康评价中只对生态特征进行评价。袁军在研究中只对湿地功能进行评价，认为湿地功能所具有的模糊属性决定了模糊数学方法在湿地功能评价中具有广泛的应用前景。单一因素湿地生态系统健康评价研究，在湿地生态系统健康评价研究兴起之初，有力、快速地推动了这项研究的发展。但是，由于湿地生态系统健康影响因素繁多，作用过程与演化机理复杂，学者们逐渐认识到仅考虑单一因素的评价指标体系很难真实、全面地研判湿地生态系统的健康状况。

**2. 多因素综合性的湿地生态系统健康评价研究**　湿地生态系统的复杂性与综合性直接导致了湿地生态系统健康评价指标呈现向多因素、综合性方向发展的趋势。学者们会在建立湿地生态系统健康评价指标体系时将自然、经济和社会类指标进行整合，进而对整个区域作出湿地生态系统健康评价。崔保山等以三江平原挠力河流域的湿地作为研究区域，构建了适宜三江平原湿地特点的湿地生态系统健康评价指标体系。刘兴土等进行了关于湿地变化的研究。吕宪国等进行了关于三江平原湿地变化双重驱动力的研究。麦少芝等主要从湿地生态系统健康评价现状出发，阐述了"压力-状态-响应"模型的概念及内容，基于该模型明显的因果关系特征提出指标分类体系，但该分类体系的设定相对宏观，缺乏具体性和针对性。王树功等基于湿地生态系统健康理论和"压力-状态-响应"模型，以珠江口淇澳岛红树林湿地生态系统为对象进行了研究。朱智洺分析了沿海湿地生态系统健康的相关影响因素。王治良等运用"压力-状态-响应"模型从人类健康、社会经济和生物物理等 3 个层面对洪泽湖流域的湿地生态系统进行了健康评价。朱卫红等以图们江流域下游为研究区域，构建了图们江下游湿地生态系统健康评价指标体系，并对该区域湿地生态系统的健康状况进行了综合评价，在评价过程中综合使用了多级模糊综合评判法和层次分析法。赵帅等在生态系统健康指标体系中加入了人体健康指标。

### 三、国内外研究评述

目前，对湿地生态系统健康状况的研究已经较为深入，但是研究成果在湿地管理实践应用上还存在不足。在我国，受科研管理过程与研究经费的限制，对湿地生态系统健康状况的研究基本都是围绕科研项目开展的，研究工作与湿地管理的联系不够紧密，衔接上还不够紧密。湿地生态系统健康研究的技术成果没有完全应用到管理上，缺乏实用性和针对性。具体地讲，对湿地生态系统健康状况的研究在从科学研究上升为指导湿地管理实践和管理决策的过程中，要着重解决好"如何更加理性地确定湿地生态系统健康标准""如何提高湿地生态系统健康评价的可操作性与预测性"和"湿地生态系统健康评价如何服务于管理决策"等三方面的挑战。

### （一）湿地生态系统健康评价标准的确定要具有合理性和现实性

谢弗（Schaeffer）等学者提出了生态系统功能的阈值，认为人类对环境资源的开发利用不能超过此阈值。在当下的科研工作中，所谓健康的生态系统，往往是指未受人类干扰的生态系统，即在同一生物地理区系内同一生态类型下的相对未受或者较少受人类干扰的系统。但在当今人类足迹几乎遍及生物圈各个角落的前提下，符合这一标准的区域恐怕是难以找到的。我们必须理性地认清现实，在世界范围内符合"原始""荒野"这一健康标准的湿地已寥寥无几，受到人类扰动影响的湿地已经成为湿地生态系统健康研究的主体。因此，湿地生态系统健康评价指标的选择与确定不能脱离"受损湿地"普遍存在的现实，不能只依赖于湿地的自然性来评判湿地生态系统的健康状况，要在自然性中更多地抽离出湿地生态系统自我维持及发展能力作为评价的标准。总的来说，建立一个更合理的评价标准和参照系仍需要开展大量的研究工作，并有待于从新的角度开拓思路。

### （二）湿地生态系统健康评价要具有可操作性和可预测性

由于人类扰动范围和扰动尺度的增大，加之湿地生态系统本身的复杂性，单一因素的生态系统健康评价变得不再能满足湿地生态系统健康评价的需求。多因素综合性的生态系统健康评价方法符合湿地生态系统健康评价的复杂性需求，多因素综合性的评价指标体系也能够更准确地判断湿地生态系统的健康状况。湿地生态系统健康评价还要做到具有可操作性，不能脱离监测技术的实际水平，不能好高骛远，脱离实际操作能力的健康评价不具备任何实践意义。由于湿地保护与恢复的效果具有滞后性，人们迫切需要通过湿地生态系统健康评价的结果来预测湿地生态系统健康状况的演化趋势。根据健康评价结果调整湿地管理行为，可以更好地发挥湿地管理的作用。因此，对湿地生态系统健康评价及预测体系的研究，将成为未来相关研究的一个重要方向。

### （三）湿地生态系统健康评价研究要服务于管理决策

湿地恢复效果的显现是一个相对漫长的过程，这就对湿地管理工作提出了具有前瞻性和预判性的要求。湿地属于自然生态系统，对湿地演化规律的掌握是实现湿地管理前瞻性的基本前提。因此，管理决策的水平就受到湿地生态系统健康研究水平的限制。湿地生态系统健康评价研究要更多地将宏观技术手段与监测技术相结合，为湿地管理决策提供准确的监测数据，及时反馈湿地生态系统各项监测指标的动态变化；研究的方向既要满足深刻揭示湿地演化规律的需要，又要符合湿地管理的需求，便于湿地管理政策的落实。湿地生态系统健康评价的目的不仅是诊断湿地健康问题，更要尽快恢复受损湿地，统筹实现湿地的生态效益、社会效益和经济效益。

# 第三节　研究内容与方法

## 一、主要内容

本书分为五个部分、共十章内容。

第一部分为研究的基础理论部分，包括第一章和第二章。第一章主要介绍本书的研究背景、研究目的和研究意义，对于现有的研究成果进行梳理和评析，明确研究方法、研究内容及研究框架，是本书的研究起点。第二章主要归纳了与本书相关的理论，为本书的研究打下理论基础。

第二部分为对三江平原湿地生态系统健康问题的分析，包括第三章和第四章。第三章主要通过回顾三江平原湿地开发利用与保护管理的历程，分析三江平原湿地管理中存在的问题。第四章从湿地生态系统健康的能力因素和扰动因素两个方面，对三江平原湿地生态系统健康状况进行分析。

第三部分为三江平原湿地生态系统健康评价及预测分析，包括第五章和第六章。第五章基于三江平原湿地生态系统的健康状况和湿地生态系统健康的内涵提出研究假设，进行探索性分析和验证性分析后，对三江平原湿地生态系统健康评价的影响因素进行了系统分析，确定各因子的影响力并构建了具体的评价指标体系。第六章运用集对分析法，构建三江平原湿地生态系统健康评价及预测模型，对三江平原湿地生态系统的健康状况进行预测，为三江平原湿地生态系统健康管理提供管理依据。

第四部分为改善三江平原湿地生态系统健康状况的对策研究，包括第七章、第八章和第九章。第七章通过将我国湿地保护管理制度与国外湿地生态系统健康管理制度进行比较分析，提出加强我国湿地管理的意见建议。为了提高对三江平原湿地的管理效率，在第八章中具体提出了构建三江平原湿地生态系统健康管理体系的框架。第九章内容为三江平原湿地生态系统健康管理的策略选择。

第五部分为研究成果总结，由第十章构成。

## 二、研究方法

本书的研究涉及湿地生态系统管理、湿地生态学、结构方程、集对分析法等理论方法。因此，需要采用多种研究方法。

### （一）文献分析法

首先，对国内外关于三江平原湿地生态系统健康评价的理论与实践的研究成果进行了检索、查阅、分类、汇总，对于湿地生态系统健康评价的研究领域及前瞻性研究进行了分析与跟踪，前后共查阅了文献千余篇，奠定了坚实的理论基础。在研究的过程中，关于外国文献的取得，主要有以下两个渠道：在校园网的国外期刊数据库进行查阅和下载，用于获得 ProQuest 博硕士论文全文数据库（PQDT）博士论文、*Springer* 电子期刊等；在学校和学院的阅览室阅读国外的期刊和书籍，主要包括 *Forest Ecology and Management*、*Forest Policy and Economics* 等。在研究的过程中，获取中文研究文献主要使用以下几个渠道：在中国知网的学术期刊数据库中进行检索，搜索相关期刊论文和硕博论文，下载这些文章，深入研读；阅读学院阅览室的林业和林业经济管理类相关学术期刊，比如林业类院校的学报、《生态经济》《林业经济问题》《林业科学》等；到相关部门查阅三江平原各年代的统计年鉴以及相关地方志，在数据整理中发现多年来三江平原湿地的数据统计缺乏独立性，且随着时间的变迁，政府数据统计口径、统计内容已经发生了一定的变化；到中国自然保护区生物资源标本共享平台、湿地中国网站以及三江平原各级政府门户网站等平台搜寻三江平原相关信息，在检索过程中发现，三江平原地区湿地信息缺失比较严重，网站上的湿地数据信息相对不足，宣传相对滞后。对文献进行分类阅读，按文献类型共查阅了期刊和硕博论文类文献近 400 篇，通过对期刊类及硕博类文献进行整理，明显发现关于湿地管理的研究相对宏观，多局限于约束层面，激励保护措施和政府与社会的互动性措施较少；通过对卫星图片的整理，发现三江平原天然湿地依然在减少并破碎化；通过对政策的整理，发现三江平原地区在湿地管理上存在多头管理、湿地所有权不清晰等问题。

### （二）实地调研和统计分析

本书数据获取过程分为三个阶段：一是预备调查阶段，即到黑龙江省统计局、黑龙江省农委、黑龙江省北大荒农垦总公司（原黑龙江省农垦总局）、黑龙江省科学院自然与生态研究所等部门和科研机构查阅相关报表、通知、文件、统计年鉴、监测数据等资料。统计资料收集主要通过购买、复制、记录等方式获取，本书主要使用的数据资料来源于相关年份的《黑龙江农垦统计年鉴》《黑龙江统计年鉴》、黑龙江省科学院自然与生态研究所的相关数据等。二是实地调研阶段，根据预备阶段的研究成果，选取有代表性的市（县）进行调研。三是数据分析阶段，即运用 SPSS 统计软件对获取数据进行分析与处理。四是数据的核实与校验阶段，即主要对处理后的数据进行科学校验，确保数据分析的准确。

### （三）定性研究和定量研究

本书的定性研究主要用于分析三江平原湿地管理失灵问题的症结，判断湿地生态系统健康影响因素之间的逻辑关系，比较分析我国湿地保护管理制度与国外生态系统健康管理制度之间的优缺点，确认三江平原湿地资源和湿地管理的基本情况，梳理总结三江平原湿地管理中存在的问题。对前人关于湿地生态系统健康影响因素的研究进行梳理归类，重新整合后确定影响因素。根据对三江平原湿地生态系统健康概念的解析，综合分析并确定影响因素之间的逻辑关系，为结构方程模型的构建搭建了逻辑基础。对我国湿地保护管理制度与国外湿地生态系统健康管理制度进行比较分析，提出加强我国湿地管理的意见建议。本书的定量研究主要用于对三江平原湿地生态系统的健康评价及预测分析。在研究的过程中使用了结构方程模型和集对分析方法。结构方程模型最显著的优势是能够同时处理多个变量，被视为一种验证性而非探索性的统计方法。本书运用 SPSS20.0 软件和 Lisrel8.7 软件，对结构方程模型进行求解和分析；运用集对分析法对结构方程模型中的不确定性因素进行评析及预测。

## 三、技术路线

本书研究的技术路线如图 1-1。

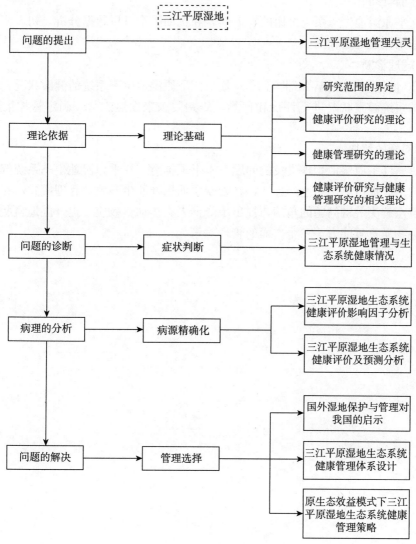

图 1-1 逻辑技术路线图

## （一）问题的提出

在国内外关于湿地保护的共识已然形成的背景下，本书从历史和现实两个方面进行研究，发现三江平原湿地存在湿地管理失灵的问题。这一问题不仅影响了三江平原地区的生态环境，而且在社会效益和经济效益等方面都产生了一定的负面效应。本书通过引入湿地生态系统健康概念，搭建技术与管理之间的桥梁，提高湿地管理水平，确保三江平原湿地生态系统得以健康发展。

## （二）理论架构

首先，本书对湿地、湿地生态系统、湿地生态系统健康的基本概念进行界定，从而确定研究范围。其次，分别对湿地生态系统健康评价和湿地管理的研究基础进行梳理，搭建理论研究框架，为研究提供理论路径。

### （三）问题诊断

对三江平原湿地生态系统健康的能力因素和扰动因素进行数据分析，初步研判三江平原湿地生态系统的健康状况。

### （四）病理诊断

依据 20 世纪 80 年代至 21 世纪 10 年代三江平原湿地生态系统的健康状况，对三江平原湿地生态系统健康状况进行评价和预测，研判其未来发展态势，确定管控工作的关键领域。

### （五）问题的解决

为解决三江平原湿地管理失灵的问题，本书根据对三江平原湿地生态系统健康状况评价与预测结果，提出解决问题的办法：在宏观层面选择原生态效益管理模式；在具体操作层面，从重点解决关键问题的角度，提出了降低人类扰动负效应、提升湿地自我恢复能力和增加湿地物质贡献能力等三个方面的管理对策。

# 第二章　理论基础

## 第一节　概念界定

### 一、湿地与湿地生态系统

#### （一）湿地

湿地在蓄洪防旱、调节气候、控制土壤侵蚀、促淤造陆、降解环境污染等方面起着极其重要的作用。由于湿地和水域、陆地之间没有明显边界，加上不同学科对湿地的研究重点不同，湿地的定义一直存在分歧。本书采用《湿地公约》关于湿地的定义：湿地是指天然或人工、永久或暂时性的沼泽地、泥炭地或水域地带，带有静止或流动、或为淡水、半咸水、咸水水体者，包括低潮时水深不超过 6 米的海域。《湿地公约》将湿地分为天然湿地和人工湿地，其中天然湿地又分为海洋湿地和内陆湿地。根据《湿地公约》对湿地的定义，并参照前人对湿地的分类，本书将三江平原湿地分为 4 类，即湖泊湿地、沼泽湿地、河流湿地及人工湿地（包括库塘）。

#### （二）湿地生态系统

一般来讲，湿地、森林和海洋并称为全球三大自然生态系统。湿地生态系统是介于水生生态系统和陆地生态系统之间的一类过渡性生态系统。湿地生态系统不同于陆地生态系统，也有别于水生生态系统，其生物群落由水生种类和陆生种类共同组成，物质循环、能量流动和物种迁移与演变活跃，具有较高的生态多样性、物种多样性和生物生产力。

### 二、湿地生态系统健康

湿地生态系统健康研究是湿地生态学的一个研究领域。目前，对于湿地生态系统健康，还没有一个得到广泛认可的完整定义。对于湿地生态系统健康的概念，不同时期，不同学者、机构，历来有不同的见解，讨论的焦点是"健康"的特性和测量标准。用测量标准来诠释生态系统健康概念，即明确当一个湿地生态系统满足了若干标准后，它就是一个健康的湿地生态系统。对于湿地生态系统健康的特性，则主要有如下表述：湿地生态系统健康是指湿地生态系统没有疾病反应、稳定且可持续发展，湿地生态系统有活力并且能维持其组织及自主性，在外界胁迫下容易恢复。

在湿地生态系统健康的诸多定义和描述中，本书基本认同我国学者崔保山对于湿地生态系统健康的定义。本书认为：湿地生态系统健康是指湿地生态系统结构完整、特征显著、可以自我维持及发展，能够发挥湿地生态系统生态效益、经济效益和社会效益等综合效益，满足人类社会的发展需求。湿地生态系统健康有广义和狭义之分，广义的湿地生态系统健康包括湿地生态系统自身的健康和外部扰动的适度；狭义的湿地生态系统健康仅指湿地生态系统自身的健康。

湿地生态系统健康的特征具体包括以下几点。

### （一）健康的湿地生态系统具备的能力

健康的湿地生态系统应该具备两种能力：湿地生态系统自我维持及发展的能力和湿地生态系统满足人类社会经济发展需求的能力。湿地生态系统具备自我维持及发展的能力，主要指湿地生态系统的组成、结构功能等能够满足湿地生态系统自我恢复、维持和发展的需求，是湿地生态系统生态效益的体现。湿地生态系统具备满足人类社会经济发展需求的能力，是指湿地生态系统能够满足人类社会发展的需求，为人类社会发展提供物质支撑并满足人类文化需求。湿地生态系统自我维持及发展的能力，是发挥湿地生态系统满足人类社会经济发展需求能力的基础和前提。湿地生态系统满足人类社会经济发展需求的能力，是湿地生态系统自我维持及发展的能力的目的之一。

### （二）湿地生态系统健康的核心是人类社会健康

人类社会和湿地在长期的相互作用中已经形成了紧密的联系，即使是未排水的沼泽湿地，也为区域经济发展提供了重要的物质基础。人类活动和自然活动驱动着湿地生态系统组成、结构、功能的演化，如果演化结果满足不了人类社会的发展需求，湿地生态系统就会对人类社会造成损害，这是湿地生态系统不健康的表现。所以，不考虑人类社会健康发展需求的湿地生态系统健康是没有现实价值的。因此，健康的湿地生态系统不仅能够维持自身的发展，还能够保证人类社会的健康发展以及区域社会经济的可持续发展。

### （三）湿地生态系统健康是一个期望状态

对于湿地生态系统健康的追求是湿地资源管理的目标，而非一个可以直接衡量的现状。衡量湿地生态系统的健康状况，实际上是在描述湿地的现状与管理目标所设定的理想状态之间的差异程度。因此，湿地生态系统健康评价实际上是在定义湿地生态系统健康的一个期望状态，确定湿地生态系统承载力的阈值，并在文化、道德、政策、法律和法规的约束下，实施有效的湿地生态系统管理。

### （四）健康的湿地生态系统是自然性与社会性的有机结合

目前，世界各地的湿地生态系统大部分都不再处于原始的、自然的、"荒野"的状态，将"荒野"状态下的湿地生态系统的特征作为"健康"的评判标准不具有现实性，以此为目标的湿地生态系统健康管理也不具备可操作性。所以，不考虑人类社会因素的湿地生态系统健康是没有意义的，它不可能存在于人类价值判断之外。基于这一实际，本书所指的湿地生态系统健康并非完全依赖其自然性，这是湿地生态系统健康评价与管理的基础。随着湿地生态系统健康研究的深入，湿地生态系统健康的内涵也将不断得到充实与完善。

## 三、湿地生态系统健康评价的影响因素

影响湿地生态系统健康的因素很多，如刘晓辉和吕宪国等人在对三江平原湿地进行研究时，将湿地的变化因素区分为间接因素和直接因素，这些影响因素直接关系到湿地生态系统健康评价的效果。又如前文所述，"湿地生态系统健康是指湿地生态系统结构完整、

特征显著、可以自我维持及发展，能够发挥湿地生态系统生态效益、经济效益和社会效益等综合效益，满足人类社会的发展需求。广义的湿地生态系统健康包括湿地生态系统自身的健康和外部扰动的适度"，综合前人的研究成果以及本书对于湿地生态系统健康的界定，本书将湿地生态系统健康状况的影响因素分为内部影响因素和外部影响因素。

### （一）内部影响因素

内部影响因素，顾名思义就是来源于湿地生态系统内部的影响因素。如前文所述，"广义的湿地生态系统健康包括湿地生态系统自身的健康和外部扰动的适度"，因此湿地生态系统健康评价的内部影响因素指湿地生态系统自身的能力。健康的湿地生态系统自身的能力可以表现为生态系统的生态特征显著、生态功能的稳定等，也可以表现为湿地生态系统能满足人类社会经济发展需求。

### （二）外部影响因素

外部影响因素，主要指扰动因素。扰动对于任何一个生态系统而言都是时时刻刻存在的外在影响因素。关于扰动，在学界存在两种观点，一种观点认为扰动是由人类或自然因素发起的、对于生态系统具有破坏作用的、不连续的事件；另外一种观点认为扰动可以为生物提供再生的机会，适度的扰动是有益的。为此，一些学者专门分析了干扰和扰动的区别，但是大部分研究者认为干扰与扰动没有明显的区分，二者的不同之处在于干扰侧重于原因，而扰动更注重于结果。本书基于"结果"的不同，将由人类或自然因素发起的对湿地生态系统健康有害的事件称为"扰动"、有益的事件称为"干预"。将扰动因素限定为对于湿地生态系统健康具有危害性的外在影响因素，包括自然扰动和人类扰动。将对于湿地生态系统健康有益的外在影响因素定义为干预因素，如将湿地恢复、湿地管理、湿地生态系统设计等对于湿地的保护性行为统称为人类干预。因此，本书提到的外部影响因素仅仅涵盖有害的扰动因素。三江平原湿地生态系统健康受到的外部扰动主要来源于自然扰动和人类扰动。自然扰动是指在无人为活动介入的情况下，由于自然变化而产生的扰动性行为。人类扰动是指在有目的的人类行为影响下，对自然进行的破坏行为。

## 四、湿地生态系统健康评价的原则

结合湿地生态系统健康评价的内涵和研究区域的实际情况，本书认为三江平原湿地生态系统健康评价应该重点遵循两项基本原则。

### （一）科学技术专家与社会公众共同预设湿地生态系统健康的"期望状态"

本书认为"湿地生态系统健康是一个期望值，不是一个可以直接测量的现状"。湿地生态系统健康是一个被定义的期望状态，那么应该"由谁定义""如何定义"这个期望状态呢？首先，讨论一下"由谁定义"的问题。目前，定义期望状态的过程，以专家定义为主导，对于社会公众的期望相对忽略。对于这种利用湿地生态学的研究成果来设定湿地健康状态的做法，本书部分认同。本书主张在定义和设定湿地生态系统健康状态的期望值时，要将专家期望与社会期望相结合。原因在于，首先，公民有表达何为理想中的生存环境的权利。专家掌握科学技术的研究成果，对于这一点必须尊重并且要利用其来管理湿地，但是当地居民对于良好生存环境的描摹不应该被忽视，他们有权利在管理的过程中表达自己的意愿。其次，社会公众具有感知自然的能力。尤其是当地居民对于湿地环境的变化有最直接的切身体验与最真实的感受，如对于湿地产品、气候条件等相关问题的质量、舒适程度等外显因素具有感知能力，这种感知能力与学历、经历、年龄等社会条件基本不相关。因此，应该在对湿地生态系统健康期望值的设定中将专家期望与社会公众期望相结合。

由谁定义"期望状态"的问题解决之后，下个问题就是如何定义"期望状态"。本书认为，由专家定义"期望状态"的阈值与标准、公众定义因素与重要性比较适宜。湿地生态系统健康评价和湿地生态系统管理都要求了解湿地的演化规律，准确确定标准值和权重是确保评价结果准确的关键，这是评价和管理湿地生态系统的一个理论前提。因此，对湿地承载力、演化过程、结构等方面阈值的确定必须尊重自然的演化规律。拥有丰富的湿地生态学常识，是专家的明显优势，因此对于阈值的确定和现状的描述要遵循专家普遍认同的标准和手段，用理性的数据去描述和判定湿地生态系统的健康状态。社会公众对于湿地生态系统健康状况的期望值，要通过人与自然在交互过程中的感知能力来确定。简要地说，用科学技术的手段来描述湿地生态系统各影响因素的现状，主要体现在各项测量指标数据的获取和数量标准的确立上；用社会公众期望来确定要素对于实现期望的影响力，主要体现在各项测量指标权重的确立上。

### （二）人与自然和谐共生的原则

人类作为群体庞大的智慧生物，对于其他生物、环境的作用力是其他任何生物都难以比拟的，并且这种作用力一定程度上已经超过了自然的调控能力。三江平原经过多年的开发和利用，湿地生态系统难以再维持自身的平衡，自我演替更新发展的动力机制已经被打破。人类扰动不可否认地成为湿地生态系统健康的重要影响因子，并且已经将湿地生态系统从一个相对封闭的状态转变为一个与人类社会高度交互的、高度开放的状态，人类已经在这个系统中扮演了重要的、亦正亦反的角色。因此，在评价过程中，要体现出人类在湿地生态系统中的作用，关注人类对于湿地生态系统健康的影响。另外，关于人与自然的关系，应放弃以人类自我为中心的观点，做到人与自然和谐共生。拉波特提出，生态系统健康的概念应该与人类的可持续发展联系在一起，其"健康"的目标在于为人类的生存和发展提供持续和良好的生态环境以及服务功能。因此，人作为湿地生态系统健康的影响因素，不能被排斥在评价体系之外。同时，又不能只追求人类的利益，而将自然的利益排斥在人类道德范围之外。应该两者兼顾，才能实现人与自然的和谐共生。遵循这一原则，在评价中准确地反映湿地生态系统健康的全貌，湿地生态系统健康评价体系才能够符合发展的要求，才是当代科学技术和社会伦理发展成果的综合体现。

# 第二节　湿地生态系统健康管理

湿地生态系统健康管理是聚焦湿地生态系统健康问题、进行湿地生态系统管理的过程。从评价周期来看，湿地生态系统健康评价是湿地生态系统健康管理的开端，管理部门要围绕其评价结果来制定管理策略。因此，湿地生态系统健康管理应以湿地生态系统健康评价为管理起点；而在下一个评价期间开始时，湿地生态系统健康评价又是对上一个评价区间健康管理效果的检验。湿地生态系统健康评价既是湿地生态系统健康管理的手段，同时又是对湿地生态系统健康管理效果的检验。

## 一、湿地生态系统健康管理的内涵

湿地生态系统健康管理是聚焦于湿地生态系统健康问题的湿地生态系统管理，是根据研究区域湿地生态系统健康的现状进行调控，调动各种社会资源，确保研究区域湿地生态系统健康的管理过程。湿地生态系统健康管理是湿地生态系统管理的方法之一。湿地生态系统管理源于传统的林业资源管理，是一门新兴的边缘学科，是根据湿地生态系统固有的生态规律与对外部扰动的反应进行各种调控，从而达到系统总体最优的过程。也就是说，湿地生态系统管理是为了达到预定保护和利用的目的而组织使用各种资源的过程。

近些年来，生态系统管理思想在实践中广泛应用的原因，在于对单一区域的自然保护不再能满足我们的现实需要。我们经常使用的保护方法，保护对象大多为单一的区域，比如常见的"自然环境保护区"，但是这些自然生态系统并不是按照我们人为划定的物理或行政区划来工作的。我们用人为的方式界定自然边界、管理自然资源，往往忽视了自然生态系统内部固有的连续性和联系性，保护工作也就很难取得预期的效果。特别是在世界范围内普遍出现自然景观剧烈变化，比如众多自然湿地景观已经转变为农田湿地类型的半自然景观这一前提下，我们更需要在环境保护中改变这种以"场地"为管理对象的方法。同时这种方法也无法满足保护生物多样性的要求，因为野生动物，特别是鸟类有自己的迁徙路径，不会被人为地限制在某一区域。另外，这种传统的划定保护区的方法也在一定程度上限制了人类与自然的深度接触，在保护的过程中也经常会出现景观风貌同质化的现象。这就要求我们在生态环境保护中进行整体的、综合性的保护与管理。以湿地生态系统为管理对象在很大程度上可以解决这一问题，但是随着认知的逐渐深入，我们还发现了许多有待改进的领域。尼尔（O. Neill）在 2001 年以一种批判的方式提出了生态系统范式的严重局限性，认为生态系统的空间维度存在两个严重的问题：首先是假定相互作用和反馈发生于生态系统边界以内，然而种群分布的范围可能更广；其次是假设生态系统内是空间均质性的，这种简化忽视了系统的本质特征。尼尔的观点在生态系统管理实践中引起了广泛的关注，说明在生态系统管理中特别是在保护和规划的过程中，要同时关注景观单元内部和景观单元之间的密切关系。

### （一）湿地生态系统健康管理以湿地生态系统管理为管理基础

湿地生态系统管理强调各个子系统间的和谐性、互促互利性，追求最佳的综合效益（生态效益、经济效益、社会效益的有机耦合），追求环境资源、环境效益的可持续性，这些是湿地生态系统健康管理必须遵循的管理依据。

### （二）以湿地生态系统健康为目的的湿地生态系统管理

湿地生态系统健康要求湿地生态系统能够为湿地演化和人类社会发展提供最大限度的、持续稳定的系统服务；人类湿地生态系统和社会经济湿地生态系统为自然湿地生态系统的演变（或演替）、结构和多样性的维持提供最适宜的技术和生境的保障。湿地生态系统管理的目标是自然与人类的和谐、资源和社会经济的可持续发展，可见二者是统一的。湿地生态系统功能的正常发挥是人们普遍关心的问题，是实现可持续发展的基础条件。

### （三）以湿地生态系统健康问题为重点的湿地生态系统管理

湿地生态系统健康管理是湿地生态系统管理的技术支撑和管理措施之一。湿地生态系统健康与否，主要体现在湿地生态系统的结构、功能、活力、恢复力、扩散力等特征上。湿地生态系统不健康的特征有：侵蚀量大、水文反常、某些物种非经常性的数量暴发或莫名其妙的区域性灭绝、湿地物质产品产量减少和质量退化等。这些特征的出现或其中某些特征的出现均反映出湿地生态系统功能的紊乱，即生态系统的不健康，是湿地管理所面临的主要问题。湿地生态系统健康管理以这些健康问题为导向，综合运用可持续发展的硬技术（生态工程技术、环境工程技术、生物工程技术、湿地生态系统保护和恢复技术等）和软科学（区域内各类型湿地生态系统的科学管理、政策法规、全民环境教育等），是技术与管理交叉、耦合的结果。

### （四）为湿地生态系统健康提供社会保障

合理的湿地生态系统管理和湿地生态系统健康是分不开的，二者缺一均不能实现。优化的湿地生态系统管理为湿地生态系统健康发展创造了良好的生境，提供了社会保障。

### （五）湿地生态系统健康管理的特征

湿地生态系统健康管理具备如下特征。一是综合性。湿地生态系统健康管理是技术与管理的交互渗透，是自然科学与社会科学的交汇点，具有高度的综合性，主要表现在对象与过程、内容与管理手段的综合性上。二是区域性。环境管理的区域性，决定了湿地生态系统健康管理必须根据区域的环境特点，因地制宜制定环境规划，确定环境目标，采取不同的措施，在中央政府统一指导下以地区为主进行。三是差别性。三江平原湿地资源分布、类型、生态功能及健康状况的不同，决定了湿地生态系统健康管理的差别性，需因地制策、对症下药。四是交叉性。林业与农垦系统的地域交叉和行政条块分割，导致了湿地管理的交叉性。

湿地生态系统健康的研究内容包括湿地生态系统健康监测、湿地生态系统健康评价和湿地生态系统健康管理。湿地生态系统健康监测和评价是先后发生的，但是湿地生态系统健康的监测内容与监测项目取决于健康评价的需要，需要经过管理决策来确定、作为湿地生态系统健康评价在健康管理中的反馈而存在。

## 二、湿地生态系统健康管理的职能

湿地生态系统健康管理的职能，包括宏观指导、统筹规划、组织协调、监督检查、提供服务咨询。

### （一）宏观指导

指为了实现健康管理目标，湿地行政主管部门对有关部门的业务进行指导，包括政策指导、目标指导和计划指导。

### （二）统筹规划

包括湿地保护规划、湿地恢复计划，即预先根据评价分析情况制定出具体管理内容和步骤，对未来湿地生态系统健康管理目标、对策和措施进行规划和安排。

### （三）组织协调

指为了实现湿地健康管理目标和计划，在湿地保护及环境保护法律法规的规范下，对于湿地生态系统健康进行管理，依据管理工作的需要进行分工并组织协作，经济合理地分配和使用资源、调整利益关系。

### （四）监督检查

指对湿地生态系统健康管理活动进行监察和处理，对湿地破坏行为进行监测和处罚。

### （五）服务咨询

指湿地环境主管部门、监测部门的服务行为，主要内容是湿地生态系统健康监测，为实现湿地生态系统健康管理目标提供全方位、多角度的服务。

## 三、湿地生态系统健康管理的原则

### （一）分类与分级管理相结合的原则

根据三江平原湿地生态环境现状、湿地资源分布和主体功能，结合保护与恢复生态功能的要求、土地利用方式与发展方向及经济、社会发展的实际，划分管理级别、选择管理模式。

### （二）生态优先原则

在分级管理的基础上，坚持从湿地生态系统健康的角度出发；在湿地保护与管理的过程中，坚持做到湿地的"零净损失"；在各种利益的权衡中以生态健康为第一位。

### （三）平等发展原则

平等发展原则是人类经过几十年探讨，用沉重的环境代价换来的环境道德准则。其包括人类自身的平等发展和人与自然的平等发展两个层面。从人类自身平等层面看，一方面是任何人都不能以自我为中心无限发展，必须尽量满足所有人的生存权和发展权；另一方面是既要保证当代人的利益，也要调节前后相继的各代人之间的利益关系。从人与自然平等发展的层面看，简单地说就是人与自然要和谐共生。

### （四）综合管理原则

湿地生态系统是水陆交错的过渡生态系统，相对复杂。湿地生态系统健康管理具有复杂性，要求湿地管理人员的构成要具有综合性，这样才能够胜任这些工作；湿地管理涉及的方面要具有综合性，这样才能做到管理全覆盖无死角。同时，湿地管理涉及多个利益主体，这就要求湿地管理部门要具有综合协调的能力。

### （五）预防性原则

湿地生态系统是一个复杂的生态系统，其蕴含的生态功能具有不可替代的价值。但是湿地生态系统功能的恢复却是一个相对漫长的过程，或者说至今为止我们还没有找到快速恢复湿地功能的办法，湿地一旦遭到破坏就很难恢复，会给自然界和人类社会带来不可挽回的损失。因此，这就要求在湿地生态系统健康管理中始终坚持运用预防原则来衡量各种湿地开发和利用行为，将行为风险的不确定性降至最低，最大限度避免湿地受损。

### （六）内生推动原则

增强内生动力，才能形成推动和谐发展的自循环体系。政府运用多种管理手段促进全社会形成保护湿地的内生动力，使内生动力逐渐演化为保护湿地的自发力量。内生动力一方面来源于外部力量的诱导，另一方面来源于区域内发展替代机制的建立。三江平原地区经济不发达，区域内可投入的自有资金较少、技术力量不够，实现有效的湿地生态系统健康管理需要引入外部资金和技术支持。但是单一的外部支持力度再大，如果内部排斥，只能解决短期问题，形同"输血"。要通过建立长效"造血"机制，为可持续的湿地生态系统健康提供保障。

### 四、湿地生态系统健康管理的实现过程

湿地生态系统健康管理从管理的实现过程上看一共分为四个部分，分别是湿地生态系统健康评价、湿地生态系统健康管理决策、湿地生态系统健康管理执行和湿地生态系统健康管理监督监测，这四个部分是循环往复的。

#### （一）湿地生态系统健康评价过程

湿地生态系统健康评价是湿地生态系统健康管理决策的基础，解决健康评价中发现的问题是湿地生态系统健康管理的目标。湿地生态系统健康评价包括对湿地生态系统健康评价指标体系的制定与完善，以及对湿地生态系统健康评价数据结果的分析诊断。湿地生态系统健康评价指标体系的制定，要根据研究区域湿地的特征进行，并且在指标的选取上既要采纳生态专家的意见，同时又要做好社会调查，充分考虑当地居民对于湿地生态系统健康程度的期望。评价指标的选取要随着评价期间发生的变化适时调整，同时要注意保持指标选取的连续性，在没有重大研究性或社会性变化的情况下，不要轻易调整指标，即使调整也应尽量考虑监测上的连续性，做好变化前后指标的关联及替代工作。根据湿地生态系统健康评价的数据结果进行分析诊断，是湿地生态系统健康管理中技术与管理相衔接的关键环节。将数据结果转换为管理的语言，要坚持两条原则：一是真实转换，二是现实转换。真实转换是指对于湿地生态系统健康评价数据结果的解读要客观真实，分析要全面系统，解读标准要统一。现实转换是指转换结果要有针对性，针对评价结果中的问题提出解决的对策。评价既要能发现新问题，又要包含对老问题现状的反馈。

#### （二）湿地生态系统健康管理决策过程

湿地生态系统健康管理决策是湿地生态系统健康管理的核心，是湿地生态系统健康管理执行的依据。虽然决策职能的运用贯穿于湿地生态系统管理的全过程，但是从管理过程的角度来看，湿地生态系统健康管理决策工作主要是对于评价结果的运用。评价结果会决定下一个周期的评价内容、评价方式，它是湿地生态系统健康管理决策的开端。这里重点说一下管理选择。健康的湿地生态系统具有收获物质产品、适度发展旅游、涵养水源等各种用途，退化的或不健康的生态系统一般不再具有多种用途，往往只发挥某一方面功能。对于受损的湿地生态系统如何进行健康管理，是优先选择生态效益，还是经济效益与生态效益兼顾，这就是在讨论湿地生态系统健康管理在面对相同的湿地生态系统健康评价结果时，该如何做出管理选择，这是湿地生态系统健康管理决策的价值基础。决策还具体体现在制定湿地保护规划、湿地项目审批、制定评价标准和政策法规等方面。

#### （三）湿地生态系统健康管理执行过程

湿地生态系统健康管理的执行是对决策的执行，主要是履行湿地生态系统健康管理职能中的组织协调职能。湿地生态系统健康管理执行过程指的是为了实现湿地生态系统健康管理目标和计划，在法律法规的框架下，对湿地生态系统健康管理决策过程中制定的政

策、管理目标、工作计划等相关工作进行任务分解，合理调动资源，组织和协调社会各方面的力量实现湿地生态系统健康管理目标的过程。在管理的执行过程中，管理者要接受来自组织内部和外部的监督，确保湿地生态系统健康管理的公平性、公正性。同时，管理者要根据湿地生态系统健康管理目标要求，对湿地生态系统内的生产生活行为进行实地踏查，对环境违法行为进行处罚，做好污染防控工作。

**（四）湿地生态系统健康管理监测监督过程**

这一管理过程基本上与湿地生态系统的执行过程同步进行。湿地生态系统健康管理的监测内容主要根据湿地生态系统健康评价指标体系的观测需要来确定，要不断完善数据监测体系，提高数据监测的精准度。对于人类社会系统的数据监测主要是做好污染源监测，既要做好面源污染监测，又要做好点源污染监测工作，这是减少人类对环境破坏行为的必要技术手段。监督的目的主要是保证湿地生态系统健康管理的公平性、公正性，这是避免寻租行为、确保湿地生态系统健康管理发挥应有作用的必要保障手段。

# 第三节　湿地生态系统健康评价与管理研究的理论基础

湿地生态系统健康评价与管理吸收了湿地生态学、生态伦理学、生态经济学的研究成果，并把这些研究成果综合运用到湿地生态系统健康评价与管理的实践过程中。从管理对象上看，湿地生态系统健康评价与管理的对象是湿地生态系统，因此要遵循湿地演化的客观规律对其进行管理；湿地生态学以湿地生态系统为研究对象，为其提供了科学管理必须遵循的生态规律。从管理价值上看，生态伦理学为湿地生态系统健康管理提供了建立人与自然和谐共生的价值基础。从经济规律上看，生态经济学与湿地生态系统健康管理都追求生态效益、经济效益和社会效益的统筹实现，湿地生态系统健康评价从综合效益方面考量湿地生态系统健康，湿地生态系统健康管理在实践中遵循生态经济学关于生态与经济相协调的经济发展规律来确定管理措施，实现综合效益的最大化。湿地生态系统健康评价及管理与相关理论的关系如图2-1。

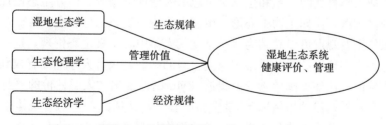

图2-1　湿地生态系统健康评价、管理与相关理论的关系

## 一、湿地生态学

湿地生态学为湿地生态系统健康评价与管理提供必须遵循的湿地生态系统演化规律。湿地生态学是湿地科学的一门分支学科，主要任务是理解湿地中生物与生物之间、生物与

环境之间的相互关系及其功能，发现其系统运行的规律，以期解决复杂多变的湿地环境问题。主要的研究内容有：湿地生态系统的形成、发育、演替研究；湿地生态系统的结构与功能研究；湿地生物多样性研究；湿地生态系统评价研究；湿地生态系统的生态过程研究；湿地生态系统健康研究；湿地生态系统的保护、恢复与重建研究；建立湿地生态系统模型方法研究。湿地生态学的研究主题已经涵盖了不同时空尺度和学科理论，且越来越关注人类活动引起的变化，例如气候变化、海平面上升、生物入侵等。对湿地生态学的研究出现了关注基础研究与应用实践并重的发展趋势，比如湿地生态系统保护、湿地生态系统管理等实践应用领域的研究逐渐增多。另外，湿地生态学研究也将越来越依赖大型、复杂数据集和专业技术。其中，技术的进步和统计的改进可以为湿地生态学专家提供快速生成大量数据的工具。例如，在湿地监测研究中，可以利用技术的进步改进监测的方法和手段。为了精准处理大量的监测数据，湿地生态学使用模型作为统计学工具来分析复杂数据。

## 二、生态伦理学

### （一）西方生态伦理思想的价值阐释

生态伦理学是伦理学的一个分支，以生态伦理和自然道德为研究对象，将人类的道德关怀应用于自然环境，建立人与自然之间的道德关系。这种道德关系包括人与自然的直接关系和间接关系。直接关系是人与自然之间天然的道德关系，间接关系则是受到直接关系影响的人与人之间的关系。这两个层面的关系就是生态伦理学的研究对象。因此，生态伦理不仅仅表现为人与自然的关系，部分的人与人的关系也受到生态伦理的影响。生态伦理学对于湿地生态系统健康评价与管理的贡献主要在于为其提供了管理所遵循的价值基础。

西方生态伦理思想可以从西方哲人对于自然的认识中找到最早的踪迹，比如公元前6世纪左右，自然哲学时期的思想家们关注自然界，在研究宇宙本源问题的时候提出"新的自然观念成了关于人类个人生活与社会生活的共同基础"。到了20世纪，在生态危机的大背景下，西方各国开始进行理论反思，开始重新思考人与自然的关系，生态伦理学应运而生。1949年，美国环境主义者利奥波德出版了《沙乡年鉴》，标志着生态伦理学的诞生，这也是第一次把人与自然的关系和生态学思想引入伦理学领域。西方生态伦理思想在发展过程中出现众多流派，比如生物中心论、生态中心论、生态马克思主义等。

这些流派的主要观点可以总结为：一是现代人类中心主义生态伦理，这一流派的主要观点是人类保护生态环境的目的是维护人类自身的利益，只有人才能拥有权利和义务，从而体现其内在价值。比如美国植物学家墨迪（Murdy）提出"人类评价的自身利益高于其他非人类，这是自然而然的事情"。二是生物中心论，其认为，一切有机体生命都具有自身的价值，人类作为普通生物的一类，与其他生物是平等的，不存在优先级。因此，人类不应将自然视为满足自身生存需求的利用对象。三是生态中心论，其认为，生命的价值不止于人类，还要扩展到动物身上，提倡建立一种以自然为中心的伦理观念。把道德共同体的范围从人类扩展到自然生态系统，其道德高度在于人类保护自然不仅出于人类自身的利益，也是尊重大自然应有的权利。利奥波德是生态中心论的代表人物，他提出的"大地伦理"认为，要建立人与自然相和谐的关系，就要建立一种新的伦理尺度，这个尺度是大地伦理的根本道德原则。他将伦理关照下的共同体扩展到整个大地——由土壤、水、植物、动物等组成的生态共同体。

纵观西方生态伦理思想史，西方生态伦理思想的产生是伦理进化的必然，生态伦理思想的演变和发展取决于现代社会可持续发展的现实需要，思想的活力更是在全球环境治理的实践中不断得到加强，但是没有提出能够从根本上解决生态危机的可行方案，对个人利益的无限追求、对科学技术工具的追求和经济增长的推崇，一定程度上限制了生态伦理价值的实现，未能实现人与自然的和谐发展。

### （二）中国生态伦理思想

生态伦理是关于人与周围环境关系的一系列道德规范。这种道德规范因人类对于人与自然关系认识的不同而不同。中国传统文化中的生态伦理思想与农业文明紧密相连，蕴含着人与自然的和谐共生、尊重自然的固有价值和敬畏生命的实践取向等生态伦理思想。中国共产党人的生态伦理思想与生态文明建设紧密相连。习近平总书记对人与自然关系的理解秉承了马克思主义关于人与自然关系的理论立场和方法，坚持人与自然和谐共生。

中国传统文化如同一条历史的长河，孕育着丰富的生态伦理思想。在先秦时期，各大思想流派如儒家、墨家、道家等，都已经开始思考人与自然的关系，并提出了一系列具有生态伦理意味的观点。其中，儒家的"天人合一"思想，主张人与自然的和谐共存。孔子提出的"天人合一"包括"仁"与"礼"两个方面。所谓"仁"，乃内在的精神世界，而"礼"，则是其外在的表现。这两者在人与自然的关系中，表现为和谐。《论语·阳货》中曾言："天何言哉？四时行焉，百物生焉，天何言哉？"此言表达了自然界有其自身的运行规律，不以人的意志为转移。人，应当尊重并顺应自然。孟子作为孔子的后辈，在人与自然的关系上有着自己独到的见解。他继承并发展了孔子的思想，尤其在关注自然界的内在价值方面，他提出了"仁民而爱物"，呼吁人类对自然界持有仁慈之心，肯定并尊重其内在价值。与此同时，道家则倡导"道法自然"，即人类应当遵循自然的规律和法则，与自然和谐共处。法家和墨家则更加注重实践与应用。商鞅和韩非在各自的经济思想中揭示的生态价值，与我们今天所追求的生态效益、经济效益和社会效益的综合实现相契合。他们强调在发展经济的同时，也要注重对生态环境的保护和社会的可持续发展。中华五千年文明中所蕴含的生态文化、生态伦理的思想，是我国进行生态文明建设的宝贵财富。我们应铭记这些传统的生态伦理思想，努力实现人与自然的和谐共生。

中国共产党人的生态伦理思想，不仅汲取了中华优秀传统文化的智慧，也融入了马克思主义生态伦理思想的核心观点。在过去的学术研究中，我们更多地关注马克思主义政治经济学和唯物辩证法，而对马克思主义生态伦理思想的挖掘和阐释还不够充分。马克思主义生态伦理思想对于我国生态文明建设具有重要意义，它为我们处理人与自然之间的关系提供了重要的伦理准则。这一伦理思想科学地阐述了人与自然之间的辩证统一关系，揭示了人与自然和谐共生的前提是尊重自然规律，倡导实现人、自然、社会的可持续发展，反对将自然仅仅视为社会经济发展的客体或对象。马克思主义生态伦理思想批判了人与自然主客二元分立的近代机械自然观，强调人类应当积极、主动地适应自然规律，追求善待自然的价值取向。

2013 年 9 月 7 日，习近平总书记提出："我们既要绿水青山，也要金山银山。宁要绿水青山，不要金山银山，而且绿水青山就是金山银山。"（以下简称"两山理论"）"两山理论"深刻揭示了经济社会发展与生态环境保护的本质关系。"既要绿水青山，也要金山银山"，强调当下与长远的兼顾，既要立足当前社会生活的物质需要，也要考虑未来发展对于良好生态环境的需要。"宁要绿水青山，不要金山银山"，说明生态环境一旦遭到破坏就难以恢复，因而宁愿不开发也不能破坏。"绿水青山就是金山银山"，指出了自然环境的生态价值与经济价值的转换，深化了马克思主义自然观与人道主义辩证统一的生态伦理思想。缺乏这种转换视野正是部分西方学者一直无法摆脱经济发展与环境保护之间"二选一"困境的关键所在。2018 年 5 月 18 日至 19 日，全国生态环境保护大会在北京召开，习近平总书记在会上发表重要讲话，系统阐述了习近平生态文明思想。习近平生态文明思想蕴含着深刻的伦理意蕴，体现了对自然生命共同体的道德关怀，体现了对民生福祉和中华民族未来的关切，更展现了中国共产党和中国政府对人类命运共同体的担当精神。

### （三）生态伦理思想在生态环境管理中的价值阐释

生态伦理学对于湿地生态系统健康评价与管理的贡献，主要在于为其提供了管理所遵循的价值基础。具体如下。

**1. 放弃以人类为中心的价值观**　生态伦理学将人类社会人与人的道德关系拓展为人与自然的道德关系，承认自然界各物种的生存权利。将人与自然之间的关系向道德层面延伸是人类智慧的增进，是人与自然在相互作用的实践过程中，人类对于历史经验教训的总结与反思。在这一过程中，人类首先放弃了以自我为中心的价值观，平等地尊重自然界。

**2. 人与自然协调发展**　人类放弃以自我为中心的价值观，意味着在实践中人类必须放弃对于自然资源无止境的掠夺与开发，将以人类利益为中心的单一主体增扩为人类与自然界共同存在的多元主体，从单一发展转变为共同发展与协调发展。这是人与自然伦理道德关系的基本准则，并在此基础上逐一衍生出对生态利益与人类整体利益和长远利益的伦理思考。通过对人与自然伦理关系的思考与重塑，在人类管理自然生态系统的实践活动中，统筹协调人类与自然、当前与长远、个别与整体的利益关系，这些利益关系调整的成效综合体现在生态系统健康管理的过程中与效果上。

**3. 系统性思维**　生态系统管理要把握住"山水林田湖草沙是生命共同体"的思想，使用系统性思维去保护和利用自然环境，从整体生态观的角度去衡量人类活动与自然环境系统、社会环境系统之间的关系。生态系统管理要考虑到各自然要素之间的交互影响，不能割裂地看待某一单一的自然资源要素或是某一单一类型的生态系统。特别是湿地生态系统，它是生态系统类型中最脆弱、最复杂的类型，其本身的修复反馈机制比较复杂，所涉及的自然资源要素比较庞杂，对其科学规律的认知还有一些盲区，这些都对湿地生态系统健康管理提出了挑战。解决这些问题需要统筹谋划，使用辩证的、系统的思维去管理湿地生态系统。同时，在湿地生态系统健康标准的制定和考量上，也不能追求单一指标的数据完美，而是要将每一个指标放到生态系统的视角内去考量整体的健康性，准确地提出湿地生态系统健康的标准。这是马克思主义生态观和习近平生态文明思想的共同指向。

**4. 生态价值转化**　从全球范围看，随着工业文明的发展，在处理人与自然关系的时候，许多国家都出现了先污染后治理的现象。这些国家都是用"绿水青山"去换"金山银山"，过度使用自然资源，不仅拿走了前辈积蓄的生态红利，还没有为子孙后代留下足够的生存空间。当意识到环境保护的重要性之后，各国都加大了对自然环境的保护力度，但同时也往往忽视自然环境的生态价值，使生态产品缺乏价值实现的路径。良好的生态环境能够产生高质量的生态产品，这些生态产品中所蕴含的内在价值通过人类活动的加工可以转化为经济效益和社会效益。在生态系统健康管理中，要注重生态产品的价值转化，要将"绿水青山"转变成"金山银山"，为社会提供更多的物质文化产品。这就要求在实践层面，各管理主体更多地去探索和完善生态产品向经济价值转化的体制机制。

生态伦理学对于三江平原湿地生态系统健康管理的作用，更多地体现在政府管理的价值选择上。政府管理的价值选择对湿地生态系统健康管理的效果产生重要影响，因为政府政策的导向变化将会改变人类行为，进而对于湿地生态系统健康产生影响。在当前形势下，三江平原不仅承担着粮食生产和储备的重要任务，同时也是黑龙江省东部的煤电化基地。未来，在三江平原湿地生态系统健康管理中，要合理分配资源与管理注意力，精心制定湿地保护政策、相关政策、配套辅助政策，以及做好对政策执行效果的评估。在政府政策导向的背后，不仅隐藏着政府对于技术层面的认知与执行，更隐藏着政府管理的价值标准。管理的价值标准决定着政府管理政策导向，影响着整个社会的行为导向，是实现科学、合理、有效的湿地生态系统管理的前提和思想理论基础。

## 三、生态经济学

生态经济学作为生态学与经济学交叉发展而成的新兴边缘学科，将生态与经济有机结合，以生态与经济协调发展作为其基本理论，倡导生态、经济、社会三个效益相统一。经济增长的生态经济学研究，生态系统的经济分析和具有开放进入特征的生态系统管理的研究是生态经济学的热点问题。生态经济学的基本经济思想为湿地生态系统健康评价与管理提供了可以遵循的经济规律。其具体表现如下。

### （一）生态规律和经济规律紧密结合

生态经济学的目的是根据生态学和经济学的原理，从经济规律和生态规律相结合的角度来综合研究自然环境与人类经济活动之间的关系，研究目的是在维持生态平衡的前提下，促使社会经济持续稳定地发展。湿地生态系统健康管理的要求是实现湿地生态系统健康，在湿地的管理过程中也要遵守市场导向原则、服从市场规律，以免造成社会整体资源的浪费，影响对湿地的管理效果。简单地说，生态经济是在实现经济效益的过程中利用生态规律，生态系统健康研究是在实现生态效益的过程中利用经济规律，两者都是在综合利用经济规律和生态规律。

### （二）生态与经济协调发展

"生态与经济协调发展"理论是生态经济学的核心理论。经济增长的生态经济学研究，作为本学科领域中的一个经典议题，致力于深入剖析经济增长与生态环境的变化关系。这也正是生态经济学能够为湿地生态系统健康评价与管理提供理论支撑的原因之所在。"生态与经济协调"理论作为生态经济学的核心理论，将生态系统与经济系统相结合，将这个综合的系统作为研究对象，将生态经济平衡作为经济学的基本动力，将生态和经济效益的实现作为应用发展的目的。因此，湿地生态系统健康研究与生态经济学研究在目的上是内在统一的，生态经济学的发展为湿地生态系统健康管理提供了在自然生态系统管理过程中必须遵循的市场规律。

本章界定了湿地、湿地生态系统、湿地生态系统健康等相关概念，阐述了湿地生态系统健康的相关基础理论，为湿地生态系统健康评价与管理奠定了坚实的理论基础。首先，从湿地生态系统健康评价的内涵、影响因素、评价原则三个方面阐述了湿地生态系统健康评价的研究内容，明确提出了湿地生态系统健康的内涵。湿地生态系统健康是指湿地生态系统结构完整、特征显著、可以自我维持发展，能够发挥湿地生态系统生态效益、经济效益和社会效益等综合效益，满足人类社会发展需求。健康的湿地生态系统应该具备两种能力，即湿地生态系统自我维持及发展能力和湿地生态系统满足人类社会经济发展需求的能力。其次，从湿地生态系统健康管理的内涵入手，论述了湿地生态系统健康管理的职能与原则。最后，阐释了湿地生态系统健康评价与管理的理论基础，论述了湿地生态系统健康评价与管理遵循的生态规律、价值基础和经济规律的理论来源，为湿地生态系统健康管理提供了理论依据。

# 第三章　三江平原湿地保护与
# 管理的历史演变

三江平原湿地是我国最大的淡水沼泽集中分布区，被誉为野生生物特有基因库。平原内河流众多，湿地类型与生物多样性十分丰富。经过 60 余年的开发与利用，三江平原湿地面积急剧减少，碎片化严重，功能明显退化，制约了社会经济的持续发展，湿地生态效益、经济效益和社会效益实现的过程出现了保护与利用相互制约的局面。

## 第一节　研究区域概况

### 一、自然状况

三江平原地处中温带北部，是我国重要的湿地分布区，位于黑龙江省东北部，北纬 45°01′—48°28′，东经 130°13′—135°05′。该区北起黑龙江，南抵兴凯湖，西起小兴安岭，东至乌苏里江，为黑龙江、松花江和乌苏里江汇流冲积形成的低平原，是中国最大的沼泽分布区。三江平原土地总面积 $10.89 \times 10^4$ 平方千米，占黑龙江省土地总面积的 22.6%。

#### （一）地质及土壤条件

三江平原的南部为第三纪初断陷形成的平原，堆积了比较厚重的中生代和新生代土壤，成为沼泽大面积形成的地质基础。该区地势低平，土质黏重，夏秋多雨，排水不畅，有利于沼泽形成和发育，这种独特的沼泽发育模式，在世界沼泽研究中具有重要价值。本区土壤主要有草甸土、白浆土、沼泽土、黑土、冲积土、水稻土和泥炭土等类型，这些土壤质地黏重、渗透性差，阻碍了地表水的下渗，在洼地的汇水处极易形成沼泽。

#### （二）气候及水资源条件

本区属于温带湿润半湿润大陆性季风气候，冻结期长，9 月下旬以后气温急剧下降，开始冻结，冻层的存在为沼泽的形成创造了条件。三江平原的"三江"即黑龙江、乌苏里江和松花江，三条大江浩荡奔流，冲击汇流而成连片的低平沃土。因此区域内水资源丰富，总量约为 187.64 亿立方米。平原河流具有河床纵比降小、河槽弯曲系数大、河漫滩宽广的特点，易于形成大面积积水和促进沼泽湿地的形成和发育；山区河流上游坡陡流急，中下游比降小，河流弯曲且河床窄小，由于没有明显的河槽，河流排水不畅、容易泛滥，加之主要河流受黑龙江和乌苏里江洪水顶托，抬高了承泄水位，造成两岸低平地排水更为困难，从而有利于湿地的形成。本区的河流水系发源于山区，除去松花江、黑龙江和乌苏里江外，中小河流居多，河网密度小、河道稀疏，进入平原后，河漫滩宽广造成排水困难，促进了沼泽发育。

### （三）动植物资源

本区动物种类属于古北界东北区长白山区系，常见脊椎动物 381 种，生活于沼泽湿地的有 67 科 209 种，其中以鱼类和鸟类为主要动物种群，鸟类 211 种，鱼类 86 种。植物种类属于长白植物区系，以沼泽化草甸和沼泽植被为主，共有 1 000 余种，其中湿地植物约 450 种。多种苔草、小叶樟、丛桦和沼柳等能适应多水环境的沼生、湿生植物和少数水中生植物构成该区植被的优势植物和主要伴生植物。

### （四）湿地资源的分布

第二次全国湿地资源调查显示，黑龙江省自然湿地 $5.56 \times 10^4$ 平方千米，占全国天然湿地的 1/7。三江平原湿地面积约为 9 100 平方千米，占三江平原地区面积的 8.4%。按类型划分，沼泽湿地约 6 169 平方千米、河流湿地约 1 153 平方千米、湖泊湿地 1 330 平方千米、滩深约 190 平方千米、库塘约 60 千米，具体见表 3-1。主要分布于松花江、乌苏里江和黑龙江沿岸及七星河、浓江、嘟噜河、别拉洪河、挠力河、穆棱河等流域地区。该地区受到独特的地质地貌、水文、气候和土壤等因素的影响。三江平原因地属温带湿润半湿润季风气候区，温度四季变化显著，冬季寒冷干燥、夏季温暖湿润。降水多集中在夏秋季，多雨年份或正常年份地表长期积水，有利于促进沼泽湿地的发育，干旱年份地表积水消失，土壤处于好气状态，堆积的有机残体容易分解，泥炭不易积累。水分稳定程度在时间和空间上的差异导致了三江平原大部分地区发育了无泥炭沼泽，只是在水源补给稳定的地段发育了泥炭沼泽。

表 3-1　三江平原各类湿地面积

| 湿地类型 | 面积（平方千米） | 占三江平原湿地面积（%） | 占三江平原面积（%） |
|---|---|---|---|
| 沼泽湿地及滩涂 | 6 359.76 | 69.43 | 5.84 |
| 河流湿地 | 1 330.23 | 12.59 | 1.06 |
| 湖泊湿地 | 1 153.62 | 4.52 | 1.22 |
| 库塘 | 316.31 | 3.46 | 0.29 |
| 合计 | 9 159.92 | 100 | 8.41 |

注：数据来源于《三江平原湿地生态环境状况研究》

## 二、社会状况

### （一）行政区划

全区包括 23 个市（县）及其中的 52 个国有农场和 8 个森工局，从行政区域看包括鸡西市、鹤岗市、双鸭山市、佳木斯市、七台河市及哈尔滨市依兰县。从农垦区隶属角度看，三江平原农垦区隶属于北大荒农垦集团有限公司，下设 5 个管理局、52 个国有农场、338 个管理区（居民点）。三江平原农垦区分布情况见表 3-2。

**表 3-2　三江平原行政区划及垦区分布**

| 行政区划 | 地级市 | 县级市 | 县 | 管理局 | 农场 | 占各市（县）面积比例（％） |
|---|---|---|---|---|---|---|
| 鸡西 | 鸡西市 | 虎林市<br>密山市 | 鸡东县 | 牡丹江分局 | 八五零、庆丰、八五四、云山、八五五、兴凯湖、八五八零、八五六、八五七、八五八一、八五八 | 37.90 |
| 鹤岗 | 鹤岗市 | | 绥滨县<br>萝北县 | 宝泉岭分局 | 新华、绥滨、延军、江滨、普阳、军川、宝泉岭、名山、二九零、共青 | 35.80 |
| 双鸭山 | 双鸭山市 | | 集贤县<br>友谊县<br>宝清县<br>饶河县 | 红兴隆分局<br><br>建三江分局 | 友谊、五九七、八五二、八五三、饶河、二九一、双鸭山、红旗岭<br><br>八五九、胜利、红卫 | 46.69 |
| 佳木斯 | 佳木斯市 | 同江市<br><br>富锦市<br>抚远市 | 汤原县<br>桦川县<br>桦南县 | 宝泉岭分局<br>红兴隆分局<br><br>建三江分局 | 汤原、梧桐河<br>青龙山、江川、前进、曙光、创业、宝山、前哨、七星、前锋、勤得利、洪河、大兴、鸭绿江、二道河、浓江 | 32.30 |
| 七台河 | 七台河市 | | 勃利县 | 红兴隆分局 | 北兴 | 12.74 |
| 穆棱 | — | 穆棱市 | | | | 0.00 |
| 依兰县 | — | — | 依兰县 | 宝泉岭分局<br>哈尔滨分局 | 依兰<br>松花江 | 3.11 |

注：数据来源于 2021 年《黑龙江垦区统计年鉴》

## （二）经济布局

2020 年三江平原生产总值为 2 667.4 亿元，占黑龙江省同期地区生产总值的 19.5％，三次产业增加值依次为：1 009.1 亿元、590.1 亿元、1 005.6 亿元；占比结构依次为 33.2％、34.7％、32.1％。三江平原各市、县的三次产业构成具体情况见表 3-3。鹤岗、七台河和穆棱因为矿产和林木资源相对丰富，在产业结构构成中表现为第二产业构成比例高于其他地区；而其他地区在产业结构构成中多表现为第三产业占主导地位。从人均可支配收入角度看，在三江平原地区，佳木斯市城镇居民的人均可支配收入最高为 30 658 元，双鸭山和七台河市次之，鹤岗市最低为 24 521 元；鸡西市农村居民的人均可支配收入最高为 21 217 元，佳木斯市次之为 19 196 元，七台河市最低为 15 473 元。从经济战略布局与国土空间规划角度看，《黑龙江省主体功能区规划》中提出构建"一心两翼""三区五带""两山一平原"的城市化战略格局、产业带和生态安全格局。在该项规划中，三江平原在城市化战略布局中作为"一心两翼"中"一翼"、在农业化战略布局中作为"三区五带"中的"一区三带"、在生态安全战略布局中作为"两山一平原"中的"一平原"，承担了重要的战略任务。

表3-3 2020年三江平原地区社会经济统计

| 地区 | 人口（万人） | 产业构成 | | |
|---|---|---|---|---|
| | | 第一产业 | 第二产业 | 第三产业 |
| 鸡西 | 149.4 | 37.6 | 23.3 | 39.1 |
| 鹤岗 | 88.7 | 30.5 | 29.3 | 40.2 |
| 双鸭山 | 120.3 | 42.5 | 22.5 | 35.0 |
| 佳木斯 | 214.9 | 48.5 | 12.9 | 38.6 |
| 七台河 | 68.5 | 17.4 | 38.4 | 44.2 |
| 穆棱 | 19.7 | 23.2 | 38.3 | 38.5 |
| 依兰 | 25.8 | 26.0 | 10.6 | 63.4 |
| 三江平原 | 687.3 | — | — | — |

注：数据来源于2021年《黑龙江省统计年鉴》

### （三）自然保护区及湿地公园管理情况

研究区内三江、洪河、兴凯湖、七星河、珍宝岛和东方红6处国际重要湿地，面积为。现有省级以上湿地类型自然保护区24个，总面积105平方千米，其中有国家级湿地类自然保护区9个。黑龙江省三江平原地区省级以上自然保护区名录见表3-4。省级以上湿地公园14个，总面积252.64平方千米，其中国家级湿地公园11个。黑龙江省三江平原地区省级以上湿地公园情况见表3-5。

表3-4 黑龙江省三江平原地区省级以上湿地类型自然保护区名录

| 序号 | 保护区名称 | 行政区划 | 面积（平方千米） | 主要保护对象 | 类型 | 级别 | 创建时间（年/月/日） | 主管部门 |
|---|---|---|---|---|---|---|---|---|
| 黑04 | 安兴湿地 | 依兰县 | 11 000 | 湿地生态系统及鸟类 | 内陆湿地 | 省级 | 2002/03/04 | 水利 |
| 黑54 | 虎口湿地 | 虎林市 | 15 000 | 内陆湿地生态系统 | 内陆湿地 | 省级 | 1997/02/04 | 林业 |
| 黑56 | 东方红湿地 | 虎林市 | 31 516 | 湿地生态系统 | 内陆湿地 | 国家级 | 2002/04/15 | 林业 |
| 黑57 | 珍宝岛湿地 | 虎林市 | 44 363 | 湿地生态系统 | 内陆湿地 | 国家级 | 20050419 | 林业 |
| 黑59 | 兴凯湖 | 密山市 | 222 488 | 湿地生态系统 | 内陆湿地 | 国家级 | 19860405 | 林业 |
| 黑60 | 将军石湿地 | 鹤岗市 | 1 491 | 湿地及其野生动物 | 内陆湿地 | 市级 | 1997/08/01 | 其他 |
| 黑61 | 元宝山湿地 | 鹤岗市 | 1 491 | 湿地及其野生动物 | 内陆湿地 | 县级 | 1981/11/01 | 其他 |
| 黑64 | 绥滨两江湿地 | 鹤岗市 | 55 490 | 湿地生态系统 | 内陆湿地 | 省级 | 2007/06/08 | 林业 |
| 黑65 | 王老好河 | 萝北县 | 2 700 | 湿地生态系统 | 内陆湿地 | 县级 | 2005/10/01 | 环保 |
| 黑66 | 老等山 | 萝北县 | 5 745 | 沼泽湿地 | 内陆湿地 | 市级 | 1989/01/01 | 林业 |
| 黑67 | 水莲 | 萝北县 | 8 952 | 湿地水域 | 内陆湿地 | 省级 | 2003/09/16 | 环保 |
| 黑68 | 嘟噜河 | 萝北县 | 19 967 | 湿地水域 | 内陆湿地 | 省级 | 2000/08/01 | 林业 |
| 黑70 | 安邦河 | 集贤县 | 10 295 | 湿地生态系统 | 内陆湿地 | 省级 | 1993/03/01 | 其他 |
| 黑71 | 七星 | 集贤县 | 10 295 | 湿地生态系统 | 内陆湿地 | 省级 | 1990/01/01 | 林业 |
| 黑72 | 友谊 | 友谊县 | 4 593 | 湿地生态系统 | 内陆湿地 | 市级 | 2007/12/17 | 林业 |

（续）

| 序号 | 保护区名称 | 行政区划 | 面积（平方千米） | 主要保护对象 | 类型 | 级别 | 创建时间（年/月/日） | 主管部门 |
|---|---|---|---|---|---|---|---|---|
| 黑73 | 东升 | 宝清县 | 19 244 | 湿地生态系统 | 内陆湿地 | 省级 | 2004/09/01 | 其他 |
| 黑74 | 宝清七星河 | 宝清县 | 20 000 | 湿地生态系统 | 内陆湿地 | 国家级 | 1991/10/17 | 环保 |
| 黑75 | 乌苏里江 | 饶河县 | 39 668 | 湿地生态系统 | 内陆湿地 | 省级 | 2001/01/11 | 环保 |
| 黑76 | 大佳河 | 饶河县 | 72 604 | 湿地森林 | 内陆湿地 | 省级 | 2004/09/01 | 其他 |
| 黑115 | 佳木斯沿江湿地 | 佳木斯市 | 11 267 | 湿地生态系统 | 内陆湿地 | 省级 | 2008/05/12 | 其他 |
| 黑117 | 向阳山水库 | 桦南县 | 86 050 | 水源地 | 内陆湿地 | 市级 | 1987/01/01 | 水利 |
| 黑118 | 共和水库 | 桦南县 | 16 800 | 湿地生态系统 | 内陆湿地 | 市级 | 2000/11/03 | 水利 |
| 黑121 | 桦川湿地 | 桦川县 | 26 199 | 内陆湿地 | 内陆湿地 | 省级 | 2004/09/01 | 其他 |
| 黑125 | 汤原黑鱼泡 | 汤原县 | 22 401 | 湿地生态系统 | 内陆湿地 | 省级 | 2007/06/08 | 林业 |
| 黑127 | 三江 | 抚远市 | 198 089 | 湿地生态系统 | 内陆湿地 | 国家级 | 1994/09/19 | 林业 |
| 黑128 | 同江莲花河 | 同江市 | 13 000 | 湿地生态系统 | 内陆湿地 | 市级 | 2000/11/03 | 环保 |
| 黑129 | 洪河 | 同江市 | 21 835 | 沼泽湿地 | 内陆湿地 | 国家级 | 1988/01/11 | 环保 |
| 黑134 | 锦江 | 富锦市 | 9 300 | 内陆湿地 | 内陆湿地 | 市级 | 2006/01/25 | 林业 |
| 黑135 | 三环泡 | 富锦市 | 25 075 | 湿地生态 | 内陆湿地 | 省级 | 1991/07/01 | 其他 |
| 黑136 | 富锦沿江湿地 | 富锦市 | 26 336 | 内陆湿地 | 内陆湿地 | 省级 | 2008/05/12 | 其他 |
| 黑137 | 挠力河 | 富锦市饶河县 | 160 595 | 沼泽湿地 | 内陆湿地 | 国家级 | 1998/12/04 | 环保 |
| 黑138 | 倭肯河 | 七台河市 | 7 363 | 湿地水域 | 内陆湿地 | 省级 | 2011/12/23 | 林业 |
| 黑156 | 六峰湖 | 穆棱市 | 6 591 | 水域生态 | 内陆湿地 | 省级 | 1996/11/13 | 环保 |

注：数据来源于《黑龙江省湿地保护"十四五"规划》。

### 表3-5 黑龙江省三江平原地区省级以上湿地公园明细表

| 序号 | 行政区域 | 保护地名称 | 保护地级别 | 总面积（公顷） | 所在区域 |
|---|---|---|---|---|---|
| 1 | 哈尔滨 | 黑龙江哈尔滨白渔泡国家湿地公园 | 国家级 | 118.46 | 松嫩平原 |
| 2 | 哈尔滨 | 黑龙江哈尔滨太阳岛国家湿地公园 | 国家级 | 9 371.39 | 松嫩平原 |
| 3 | 哈尔滨 | 黑龙江巴彦江湾国家湿地公园 | 国家级 | 1 209.34 | 松嫩平原 |
| 4 | 哈尔滨 | 黑龙江宾县二龙湖国家湿地公园 | 国家级 | 1 268.78 | 松嫩平原 |
| 5 | 哈尔滨 | 黑龙江木兰松花江国家湿地公园 | 国家级 | 443.73 | 松嫩平原 |
| 6 | 哈尔滨 | 黑龙江通河二龙潭国家湿地公园 | 国家级 | 2 070.81 | 松嫩平原 |
| 7 | 哈尔滨 | 黑龙江蚂蜒河国家湿地公园 | 国家级 | 408.17 | 松嫩平原 |
| 8 | 哈尔滨 | 黑龙江兴隆白杨木河国家湿地公园 | 国家级 | 3 296.89 | 松嫩平原 |
| 9 | 哈尔滨 | 黑龙江哈尔滨松北国家湿地公园 | 国家级 | 136.74 | 松嫩平原 |
| 10 | 哈尔滨 | 黑龙江亚布力红星河国家湿地公园 | 国家级 | 7 213.97 | 大小兴安岭及东部山区 |
| 11 | 哈尔滨 | 黑龙江方正湖国家湿地公园 | 国家级 | 745.11 | 松嫩平原 |

（续）

| 序号 | 行政区域 | 保护地名称 | 保护地级别 | 总面积<br>（公顷） | 所在区域 |
|---|---|---|---|---|---|
| 12 | 哈尔滨 | 黑龙江尚志蚂蚁河国家湿地公园 | 国家级 | 1 538.22 | 松嫩平原 |
| 13 | 哈尔滨 | 黑龙江哈尔滨阿勒锦岛国家湿地公园 | 国家级 | 411.76 | 松嫩平原 |
| 14 | 哈尔滨 | 黑龙江呼兰河口国家湿地公园 | 国家级 | 720.17 | 松嫩平原 |
| 15 | 哈尔滨 | 黑龙江哈尔滨阿什河国家湿地公园 | 国家级 | 231.42 | 松嫩平原 |
| 16 | 哈尔滨 | 黑龙江兰西呼兰河国家湿地公园 | 国家级 | 2 513.4 | 松嫩平原 |
| 17 | 齐齐哈尔 | 黑龙江泰湖国家湿地公园 | 国家级 | 1 321.94 | 松嫩平原 |
| 18 | 齐齐哈尔 | 黑龙江齐齐哈尔明星岛国家湿地公园 | 国家级 | 1 590.05 | 松嫩平原 |
| 19 | 齐齐哈尔 | 黑龙江齐齐哈尔江心岛国家湿地公园 | 国家级 | 828.81 | 松嫩平原 |
| 20 | 齐齐哈尔 | 黑龙江富裕龙安桥国家湿地公园 | 国家级 | 1 836.57 | 松嫩平原 |
| 21 | 齐齐哈尔 | 黑龙江碾子山雅鲁河国家湿地公园 | 国家级 | 1 137.36 | 松嫩平原 |
| 22 | 牡丹江 | 黑龙江白桦川国家湿地公园 | 国家级 | 8 578.92 | 大小兴安岭及东部山区 |
| 23 | 牡丹江 | 黑龙江东宁绥芬河国家湿地公园 | 国家级 | 2 395.56 | 大小兴安岭及东部山区 |
| 24 | 牡丹江 | 黑龙江牡丹江沿江国家湿地公园 | 国家级 | 858.04 | 大小兴安岭及东部山区 |
| 25 | 牡丹江 | 黑龙江西安区海浪河国家湿地公园 | 国家级 | 636.28 | 大小兴安岭及东部山区 |
| 26 | 牡丹江 | 黑龙江绥阳国家湿地公园 | 国家级 | 6 256.86 | 大小兴安岭及东部山区 |
| 27 | 牡丹江 | 黑龙江东京城镜泊湖源国家湿地公园 | 国家级 | 4 305.95 | 大小兴安岭及东部山区 |
| 28 | 牡丹江 | 黑龙江大海林二浪河国家湿地公园 | 国家级 | 2 381.26 | 大小兴安岭及东部山区 |
| 29 | 牡丹江 | 黑龙江穆棱雷锋河国家湿地公园 | 国家级 | 1 097.05 | 兴凯湖平原 |
| 30 | 佳木斯 | 黑龙江富锦国家湿地公园 | 国家级 | 2 200.13 | 三江平原 |
| 31 | 佳木斯 | 黑龙江同江三江口国家湿地公园 | 国家级 | 1 137.2 | 三江平原 |
| 32 | 佳木斯 | 黑龙江黑瞎子岛国家湿地公园 | 国家级 | 3 177.42 | 三江平原 |
| 33 | 大庆 | 黑龙江杜尔伯特天湖国家湿地公园 | 国家级 | 2 309.16 | 松嫩平原 |
| 34 | 大庆 | 黑龙江肇源莲花湖国家湿地公园 | 国家级 | 291.34 | 松嫩平原 |
| 35 | 大庆 | 黑龙江大庆黑鱼湖国家湿地公园 | 国家级 | 6 283.53 | 松嫩平原 |
| 36 | 鸡西 | 黑龙江塔头湖河国家湿地公园 | 国家级 | 3 736.03 | 三江平原 |
| 37 | 鸡西 | 黑龙江东方红南岔湖国家湿地公园 | 国家级 | 1 638 | 大小兴安岭及东部山区 |
| 38 | 鸡西 | 黑龙江虎林国家湿地公园 | 国家级 | 4 502.24 | 三江平原 |
| 39 | 鸡西 | 黑龙江八五八小穆棱河国家湿地公园 | 国家级 | 1 700.77 | 三江平原 |
| 40 | 双鸭山 | 黑龙江安邦河国家湿地公园 | 国家级 | 290 | 三江平原 |
| 41 | 双鸭山 | 黑龙江饶河乌苏里江国家湿地公园 | 国家级 | 1 657.25 | 三江平原 |
| 42 | 伊春 | 黑龙江伊春茅兰河口国家湿地公园 | 国家级 | 2 563.45 | 大小兴安岭及东部山区 |
| 43 | 伊春 | 黑龙江新青国家湿地公园 | 国家级 | 3 828.38 | 大小兴安岭及东部山区 |
| 44 | 伊春 | 黑龙江红星霍吉河国家湿地公园 | 国家级 | 6 468.2 | 大小兴安岭及东部山区 |
| 45 | 七台河 | 黑龙江七台河桃山湖国家湿地公园 | 国家级 | 2 707.92 | 三江平原 |
| 46 | 鹤岗 | 黑龙江鹤岗十里河国家湿地公园 | 国家级 | 597.44 | 三江平原 |

（续）

| 序号 | 行政区域 | 保护地名称 | 保护地级别 | 总面积（公顷） | 所在区域 |
|---|---|---|---|---|---|
| 47 | 鹤岗 | 黑龙江绥滨月牙湖国家湿地公园 | 国家级 | 570.17 | 三江平原 |
| 48 | 黑河 | 黑龙江北安乌裕尔河国家湿地公园 | 国家级 | 1 455.59 | 松嫩平原 |
| 49 | 黑河 | 黑龙江黑河坤河国家湿地公园 | 国家级 | 1 026.56 | 大小兴安岭及东部山区 |
| 50 | 黑河 | 黑龙江爱辉刺尔滨河国家湿地公园 | 国家级 | 5 826.41 | 松嫩平原 |
| 51 | 绥化 | 黑龙江肇岳山国家湿地公园 | 国家级 | 239.68 | 松嫩平原 |
| 52 | 绥化 | 黑龙江安达古大湖国家湿地公园 | 国家级 | 5 001.34 | 松嫩平原 |
| 53 | 绥化 | 黑龙江青冈靖河国家湿地公园 | 国家级 | 538.6 | 松嫩平原 |
| 54 | 大兴安岭 | 黑龙江大兴安岭阿木尔国家湿地公园 | 国家级 | 3 225.75 | 大小兴安岭及东部山区 |
| 55 | 大兴安岭 | 黑龙江大兴安岭双河源国家湿地公园 | 国家级 | 8 712 | 大小兴安岭及东部山区 |
| 56 | 大兴安岭 | 黑龙江大兴安岭漠河九曲十八湾国家湿地公园 | 国家级 | 4 929 | 大小兴安岭及东部山区 |
| 57 | 大兴安岭 | 黑龙江塔河固奇谷国家湿地公园 | 国家级 | 3 974.01 | 大小兴安岭及东部山区 |
| 58 | 大兴安岭 | 黑龙江呼中呼玛河源国家湿地公园 | 国家级 | 3 156 | 大小兴安岭及东部山区 |
| 59 | 大兴安岭 | 黑龙江漠河大林河国家湿地公园 | 国家级 | 3 935 | 大小兴安岭及东部山区 |
| 60 | 大兴安岭 | 黑龙江大兴安岭古里河国家湿地公园 | 国家级 | 28 702 | 大小兴安岭及东部山区 |
| 61 | 大兴安岭 | 黑龙江大兴安岭砍都河国家湿地公园 | 国家级 | 7 765 | 大小兴安岭及东部山区 |
| 62 | 大兴安岭 | 黑龙江加格达奇甘河国家湿地公园 | 国家级 | 2 125.2 | 大小兴安岭及东部山区 |
| 63 | 大兴安岭 | 黑龙江十八站呼玛河国家湿地公园 | 国家级 | 17 926 | 大小兴安岭及东部山区 |
| 64 | 哈尔滨 | 哈尔滨伏尔加庄园省级湿地公园 | 省级 | 62.19 | 松嫩平原 |
| 65 | 哈尔滨 | 青年沿江省级湿地公园 | 省级 | 445.81 | 松嫩平原 |
| 66 | 哈尔滨 | 黑龙江哈尔滨运粮河省级湿地公园 | 省级 | 247 | 松嫩平原 |
| 67 | 哈尔滨 | 黑龙江省清河半截河省级湿地公园 | 省级 | 581 | 松嫩平原 |
| 68 | 哈尔滨 | 黑龙江省苇河苇沙河省级湿地公园 | 省级 | 1 121 | 松嫩平原 |
| 69 | 牡丹江 | 林口六合省级湿地公园 | 省级 | 312.05 | 大小兴安岭及东部山区 |
| 70 | 鸡西市 | 黑龙江密山马兰花省级湿地公园 | 省级 | 119 | 三江平原 |
| 71 | 鸡西市 | 黑龙江穆棱河省级湿地公园 | 省级 | 1 680 | 三江平原 |
| 72 | 鹤岗 | 鹤岗清源湖省级湿地公园 | 省级 | 1 189.3 | 三江平原 |
| 73 | 黑河 | 黑龙江五大连池省级湿地公园 | 省级 | 401.9 | 大小兴安岭及东部山区 |
| 74 | 黑河 | 嫩江圈河省级湿地公园 | 省级 | 450.88 | 松嫩平原 |
| 75 | 绥化 | 黑龙江肇东千鹤岛省级湿地公园 | 省级 | 511.02 | 松嫩平原 |
| | | 合计 | | 216 240.93 | |

# 第二节　开发利用与保护管理的历程回顾

湿地生态系统每年发挥的生态服务价值达 7 031.4 亿元，每公顷湿地提供生态系统服务功能价值量为 12.64 万元/年。尽管经过几十年的保护，湿地仍然是全球最受威胁的生态系统之一，这与湿地生态系统自身的复杂性与脆弱性有关。在 20 世纪以前，湿地损失的主要原因是排水，排水后的土地被用作农田、建筑用地、道路等。20 世纪以来，湿地用途增加，其损失原因也相应增多，如开采、地下水位下降等。从世界范围看，将湿地排水后改作农田，一直是全球范围内湿地损失的主要原因。在三江平原早期的开发利用中，湿地改作农田也是三江平原湿地损失的主要原因。三江平原湿地的保护与利用经历了如下几个阶段：

## 一、开发阶段

第一阶段是原始农牧业开发阶段（元朝至 1954 年）。

由于三江平原地处我国边陲，加之沼泽遍布，难以行走，因此农业开发较晚，人口稀少，被称为"北大荒"。三江平原的开发历史可追溯到元朝，但是正式垦荒始于清朝。从元朝至 1949 年以前，对于三江平原的开发还仍然属于原始农牧业阶段，这一时期开垦的荒地约为 100 万公顷。受当时生产力水平的制约，湿地垦荒的机械化程度低，开发速度较慢，开发地区一般都在岗坡及平原地带，因此对于湿地的影响较小。

辽代时，在今天依兰境内设五国城之一越里吉国部，金代于五国城旧址设胡里改路。元朝时，在黑龙江、乌苏里江流域已经分别设开元路和水达达路；明朝时，在三江平原腹地设卫、所及站，主管边疆防卫工作，一部分人口搬迁至此进行开垦屯边工作。元、明代期间，在松花江下游进行生产活动的主要是女真人，这时他们的生产活动主要是以渔猎和采集为主，少量开垦农田进行耕种。

清初，赫哲族卢、葛、胡三姓迁居依兰一带，定"三姓"之名。雍正九年（1731年），在依兰设三姓副都统，其管辖范围为东至大海，西至阿勒楚卡（今阿城区），北至松花江以北，南至宁古塔（今宁安市）的广大区域。清代为了保护其"发祥之地"，实行"封禁政策"，这起到了保护森林、草地和湿地的作用。由于自康熙七年（1668 年）至光绪年间，清朝廷对东北近 200 年"封禁"，关内垦民无法出关耕种，所以当时三江平原垦种农田规模小，主要限于戍边兵丁和流放人犯为解决己用和纳贡粮草被官府强制而为。自光绪七年（1881 年）始，清政府解除禁令，允许向三江平原移民以抵御外侵，同时陆续成立汤旺河、蜂蜜山等招垦局，开始大面积开垦三江平原。1893 年三江平原耕地面积为 2.9 万公顷，仅占区域总面积的 0.27%。平原区沼泽、沼泽化草甸植被大面积连续分布，山地为郁郁葱葱的原始森林。民国时期，垦殖势头仍未减，截至 1930 年，穆棱、汤原、勃利、饶河、桦楠、密山、虎林、富锦、依兰等县的耕地面积达 660 多万亩，土地垦殖率为 7.41%。1931 年至 1945 年日本入侵时期，除恢复前期荒芜土地外，耕地无大的增加。1945 年日本投降、三江平原各县解放后，开始实行土地改革，号召农民大力开发未垦荒地，使耕地面积迅速增加。自清代垦荒至 1949 年，开垦荒地达 82 万公顷，但湿地仍然保持着原始的自然景观。

第二阶段是机械化开发阶段（20 世纪 40 年代末至 20 世纪 80 年代末）。

从建国初期到 20 世纪 80 年代末，属于机械化开发阶段。这一阶段，由于使用各种农用机械开荒，开荒强度大，因此三江平原原始湿地的面貌发生了巨大的改变，大量湿地被农田取代。约 35 年里三江平原经历了 4 次垦荒高潮：第一次开荒高潮是 1949—1954 年，当时大批当地和外地农民受政府垦荒政策的鼓舞，在互助组和合作社的组织下，纷纷来到三江平原开垦荒地。1949 年，三江平原沼泽和沼泽化草甸湿地总面积为 534.5 万公顷，全区耕地 78.6 万公顷。1954 年时，全区耕地面积约为 171 万公顷。第二次开荒高潮是 1956—1958 年，10 万转业官兵进入三江平原，仅 1958 年开荒就有 23.06 万公顷。第三次开荒高潮是 1969—1973 年，三江平原接收了全国许多城市的知识青年 45 万人，并组建生产建设兵团。1970 年仅兵团开荒就有 14.5 万公顷。第四次开荒高潮是 1975 年至 20 世纪 80 年代末期，各县农民和农场在连续旱年的时候，趁沼泽干涸之际大量开荒。从 1975—1983 年，各县开荒面积达 97.8 万公顷。1988—1990 年，第一期农业综合开发工程期间共开垦荒地约为 12.5 万公顷。至 20 世纪 80 年代末期，三江平原已有耕地约 352 万公顷，垦殖指数已达 32.3%。

大量开垦荒地导致耕地面积激增。增加的耕地面积主要来源于湿地、林地和草地。根据宋开山等利用遥感和地理信息系统技术对三江平原土地利用情况进行研究，结果显示，在 1954—1986 年期间，湿地、林地、草地、未利用地、水域、居工地转化为耕地的面积依次为，205.53 万公顷、77.58 万公顷、67.83 万公顷、13.83 万公顷、4.46 万公顷、3.95 万公顷。在这一时期，一方面开垦荒地大量湿地、林地和草地转化为耕地，另一方面也有相当一部分耕地转化为居工地、湿地和林地。在 1954—1986 年期间，耕地转化为湿地、林地、草地、居工地、水域、未利用地的面积依次为，30.21 万公顷、29.16 万公顷、15.87 万公顷、14.19 万公顷、2.30 万公顷、0.92 万公顷。他们研究中所指的湿地是包括沼泽地和滩地等天然湿地。耕地转化为湿地的原因是盲目开垦造成许多地方排灌系统不够完善，致使部分已垦农田频繁发生涝灾而荒废。另外，由于大量人口进入三江平原，在这一时期居工地占用耕地的面积较大。

第三阶段是高效农业开发阶段（20 世纪 80 年代末期至 1998 年）。

这期间三江平原区域总的经济发展思路已由单纯开荒向"少开荒、不盲目开荒，向农业深层次开发要效益"转变。人们遵循国家"改革开放，搞活经济"的方针和指导思想，积极调整产业结构，发挥现有各种资源优势，合理调整人力、物力、财力，加强科技投入，培育新的经济生长点，在资源增值上做文章。同时进行大面积的植树造林、恢复草原及中低产田改造工作，开荒行为基本停止，仅在 1995—1997 年"五荒开发"期间突击性地开垦了约 15 万公顷的湿地，全区总耕地面积达到 375 万公顷。总的来看，这一阶段三江平原原始湿地面貌没有进一步发生大的改变，基本保留了大规模开发后的原始面貌。

## 二、保护阶段

三江平原湿地是亚洲最大的淡水湿地之一，一直以来备受全球的关注。特别是《中国生物多样性保护行动计划》实施之后，三江平原就成了国家高度重视的湿地保护区域。

### （一）湿地保护的法治建设

1998 年，黑龙江省委和省政府在对三江平原湿地的开发利用状况进行调查的基础上颁布了《中共黑龙江省委、黑龙江省人民政府关于加强湿地保护的决定》，明确规定凡未被开垦的湿地，一律停止垦殖和采掘，任何个人和单位都无权批准湿地的开垦。同时，建立领导负责制，规定将湿地保护作为领导干部政绩考核的重要内容。这是中国第一个关于湿地保护的规范文件，对黑龙江省湿地保护工作起到了重要作用。2000 年黑龙江省政府成立了"湿地管理领导小组"，制定了湿地保护地方法规，2003 年黑龙江省人大正式颁布《黑龙江省湿地保护条例》，在保护湿地完整性、湿地水资源，湿地污染防治和湿地资源利用等方面都作了具体规定。随着《条例》的实施，各地加大了对破坏湿地案件的查处力度和专项执法检查力度，对各类破坏湿地的违法行为进行了严厉打击，破获了一大批破坏湿地的案件，对违法开垦湿地进行退耕还湿或退耕还林，有效遏制了湿地破坏行为，湿地面积和质量有了恢复性增长和提高。2009 年农业部再次强调在三江平原注意湿地保护和农业发展相结合的重要性。2010 年黑龙江省政府决定在省内停止任何形式的湿地开发。2015 年黑龙江省十二届人大常委会第 22 次会议通过《黑龙江省湿地保护条例》。该《条例》分总则、规划和名录、湿地保护、湿地利用、监督管理、法律责任、附则 7 章 55 条，自 2016 年 1 月 1 日起施行。2003 年 6 月 20 日黑龙江省十届人大常委会第 3 次会议通过的《黑龙江省湿地保护条例》予以废止。由此可见，三江平原的湿地保护工作开展得很早，这些政策和法规的出台，在三江平原地区湿地资源的科学利用和合理开发上起到了重要的作用。它是我国第一部地方性湿地保护综合性立法。它有许多创新之处，如首次将湿地档案管理制度、湿地补水机制、湿地监测制度、湿地审批制度等通过法律的形式固定下来，而且被其他省在湿地保护立法上加以采用。

### （二）湿地自然保护区建设

在全面停止湿地开垦的同时，黑龙江省在三江平原地区抢救性地划定了湿地自然保护区，使三原湿地资源得到了有效保护。三江平原区域内现有洪河国家级自然保护区、三江国家级自然保护区、兴凯湖国家级湿地自然保护区、黑龙江七星河国家级自然保护区、黑龙江珍宝岛湿地国家级自然保护区和东方红湿地国家级自然保护区六处国际重要湿地。洪河国家级自然保护区、三江国家级自然保护区和兴凯湖国家级湿地自然保护区在 2002 年被列入《湿地公约》国际重要湿地名录。洪河国家级自然保护区位于三江平原的东北部腹地，地跨黑龙江省同江市与抚远市，周围分别与洪河、前锋、鸭绿河三农场接壤，总面积为约为 2.18 万公顷。漫滩广阔，地势平坦，地表河流纵横，泡沼星罗棋布，植被以草本沼泽和水生植被为主，间或在高地和河道的岛屿上生长有桦木和白杨树以及落叶阔叶林。它的主要湿地生态系统是三江平原典型的沼泽生态系统。1984 年黑龙江省政府批准其为国家级自然保护区；1996 年 11 月被国务院批准晋升为国家级自然保护区；2002 年被《湿地公约》列为国际重要湿地名录。三江国家级自然保护区，堪称三江平原的精华，总面积约为 19.81 万公顷，核心区面积约为 6.61 万公顷。它位于三江平原的东北角，地跨抚远、同江两县市，是黑龙江和乌苏里江汇合的三角地带，北隔黑龙江、东隔乌苏里江与俄罗斯毗邻。黑龙江下游是阿穆尔河湿地，乌苏里江对面是锡霍特山脉，集山地、平原、沼泽为一体，形成东北亚北部比较完整的森林、湿地、海洋生态系统，是东北亚鸟类迁徙的重要通道、停歇地和繁衍栖息地。1999 年三江自然保护区成为中国政府加入国际雁鸭类保护网络后唯一的保护区，2000 年晋升为国家级自然保护区，2002 年被《湿地公约》列为国际重要湿地名录，同年又被批准加入国际鹤类保护网络。兴凯湖国家级湿地自然保护区，被称为是"北国绿宝石"。它的地理位置在三江平原南端、完达山南麓，总面积约为

22.25 万公顷，核心区面积约为 5.6 万公顷。兴凯湖水域辽阔、沼泽连片，湖泊、森林、沼泽、草甸组成了完整的多种类型的湿地生态系统，与俄罗斯兴凯湖平原连为一体，地理位置独特，生物多样性良好，对于它的保护具有重要的国际意义。1986 年，黑龙江省政府批准建立了兴凯湖自然保护区，1994 年经国务院批准晋升为国家级自然保护区；1996年，中俄两国签署了《中华人民共和国政府与俄罗斯联邦政府关于兴凯湖自然保护区协定》；1997 年，加入东北亚鹤类保护网络；2002 年，兴凯湖国家级湿地自然保护区被《湿地公约》列入国际重要湿地名录。兴凯湖自然保护区的管护级别随着对于湿地重要性的认识加深而逐渐增高，管理制度逐渐完善。

### （三）湿地管理体制与配套管理

为切实加强湿地管理能力建设，逐步理顺湿地类型，完善自然保护区管理体制，佳木斯、双鸭山等市相继成立了湿地保护管理局。国家级自然保护区和大部分省级自然保护区分别成立了管理机构，配备专职人员，并将保护区管理人员工资纳入地方财政。各地政府还加大了对自然保护区管护经费和基础设施建设的投入力度，逐步解决了湿地保护经费不足的问题。黑龙江省根据国家规划编制了《黑龙江省"十一五"湿地保护工程规划》，积极开展湿地恢复工作。例如：绥滨两江湿地自然保护区禁止放牧，恢复湿地原始景观。全省在财力有限的情况下，在自然保护区有计划地开展了退耕还湿 45 平方千米、七星河湿地退耕还湿 4.47 平方千米。通过开展湿地恢复工作，维护了湿地生物多样性，使湿地有了恢复性增长。加强了湿地资源的科学研究工作，充分查明目前三江平原湿地资源存量，以中科院东北地理与农业生态研究所和黑龙江省科学院自然与生态研究所为代表的本土科研院所对于三江平原湿地生态系统进行了科学监测，对湿地演化机制进行了研究，为湿地资源的开发与保护提供了科学的依据。人们在发展三江平原生态旅游业、领略自然风光的同时，普及生态知识，增强湿地资源、湿地保护意识。目前，位于三江平原地区的兴凯湖、挠力河等自然保护区都相继开辟了旅游景点。在湿地保护的前提下，开展教科文卫的宣传教育活动，发挥湿地的教育功能。积极开展国际合作项目，"黑龙江省 GEF 湿地项目三江平原项目区中俄跨国界联合保护行动""三江平原发展可持续替代生计和社区参与可持续湿地管理"等国际合作项目在三江平原地区开展，使得黑龙江省在湿地资源保护和利用的方法与模式逐步与世界接轨。

### （四）生态保护建设取得较大进展

为加强湿地保护，国家出台了《全国湿地保护工程规划（2002—2030 年）》，三江平原湿地被列为首批重点保护和恢复工程项目区。三江平原地区生态示范区建设全面发展，2000 年时，有生态示范区（含试点）12 个，占全省总数的 41.4%，国家级生态示范区（含试点）6 个，占全省国家级生态示范区总数的 40.0%。虎林市、二九一农场已被国家正式命名为国家级生态示范区。省级生态示范区（含试点）5 个，占全省省级生态示范区（含试点）总数的 35.7%，富锦市、二道河农场和鹤岗市五道岗畜牧场已被正式命名为省级生态示范区。生态示范区建设涵盖鸡西、鹤岗、双鸭山、佳木斯市和农垦总局 4 市 1局，含 7 个县及农垦总局在本区的所有农场，并在建三江、红兴隆、宝泉岭等农垦分局和虎林市、宝清县等建设有机、绿色、无污染、无公害食品基地总面积约 $0.4 \times 10^4$ 平方千米，约占全省有机、绿色、无公害食品基地种植面积的 80%。

经过几十年的生态建设，三江平原地区实施了一系列环境保护措施，通过天然林保护工程，黑龙江、乌苏里江界江防护工程，平原绿化工程，废弃地植被恢复与重建及生态退耕等项目，该地区的生态环境得到了显著改善。三江平原生态功能保护区界江沿岸 10 千米范围内初步得到保护，现有湿地保存率达到 100％。佳木斯市、集贤县、绥滨县、同江市、虎林市、密山市被评为全国平原绿化先进单位，密山市还被评为全国造林绿化百佳县。认真贯彻《黑龙江省耕地保养条例》，土壤肥力有所恢复。三江平原生态功能保护区内工业污染防治力度不断加大，主要污染物排放总量得到有效控制，基本实现"一控双达标"。2013 年时，三江平原生态功能保护区内工业废水排放达标率达 90％以上，工业废气中经过消烟除尘和净化处理的达 90％以上

## 三、三江平原湿地保护与利用的综合分析

从三江平原湿地保护与开发的历程可以看出，人为活动的扰动是湿地遭到破坏的首要因素。随着人口迁移政策的实施，三江平原湿地生态系统承载的人口压力激增，这是湿地被破坏的根本原因。随着人口增加，人们必然会向土地要粮食，向土地要生活和生产用地，使得大量湿地被开垦为耕地，并在湿地周边进行种植、过度放牧捕捞、狩猎捕鸟、截流灌溉等活动，造成湿地面积锐减。农业机械化生产导致大量湿地被开垦，化肥农药的大量使用，造成地下水资源的污染，进而导致湿地生物多样性遭到严重破坏，使得三江平原湿地生态系统自我维持和更新的能力下降，湿地生态系统功能退化，不能继续满足人类的需求。另一方面，三江平原的农业生产方式也导致湿地生态功能水平下降。三江平原沼泽湿地开发，以往是以开辟旱田为主，经营内容单一，忽视对生态条件的适应，忽视增加多样性，使农业生产极为脆弱，经不起灾害的袭击。加之三江平原部分地区干旱少雨，日照充足，水分蒸发、植物蒸腾量大，部分湿地不仅缺水，而且没有持续自我补水的功能，导致湿地面积骤减。另外，三江平原开发早期，生产与建设同步进行，农田基本建设的速度远远低于开荒扩大耕地面积的速度。由于资金有限，农田缺乏基本建设，标准低、不配套，抗御自然灾害的能力低，而且地貌类型以河漫滩为主，地势低平、土质黏重、通透性差，容易酿成洪涝灾害，致使大豆单产不高、总产不稳。

尽管三江平原范围内有省级以上湿地类自然保护区 24 个，湿地资源受到了足够的重视，湿地保护区完成了基础设施建设，但是省级以下湿地自然保护区大多存在建设资金不足、基础设施缺失、缺乏专业的管理人员等问题，湿地保护、监测、管理、科研更是缺乏持续的专业技术支撑。特别是湿地保护与利用的矛盾没有得到统筹解决，三江平原湿地资源大多分布在交通不便、人烟稀少的偏远地区，这样的地区管护工作艰苦且难度大。另外，由于三江平原湿地受损严重、生态系统脆弱，因此对于三江平原地区湿地保护采取的保护措施较为严格，这就导致当地居民利用湿地资源获得经济效益的可能性较低。长期以来，对于以湿地为生的居民的生活生产补偿的力度不够、资金来源也较为单一，没有充分发挥出补偿的作用。

另外，三江平原地区的湿地监测网络还需要进一步加强。对于湿地的保护与利用，必然离不开对湿地生态价值评价、湿地演替、发展规律探索的科学支撑，这些是湿地保护、湿地恢复和湿地生态补偿的技术基础。在三江平原湿地监测、基础研究等方面也存在着资

金压力。要解决资金问题，增加财政支持力度是一个方面，但不是唯一的途径。可以通过湿地的生态补偿、湿地碳汇交易等方式建立三江平原湿地保护基金，用生态效益换取经济效益，最后反哺湿地研究，提高三江平原湿地生态效益。目前，三江平原地区内还没有形成从生态到经济再到生态的这样一条闭环效益循环路径。

从三江平原保护和利用的发展历程中我们可以看到，三江平原湿地管理经历了如下的转变：一是从追求经济效益到追求湿地经济、社会和生态的综合效益。在新中国成立初期，由于对于自然资源以及湿地的重要性认识不够，大量湿地被破坏，开垦为农田。这一时期对于湿地是利用为主，追求的是经济效益。进入到 20 世纪 90 年代，人们的湿地保护意识逐渐增强，开始限制湿地的使用，出现退耕还湿的趋势，但是对于湿地的保护与利用还没能完全厘清内在关系，保护的手段与效果也相对有限，这个时期的保护主要体现在减少或停止破坏湿地上。二是从区域管理到流域管护。黑龙江省依据《全国湿地保护工程规划（2002—2035 年）》和《全国重要生态系统保护和修复重大工程总体规划（2021—2035 年）》的要求，结合湿地资源分布的具体位置和特点，建立湿地自然保护区，在三江平原等重要江河源头和沿岸湿地集中分布区划建自然保护区。三是从湿地利用到湿地保护再到湿地恢复。黑龙江省积极开展湿地修复和退耕还湿等工作，扩大湿地面积，保护湿地生态系统的完整性，维护湿地生物多样性。"十三五"期间，黑龙江省完成退耕还湿总面积 2.3 万公顷。

本章概述了三江平原湿地的自然情况及社会情况，通过文献调查的方法梳理了三江平原湿地保护与开发的演变历程，总结了在三江平原湿地保护与管理过程中出现的问题，以及新时期在立法与管理理念方面出现的转变。

# 第四章　三江平原湿地生态系统健康分析

## 第一节　三江平原湿地生态系统健康的能力因素分析

### 一、湿地生态系统自我维持及发展能力的分析

#### （一）栖息地情况分析

湿地是众多动植物的栖息之地，所以湿地面积的大小与栖息地情况直接相关。三江平原湿地是南北半球候鸟迁徙过程中途经的栖息地以及世界水禽重要的筑巢与繁殖地，代表性水禽有大天鹅、丹顶鹤、白尾海雕、东方白鹳等。本书通过考量湿地面积变化情况来判断栖息地的情况，反映到数据上即湿地退化率。湿地退化率是指上一评价年度湿地面积与本评价年度湿地面积相比的变化情况。湿地是物种存在的物质载体，湿地面积变化直接反映栖息地功能的变化。1985—2015 年三江平原栖息地情况如图 4-1。从图中可以看出，1985—1995 年，三江平原湿地维持动植物栖息地的功能急剧下降。1995—2005 年，栖息地数量下降的情况略有好转。2005—2015 年，栖息地保护工作再次面临挑战。总体来看，湿地动植物栖息地保护受到严重的挑战，虽然栖息地减少的速度有所下降，但是减少的趋势并未得到根本性的扭转。而随着野生动物栖息地丧失和破碎化问题的突出，珍稀动物的繁育能力必然减弱。

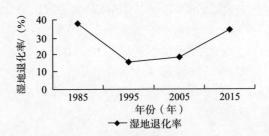

图 4-1　1985—2015 年三江平原湿地栖息地变化情况

注：数据来源于《1954 年以来三江平原土地利用变化及驱动力》《基于遥感的三江平原湿地保护工程成效初步评估》

#### （二）水源补给情况分析

本区域水资源补给情况用水资源补给率进行分析考量，即考察水资源补给量占水资源总量的比例。1985—2015 年三江平原地区水资源补给情况见图 4-2。从图中可以看出，本区域内水资源的存量先期呈现下降趋势，中后期缓慢回升。

#### （三）净化功能情况分析

本书对于研究区域内湿地净化功能的评价主要采用每平方千米湿地的净化污染物的能

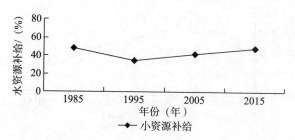

图4-2 1985—2015年三江平原湿地水资源补给情况

注：数据来源于《1982年黑龙江省国营农场总局统计年鉴》《1990年黑龙江省国营农场总局统计年鉴》《2000年黑龙江垦区统计年鉴》《2010年黑龙江垦区统计年鉴》《1982年黑龙江省统计年鉴》《1990年黑龙江省经济统计年鉴》《2000年黑龙江省统计年鉴》《2010年黑龙江省统计年鉴》《2015年黑龙江省统计年鉴》

力来进行表述，即湿地面积与未处理的污染物（水）的比例。1985—2015年三江平原湿地净化能力显著提高，如图4-3。从图中可以看出，1985—1995年湿地净化能力显著下降，1995—2015年，湿地净化能力显著提高，经过湿地处理的污水大部分达到处理标准。随着人类的污染防控技术的提高，对湿地的污染物排放减少，湿地的生态功能略有好转，湿地净化污水的能力提高。

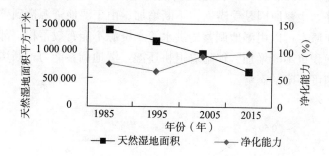

图4-3 1985—2015年三江平原湿地净化能力变化情况

注：数据来源于《1954年以来三江平原土地利用变化及驱动力》《1982年黑龙江省国营农场总局统计年鉴》《1990年黑龙江省国营农场总局统计年鉴》《2000年黑龙江垦区统计年鉴》《2010年黑龙江垦区统计年鉴》《2015年黑龙江省统计年鉴》

## （四）多样性情况分析

湿地是生物多样性最为丰富的地区之一，是生物基因库。三江平原地区拥有高度的物种多样性，是中国物种多样性最为丰富的沼泽地之一。湿地保护对于生物的栖息地保护具有重要作用，使得生物的繁衍生息能够顺利进行。本文对于多样性情况采用辛溥生多样性指数进行评价。从图4-4中可以看出，1985—2015年，三江平原地区生物多样性指数呈现急速下降的趋势。1985年到1995年这10年间，丹顶鹤数量由原来的309只下降至65只；大天鹅和白鹤的繁殖种群已不足50只；雁鸭类数量减少超过90%。这主要是由于湿地资源不断遭到破坏，原来生物赖以生存的栖息地遭到破坏，致使多种生物濒临或已经灭绝。但是多样性指数下降的趋势呈现减速，说明近些年的环境保护措施起到了实际效果。

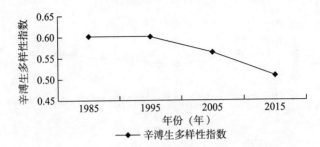

图 4-4　1985—2015 年三江平原多样性指数变化情况

注：数据来源于《1954—2010 年三江平原土地利用景观格局动态变化及驱动力》《1954 年以来三江平原土地利用变化和驱动力》

### （五）调蓄功能分析

湿地具有重要的调蓄功能，是天然的蓄水池，被称为地球之肾。本书对于湿地的调蓄功能主要使用洪水调蓄能力变化率，即除涝面积变化情况进行分析，主要考查上一评价年度的除涝面积和本评价年度除涝面积和变化量与上一评价年度除涝面积的比率。从图 4-5 可以看出，三江平原湿地生态系统的调蓄能力呈现为倒梯形，1985—1995 年湿地调蓄能力大幅提高，1995—2005 年湿地调蓄能力基本不变，但是 2005—2015 年，湿地的调蓄能力明显下降。主要原因是受涝面积不断增加。由于湿地资源遭到破坏，湿地调蓄能力不断降低，致使原本可以由湿地调蓄的洪水等水资源不能有效蓄积，部分区域发生洪涝灾害，所以除涝面积也不断增加。伴随着退耕还湿，湿地调蓄能力不断增强，需要除涝的面积也呈现增长速度下降的态势。

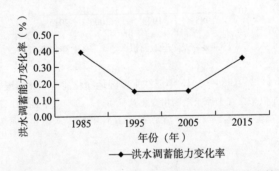

图 4-5　1985—2015 年三江平原湿地洪水调蓄能力情况

注：数据来源于《1982 年黑龙江省国营农场总局统计年鉴》《1990 年黑龙江省国营农场总局统计年鉴》《2000 年黑龙江垦区统计年鉴》《2010 年黑龙江垦区统计年鉴》《2015 年黑龙江垦区统计年鉴》

### （六）侵蚀控制能力分析

本书对于侵蚀控制能力的评价主要通过比照水土流失面积变化的情况进行。三江平原地区近 50 年来侵蚀面积一直处于增加之中并且侵蚀强度逐年加重，表现为低侵蚀强度面积比例的减少和高侵蚀强度面积比例的增加。侵蚀强度等级越高，增加越明显。鸡西、佳木斯、双鸭山等市（县）从 20 世纪 50 年代开始一直都是侵蚀比较严重的地区，七台河市（县）由 20 世纪 50 年代侵蚀不严重的市（县）逐渐变为目前三江平原受侵蚀最严重的区域之一。

地表植被大面积缺失，会造成水土的不断流失，导致侵蚀控制能力不断减弱。从图 4-6 中可以看出，1985—1995 年，三江平原的侵蚀控制能力比较弱，并且出现了较为严重的自然灾害。随着人们对于自然环境的保护意识不断提高，水土流失现象不断受到控制，退耕还草还湿使得地表植被恢复，地区侵蚀控制能力增强。1995—2005 年湿地侵蚀控制变化率比较平稳，但是 2005—2015 年，侵蚀控制变化率明显增加。虽然从总体上看，三江平原的侵蚀控制能力有些许好转，但是还不稳定，而且控制水平依然比较低，还具有较大的改善空间。

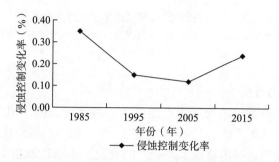

图 4-6　1985—2015 年三江平原湿地侵蚀控制变化率

注：数据来源于《1982 年黑龙江省国营农场总局统计年鉴》《1990 年黑龙江省国营农场总局统计年鉴》《2000 年黑龙江垦区统计年鉴》《2010 年黑龙江垦区统计年鉴》《2015 年黑龙江垦区统计年鉴》

## 二、湿地生态系统满足人类社会经济发展需求能力的分析

湿地生态系统健康是指湿地生态系统结构完整、特征显著、可以自我维持发展，能够发挥湿地生态系统生态效益、经济效益和社会效益等综合效益。健康的湿地生态系统不仅能够发挥生态效益，还能够满足人类社会发展的需求，是自然、经济和社会系统的重要组成部分。因此，湿地生态系统满足人类社会经济发展需求能力是湿地对人类社会发展的物质支撑和反馈。对湿地生态系统社会经济发展需求能力的分析主要是评价和诊断湿地能否为人类健康提供适宜的环境，能否为人类社会发展反馈必要的物质产品，湿地利用是否符合社会的文化观、价值观和能否满足社会发展的需求。健康的湿地生态系统不仅能够维持自身的发展，还能够维持健康的人类群体与区域社会经济的可持续发展。人类健康是湿地生态系统健康的核心，是国家安全体系的重要组成部分和实现经济与社会可持续发展的重要基础。

### （一）人口健康状况分析

人的健康是人类社会延续发展的必要条件，不考虑人类健康发展的湿地生态系统健康是没有实际价值的健康。湿地生态系统的变化可通过多种途径影响人类健康，人类健康可视为对湿地生态系统健康的反映，是湿地对人类社会的反馈作用之一。本书对于身体健康评价主要依据崔保山等人健康评价指标的计算方法，通过人口死亡率的变化情况分析研究湿地生态系统健康状况。从图 4-7 中可以看出，该区域内死亡率相对平稳，在 1995 年后呈现缓慢下降的趋势。在当地医疗条件和社会生活相对稳定的前提下，人口死亡率一般相对稳定，流行疾病等只会在短时间内造成急剧的变化，因此人口死亡率与区域环境质量息息相关。

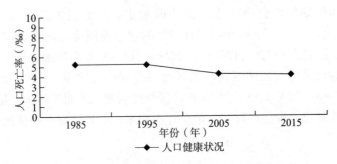

图 4-7  1985—2015 年三江平原人口死亡率

注：数据来源于《1982 年黑龙江省统计年鉴》《1990 年黑龙江省经济统计年鉴》《2000 年黑龙江省统计年鉴》《2010 年黑龙江省统计年鉴》《2015 年黑龙江垦区统计年鉴》

### （二）物质生产能力分析

本书中对于三江平原湿地的物质生产能力用天然水产品的产出能力变化情况进行分析。该地区内淡水产品的生产能力是该区域内物质生产能力的主要代表，淡水产品物质生产能力的变化可以代表该区域内物质生产能力的变化。本书选取鱼类产品作为指示物种，指标为本评价年度鱼产量和上一评价年度的鱼产量的变化率。从图 4-8 中可以看出，物质生产能力呈现先下降后上升的趋势。究其原因，应该是湿地资源遭到开垦后，各种物种尤其是各种鱼类的栖息地受到破坏，致使湿地产品的质量降低、数量减少，产品产出不稳定，生产的连续性不高。而随着相关政策的调整，湿地的物质生产能力也相应有所回升。

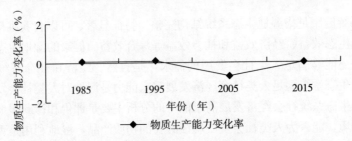

图 4-8  1985—2015 年三江平原湿地物质生产能力变化情况

注：数据来源于《1982 年黑龙江省国营农场总局统计年鉴》《1990 年黑龙江省国营农场总局统计年鉴》《2000 年黑龙江垦区统计年鉴》《2010 年黑龙江垦区统计年鉴》《2015 年黑龙江垦区统计年鉴》

### （三）物质生活水平分析

研究区域内居民对于湿地生态系统的物质依赖和经济依赖程度较高，湿地的质量对于周边居民的经济收入会造成一定影响。本文对于居民物质生活水平的评价主要从职工平均工资的角度进行阐述和研究。职工的工资水平代表着其经济发展水平，可以反映出其物质生活水平，故 1985—2015 年三江平原地区职工平均工资水平的情况，可以作为湿地对于经济贡献的反映之一。从图 4-9 中可以看出，1985—2005 年职工平均工资水平缓慢增长，进入新世纪后，经济发展迅速，人们的物质生活水平不断提升，工资水平也随之提高。

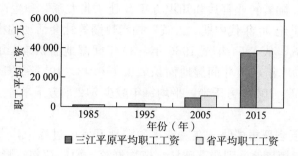

图 4-9 1985—2015 年三江平原职工工资对比情况

注：数据来源于《1982 年黑龙江省统计年鉴》《1990 年黑龙江省经济统计年鉴》《2000 年黑龙江省统计年鉴》《2010 年黑龙江省统计年鉴》《2015 年黑龙江省统计年鉴》

### （四）满足文化需求情况分析

按照湿地生态系统健康的内涵，湿地具备满足人类精神文化需求的能力，这种需求主要包括休闲娱乐、教育研究、观赏旅游等。其中，科学研究功能的发挥不仅受湿地本身科研价值的影响，同时也受到所处时代科研条件与科研能力的影响，甚至这种时代背景对于科研功能发挥的作用更大，不太适合定为指标。另一方面，只有健康的湿地生态系统才能够表现出比较清晰的生态特征，因而湿地景观丰富、历史文化遗迹尚存、物种丰富、气候适宜，才具有旅游和观赏价值。因此，通过在研究区域内开展旅游、垂钓以及其他人类娱乐项目所能维持的天数与历史同期比较的变化数值，即当地自然保护区对外开放的天数和上一研究区间对外开放的天数的变化率可以考量湿地满足人类文化需求的能力。具体变化情况见图 4-10。

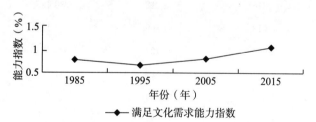

图 4-10 1985—2015 年三江平原职工休闲娱乐变化情况

注：数据来源于《1982 年黑龙江省国营农场总局统计年鉴》《1990 年黑龙江省国营农场总局统计年鉴》《2000 年黑龙江垦区统计年鉴》《2010 年黑龙江垦区统计年鉴》《2015 年黑龙江垦区统计年鉴》《1982 年黑龙江省统计年鉴》《1990 年黑龙江省经济统计年鉴》《2000 年黑龙江省统计年鉴》《2010 年黑龙江省统计年鉴》《2015 年黑龙江省统计年鉴》

## 三、能力因素综合分析

### （一）能力因素基本变化情况

随着人类活动对于三江平原湿地生态系统扰动范围和幅度的加大，三江平原湿地自我维持与发展能力受到的影响日益显著，并发生了明显的变化。

**1. 湿地大面积减少** 三江平原是中国最大的平原沼泽和淡水沼泽集中分布区，据统计，1949 年三江平原湿地面积 $5.36 \times 10^4$ 平方千米，占全省湿地总面积的 41%，占三江平原面积的 49.3%。随着转业官兵和知识青年开赴"北大荒"和生产建设兵团机械化农场的不断涌现、20 世纪 90 年代中期"五荒"拍卖热潮等社会活动的推动，三江平原沼泽类湿地面积大幅锐减。从 1954 年至 1986 年，30 年间湿地面积减少了 $2.13 \times 10^4$ 平方千米；从 1986 年至 2005 年，20 年间湿地面积减少了 $0.43 \times 10^4$ 平方千米。50 年间三江平原湿地面积减少 $2.56 \times 10^4$ 平方千米，平均每年减少 512 平方千米。三江平原湿地面积具体情况见表 4-1。

**2. 生物多样性受到严重威胁**　在三江平原湿地开发的过程中，大量湿地被排干垦荒为耕地，动植物原始栖息地受到严重破坏，植物群落、原始草甸、野生植物被严重破坏，优势物种盖度减少，群落与生物量减少；珍稀动物和经济动物资源明显减少，目前紫貂资源已无法恢复，朱鹮、冠麻鸭已经绝迹，丹顶鹤、白尾海雕等珍稀、濒危物种则逐步缩小分布区，退居某些食物和隐蔽条件较好的地区或者转徙到俄罗斯。据调查，1985 年在嘟噜河下游，有丹顶鹤 23 只、大天鹅 45 只、白鹤 66 只，随着湿地破坏，这些珍禽已不再出现了，冠麻鸭、梅花鹿已很难找到踪迹了。另外，受环境污染的影响，小型动物直接受到水土环境富养作用的威胁而减少，通过食物链传递而引起的富集作用则进一步加速了食肉动物的减少。

表 4-1　三江平原不同土地利用类型面积变化（1954—2005）

| 年份 | 湿地类型 | | | |
| --- | --- | --- | --- | --- |
| | 河流（平方千米） | 湖泊（平方千米） | 沼泽（平方千米） | 库塘（平方千米） |
| 1949 | 4 395 | 7 236 | 40 897 | 1 072 |
| 1954 | 4 216 | 6 218 | 38 457 | 1 044 |
| 1959 | 4 013 | 5 369 | 36 174 | 937 |
| 1975 | 3 956 | 4 427 | 33 671 | 918 |
| 1976 | 3 741 | 3 825 | 31 573 | 825 |
| 1979 | 3 527 | 2 741 | 29 671 | 721 |
| 1983 | 3 317 | 2 217 | 28 325 | 704 |
| 1986 | 3 278 | 1 642 | 27 431 | 695 |
| 1989 | 3 224 | 1 355 | 26 433 | 673 |
| 1994 | 3 315 | 1 330 | 25 173 | 621 |
| 1995 | 3 169 | 1 326 | 24 152 | 589 |
| 1996 | 3 451 | 1 318 | 24 016 | 572 |
| 2000 | 3 557 | 1 312 | 23 751 | 562 |
| 2001 | 3 574 | 1 302 | 20 153 | 553 |
| 2004 | 3 218 | 1 357 | 19 352 | 536 |
| 2005 | 2 948 | 1 416 | 18 361 | 512 |
| 2006 | 2 731 | 1 420 | 17 452 | 493 |

（续）

| 年份 | 湿地类型 | | | |
|---|---|---|---|---|
| | 河流（平方千米） | 湖泊（平方千米） | 沼泽（平方千米） | 库塘（平方千米） |
| 2007 | 2 659 | 1 426 | 16 561 | 468 |
| 2008 | 2 437 | 1 258 | 15 362 | 427 |
| 2009 | 2 018 | 1 641 | 14 278 | 393 |
| 2010 | 1 735 | 1 815 | 13 652 | 328 |
| 2011 | 1 438 | 1 927 | 12 781 | 314 |
| 2012 | 1 244 | 2 045 | 11 593 | 297 |

注：数字资料来源于《1954 年以来三江平原土地利用变化及驱动力》

**3. 土壤侵蚀加剧和局部沙化现象严重** 三江平原经过多年的湿地开荒等激烈而规模巨大的人类活动，湿地生态环境也随之发生了明显改变，湿地内部物质移动力量发生变化，导致土壤侵蚀现象出现。黑龙江水土保持研究所调查表明，本区具有不同程度的水土流失面积达 $230 \times 10^4$ 立方米，风蚀面积达到 $34 \times 10^4$ 平方千米，沙化面积 $70 \times 10^4$ 立方米。土地沙化已引起了局部扬尘和沙尘天气，甚至出现了规模历史罕见的黑风暴。

**4. 洪涝灾害频发** 三江平原湿地被大面积开发，城市公共设施的建设割裂了原始湿地，农业用水等大规模增加导致地下水位下降、湖泊萎缩，进而造成水土流失、河床抬高，致使该区旱涝灾害发生的频率增加。这些原因致使三江平原湿地生态系统调蓄洪水的能力降低，洪涝灾害频发。三江冲积平原地势低平，坡降仅为 1/10 000 左右，排泄不畅，同时降雨主要集中在 7—9 月，易造成洪涝灾害。加之植被的破坏、土壤下垫面的改变，以及防洪、泄洪、滞洪功能的不健全，使本区江河水害的频率和强度相对加大，内涝灾害加剧。1949—1969 年，三江平原的旱涝灾害发生频率分别是 23.5％和 33.3％；1970—1990 年旱涝灾害发生率分别涨到 33.3％和 47.90％；1991—2011 年，旱涝灾害发生率分别涨到 39.4％和 52.7％。

**（二）能力因素变化对于湿地生态系统综合效益的影响**

湿地作为重要的国土资源和自然资源，处于水域和陆地的过渡地带，不仅对人类具有如生态功能、资源功能和服务功能等重要的特殊功能，同时还蕴含着巨大的经济、生态和社会效益，是湿地演化和人类发展不可或缺的物质载体。由于其生态系统功能和服务的多面性，因而生态系统服务功能具有多重价值，给人类带来巨大的生态效益、经济效益和社会效益。三江平原天然湿地面积的逐渐减小、生物多样性的显著降低等生态环境的巨变和自然资源的丧失，已经引发了该地区的生态危机并正在向其他领域逐渐蔓延，导致湿地生态系统的生态效益、社会效益和经济效益等综合效益受损。

**1. 生态效益方面** 湿地生态系统健康受损，会导致本区一定程度的水土流失，风蚀、水蚀面积增大，局部地区出现盐渍化、沙化现象。地下水位下降，土壤持水量明显降低，水旱灾害频发。湿地面积锐减，生物多样性不断下降。2015 年，三江平原湿地面积为 6 860.70 平方千米，湿地面积已经大量减少，导致生物多样性降低，湿地生态系统结构发生改变，并且产生片段化、岛屿化现象。天然湿地对于湿地野生动植物来讲是它们繁衍和生存的庇护之地，是原生基因的存续之地。因此，天然湿地的数量和质量，对于保存生物多样性、维持植物群落及动物种群、筛选和改良物种，均具有不可替代的意义。

**2. 社会效益方面**　三江平原湿地生态系统的社会效益主要包括历史及文化、休闲观光、教育及科学研究等价值，同时三江平原还拥有国际重要湿地，涉及国际共同利益和效益。本区开发使昔日的"北大荒"变成了今天的"北大仓"，推动了社会进步，提高了土地的粮食产出率。但由于规模过大、速度过快、保护措施不得力，产生了一些生态问题。大气和水污染降低了居民的生活质量，危害了居民的健康；土地破坏和污染，使土壤生态环境恢复和整治成了三江平原生态建设的重要任务；植物、动物资源破坏致使本区失去了大量宝贵的优良种质资源，草地大面积减少严重阻碍了牧业发展。本区多年的大规模农业开发，尤其是盲目地开垦农田，导致中低产田数量增加，耕地单位面积产出相对较低，加之重开发、轻治理，重粮食生产、轻生态保护，垦建严重脱节，制约了该区居民的生活、生存质量和可持续发展。自然灾害频发，社会经济发展受损，危及粮食安全、国土安全。长期以来，由于三江平原地区江河堤防工程和水库建设不能满足区域防洪要求，对洪水的控制力差，加之河漫滩、泡沼等湿地与水域被较大规模地破坏，湿地调蓄洪水功能降低，致使洪涝灾害频繁发生，给两岸的中、俄人民生活、生产造成了一定的损失，严重影响了区域经济社会的发展。由于黑龙江沿岸树木稀疏，人为破坏地表植被严重以及黑龙江自西向东流，江南岸柯氏力作用相对较强的缘故，黑龙江、松花江汇入口上段每年坍岸5～12米，每年平均冲刷面积达3～4平方千米，水土流失严重。

**3. 经济效益方面**　三江平原湿地生态系统的经济效益主要来源于湿地物质产品，包括使用价值和交换价值，如鱼蛋等产品及其他生产原料、景观娱乐等产生的直接价值，物质产品的经济效益可用产品的市场价格来估算。湿地生态系统退化致使湿地农产品、水产品质量下降，降低了农牧、水产业的经济效益。动植物资源被破坏，使得资源蓄积量下降，与其相关的产业经济收入锐减。同时本区的大气、江河污染，加大了环境治理的成本。"十年九涝"是三江平原洪涝灾害的真实写照。1989年的洪水受灾人口达12万人，直接经济损失达8.5亿元。1998年发生在嫩江、松花江流域的特大洪水，也给三江平原地区人民带来了严重的影响，直接经济损失达50亿元。洪涝和旱灾增多，带来粮食减产，使粮食单位面积产出量降低，制约了该区域的粮食生产，对保障国家粮食安全带来了负面影响。黄妮等人《关于三江平原湿地生态系统服务价值损失评估》的研究，提出1954年三江平原湿地生态系统服务价值评估为19 569 730万元，占三江平原各生态系统服务价值的64.25%；2010年三江平原湿地生态系统服务价值评估为4 494 006万元，占三江平原各生态系统服务价值的28.37%。生态系统为人类生活提供的必需的生态产品和保证人类生活质量的生态功能是生态系统服务功能的两个具体方面。由此可以看出，关于湿地生态系统服务功能的两个具体方面的界定，基本与湿地生态系统健康的两种能力的内涵相吻合。这种对湿地生态系统服务功能损失的经济评估，也可以反映出湿地生态系统健康失衡的经济损失情况。

# 第二节　三江平原湿地生态系统健康的扰动因素分析

## 一、自然扰动因素分析

### （一）气候条件分析

本书通过观测年平均气温和年平均降水等气候要素的区域年际时间序列的变化来具体考量本区气候条件，以三江平原地区 21 个气象站从建站起至 2015 年的月平均气温、降水量资料为主要研究资料。1985—2015 年三江平原年平均气温和年平均降水量变化情况见图 4-11。从图 4-11 中可以看出，年平均气温的整体变化趋势为缓慢上升；而年均降水量整体变化幅度不大，略呈下降趋势。总体上看三江平原年平均气温呈升高趋势，年平均降水量呈降低趋势，气候在总体上从"冷湿"向"暖干"发展，是天然湿地变化的诱因。

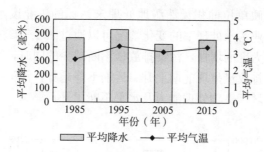

图 4-11　1985—2015 年三江平原年平均气温与平均降水情况

注：数据来源于《1982 年黑龙江省国营农场总局统计年鉴》《1990 年黑龙江省国营农场总局统计年鉴》《2000 年黑龙江垦区统计年鉴》《2010 年黑龙江垦区统计年鉴》《1954—2010 年三江平原土地利用景观格局动态变化及驱动力》《2015 年黑龙江省统计年鉴》

### （二）土壤质量分析

土壤的有机物含量尤其是碳和氮的含量是土壤质量的主要考量指标，所以本书对湿地土壤质量的评价及分析主要以有机碳及全氮的含量进行，主要通过观测湿地土壤（10～20厘米剖面）有机碳和全氮量的变化情况来考量研究区域湿地土壤质量的变化情况。三江平原 1985—2015 年湿地土壤有机碳量和全氮含量的变化趋势见图 4-12。从图中可以看出，三江平原地区湿地土壤质量出现下降趋势，伴随着开垦开荒，原来地表植被丰富的三江平原湿地基本都被开发为农业用地、耕地。由于人们掠夺式的开垦耕种，地表水土流失现象严重，湿地土壤固碳能力下降，其中的全氮成分也随之不断流失，土壤质量下降。

## 二、人类扰动因素分析

### （一）工业扰动情况分析

随着经济社会的发展，三江平原的工业化程度不断提高，以往工厂稀少的局面逐渐被工厂林立所替代。作为东北重要的煤电化基地，重工业污染威胁加重。工业污水对于湿地地下水资源的污染，直接影响湿地水体质量。在经济发展的同时，本地工厂污水排放量不断增加。本书通过观测工业污水处理情况，即工业污水处理率来评估工业扰动的变化情

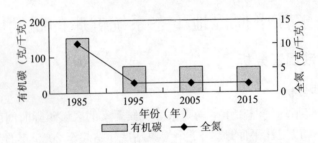

图 4-12　1985—2015 年三江平原湿地土壤质量变化情况

注：数据来源于《1982 年黑龙江省国营农场总局统计年鉴》《1990 年黑龙江省国营农场总局统计年鉴》《2000 年黑龙江垦区统计年鉴》《2010 年黑龙江垦区统计年鉴》《2016 年黑龙江垦区统计年鉴》《三江平原土壤质量变化评价与分析》《湖泊湿地海湾生态系统卷——黑龙江三江站》（2000—2006 年）

况。工业污水处理率反映单位面积天然湿地处理未达标的工业废水的能力。1985—2015 年工业污水排放量与工业污水处理率的变化情况可以通过图 4-13 来反映。随着人们环保意识的增强、污染治理力度的增加，污染排放量不断减少的同时，污染物处理能力也不断提高。总体来看，污水排放量呈现前期上升、后期下降趋势，污染物处理能力呈现持续快速上升趋势，说明本区域污染物处理能力及水平不断提升。

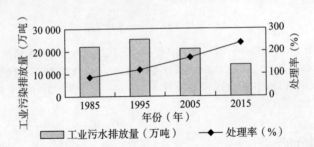

图 4-13　1985—2015 年三江平原工业污水排放量与处理率变化情况

注：数据来源于《1982 年黑龙江省国营农场总局统计年鉴》《1990 年黑龙江垦区统计年鉴》《2000 年黑龙江省垦区统计年鉴》《2010 年黑龙江省垦区统计年鉴》《2015 年黑龙江省垦区统计年鉴》

### （二）城镇化扰动情况分析

城镇化的过程就是人口由农村迁往城市的过程，也是城市用地不断增加、城市范围不断扩张的过程。本书通过城镇化速度的变化来考量城镇化对于湿地生态系统的扰动情况，即城镇人口与总人口的比率。1985—2015 年三江平原地区城镇化率的变化情况如图 4-14 所示。可以看出城镇化率水平不断提高，从 20 世纪 80 年代的不足 50％，到 21 世纪初的 70％。近 10 年来有小幅回落，但与 20 世纪 80 年代相比仍然有大幅度提高。

### （三）农业扰动情况分析

本书主要从农业生产的化肥施用量，即化肥施用率来考量农业扰动情况。化肥会随着雨水的冲刷汇集到河流或渗入地下水中，造成对水资源的污染和对湿地资源的蚕食。通过对 1985—2015 年三江平原地区化肥施用量的统计，可以进一步分析农业扰动对于该地区环境的影响作用，具体统计数据及结果见图 4-15。从图中可以看出，该地区化肥的

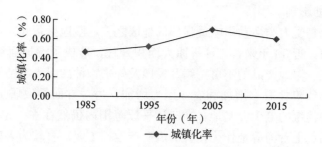

图 4-14 1985—2015 年三江平原城镇化率变化情况

注：数据来源于《1982 年黑龙江省国营农场总局统计年鉴》《1990 年黑龙江省国营农场总局统计年鉴》《2000 年黑龙江垦区统计年鉴》《2010 年黑龙江垦区统计年鉴》《2015 年黑龙江垦区统计年鉴》

施用量起先逐年递增，近年来略有下降。多年来三江平原上对农业的开发，导致农业生产用地的有机物含量不断下降，因此，化肥的施用量一直处于增长趋势，尽管近年来用量减少。

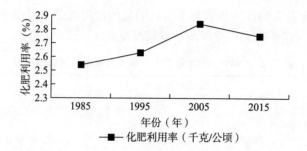

图 4-15 1980—2010 年三江平原化肥施用率情况

注：数据来源于《1982 年黑龙江省国营农场总局统计年鉴》《1990 年黑龙江省国营农场总局统计年鉴》《2000 年黑龙江垦区统计年鉴》《2010 年黑龙江垦区统计年鉴》《2015 年黑龙江垦区统计年鉴》

## 三、扰动因素综合分析

### （一）自然扰动影响

从气候角度来考虑，近几年来，三江平原年平均气温呈现升高趋势，年平均降水量呈现降低趋势。一般来讲，气候变化是湿地景观变化的主要原因，导致不同湿地景观之间的转化。温度升高导致三江平原地区的蒸腾作用增强，地表水蒸发剧烈，失水量增加；而近年来降水量逐渐减少，导致湿地水分补给不足。这使得湿地丧失了大量的水分，直接影响了湿地植被的生长以及植物群落的结构，导致湿地植被的功能退化。

从地貌角度来考虑，三江平原的天然湿地与适宜开发为人工湿地的地区从分布上看，有很大一部分是相互重叠的，这种重叠就导致天然湿地很容易向人工湿地转换，也就是说湿地开垦为水田比水田恢复为湿地要容易得多。三江平原区域内的天然湿地被大量开垦为人工湿地，区内部分湿地性河流萎缩、干涸，很多与湿地命运休戚相关的泡沼缩小或消失，使得天然湿地面积逐年减少。

### （二）人类扰动影响

三江平原湿地是受人类活动影响最强烈的地区之一，湿地垦荒和人口激增是湿地大面积减少的直接原因。近50年来，三江平原大面积开荒，造成了湿地面积缩小、湿地水文状况及水质的改变、湿地产品的不可持续开发以及外来物种的引入等结果。人口不断增长的压力，一方面导致粮食需求增加和农业压力增加，另一方面导致居工地面积增加。此外，黑龙江省作为传统的老工业基地，在三江平原范围内仍然存在一定数量的工业企业，特别是鸡西、鹤岗、七台河等地作为传统的煤矿产地，工业一直较为兴盛。因此，工业扰动对于三江平原湿地生态系统健康的影响也是不容忽视的。

**1. 人口增加导致农业生产压力增加** 1949年，全区人口仅有45.5万人，每平方千米平均人口密度为3.641人。到2014年，全区人口已增至865.6万人，每平方千米平均人口密度达66.841人。三江平原人口总量增长了19.02倍，平均每年增长13万人。人口的大幅度增加，必然导致农业生产自给自足压力的增大和居工地面积的增加，不仅导致对于湿地物质产品需求的增加，对于湿地非组织性的、零散的个人胁迫也随之增加，包括过度割草、渔猎、垦殖、捡鸟蛋等胁迫因子，同时在农业生产和城镇化加速发展的过程中，有组织的扰动行为对于湿地的伤害也很显著，最明显的侵害就是大量湿地转变为耕地和居工地。1949—2014年三江平原人口密度与数量情况见表4-2。

**表4-2 1949—2014年三江平原人口密度与数量情况表**

| 年份 | 人口数量（万人） | 人口密度（人/平方千米） |
| --- | --- | --- |
| 1949 | 45.5 | 3.641 |
| 1959 | 75.8 | 6.064 |
| 1975 | 123.1 | 9.848 |
| 1979 | 209.7 | 16.776 |
| 1983 | 315.4 | 25.232 |
| 1984 | 324.5 | 25.964 |
| 1994 | 415.6 | 33.248 |
| 1996 | 478.5 | 38.280 |
| 2000 | 524.1 | 41.928 |
| 2003 | 612.6 | 49.008 |
| 2005 | 673.2 | 53.856 |
| 2007 | 762.6 | 61.008 |
| 2009 | 793.2 | 63.456 |
| 2012 | 812.8 | 64.223 |
| 2014 | 865.6 | 66.841 |

注：数据来源于《1982年黑龙江省统计年鉴》《1990年黑龙江省经济统计年鉴》《2000年黑龙江省统计年鉴》《2010年黑龙江省统计年鉴》《2015年黑龙江省统计年鉴》《1954—2005年三江平原沼泽湿地农田化过程研究》

**2. 农业开发导致湿地面积锐减、植物群落改变** 农业活动是三江平原天然湿地面积减少的主要原因，农业扰动对于湿地生态系统健康的损害主要体现在两个方面：一是大量湿地转变为耕地，湿地面积锐减；在三江平原进行的大面积的农业垦荒，导致耕地增加与湿地减少。从表 4-3 中可以看出，三江平原的耕地面积增加是以湿地面积减少为代价的。王宗明等人《1954—2005 年三江平原湿地农田化过程的研究》中提到，从 1954 年至 2005 年，湿地农田化占湿地转出比的 86.8%。到 2005 年，三江平原地区耕地面积已超过该地区土地面积的 50%，农田生态系统成为三江平原主导景观。二是片面追求农耕经济效益，盲目扩大水稻种植面积、进行湿地排水、过度使用农药化肥导致水土质量下降。由于水稻种植有较高的经济效益，20 世纪 70 年代时三江平原地区扩大了水稻种植面积，大量修建沟渠等工程设施，导致地下水超量使用、湿地补水能力衰退。在水田的种植过程中，农药化肥的大量使用，使得散落的污染物流入水体之中，水体被污染后，水生群落也因为污染而发生变化，影响正常的生长。之后污染物通过富集作用进入依靠水生群落为生的水生动物体内。鸟类和哺乳类动物捕食这些水生动物，污染物就这样通过植物、水生动物、鸟类和哺乳类动物进入人体。尽管在湿地开发时，有些湿地由于积水较深而幸免于难，得以保存下来，但是周围土地的用水和排水，已经导致这些湿地的积水深度发生变化、水位降低，结果造成植物群落的降级演替，如深水位的沼泽植被群落向浅水位或季节性的积水草甸湿地群落方向演替。

表 4-3　1954—2005 年不同时期不同土地利用类型的变化情况

| 年份 | 耕地 | | 湿地 | |
|---|---|---|---|---|
| | 面积（万平方千米） | 垦殖率（%） | 面积（万平方千米） | 湿地率（%） |
| 1949 | 0.787 | 7.2 | 5.36 | 40.7 |
| 1959 | 1.253 | 10.3 | 4.89 | 35.7 |
| 1975 | 2.048 | 18.4 | 4.23 | 28.7 |
| 1979 | 3.112 | 21.7 | 3.92 | 15.7 |
| 1983 | 3.521 | 29.4 | 2.85 | 10.1 |
| 1984 | 4.572 | 31.7 | 2.23 | 9.8 |
| 1994 | 4.922 | 35.6 | 1.94 | 9.1 |
| 1996 | 5.133 | 38.7 | 1.71 | 8.4 |
| 2000 | 5.241 | 41.2 | 1.12 | 8.2 |
| 2003 | 5.391 | 43.8 | 1.07 | 7.9 |
| 2005 | 5.569 | 45.2 | 0.95 | 5.7 |
| 2007 | 6.653 | 47.7 | 0.94 | 5.5 |
| 2009 | 6.422 | 49.6 | 0.90 | 5.2 |
| 2012 | 5.789 | 51.7 | 0.91 | 4.9 |
| 2014 | 5.421 | 52.4 | 0.162 | 7.4 |

注：数据来源于《三江平原过去 50 年耕地动态变化及其驱动力分析》

**3. 城镇化扰动导致湿地面积锐减，景观破损**　三江平原曾经荒无人烟，到 2014 年已有 865 万人口，其中城镇人口 503.3 万人。20 世纪 50—70 年代，三江平原的城镇化进程速度明显高于我国同期平均水平。三江平原的城镇化过程也是居工地面积大量增加的过程，因为增加的居工地面积大部分来源于湿地。因此，也可以说三江平原的城镇化进程的加速前行是以湿地面积减少为代价的。而且在城镇化过程中，公共基础设施建设工程，如公路、铁路、水库、堤坝、城市管道等，经常横亘于湿地中间，割裂了湿地的连续体，致使湿地基因流、能力流以及信息流的传递也同时被割断，致使湿地岛屿化、破碎化和片段化，导致湿地水体干涸、面积逐年萎缩、生物多样性受损。特别是农田水利设施的建设更容易导致湿地的萎缩和退化。2000 年，在《黑龙江省湿地保护管理条例》首次颁布前夕，三江平原上的堤防工程长度为 3 120 千米，开挖主干河道 422.4 千米，排水干渠长度 2 800 千米，有排水建筑物 362 座、大中型水库 25 座、小型水库 138 座。这些水利设施不可避免地改变了地表水和地下水的分布，尤其是早期为防洪除涝修建的水利设施，一般都通过建设大量的排水渠排出低洼地带的积水，这严重影响了湿地补水，使得地下水资源急剧减少。1949—2012 年三江平原土地利用情况见表 4 - 4。

**表 4 - 4　1949—2012 年三江平原土地利用情况表**

| 年份 | 统计类型 | 耕地 | 湿地 | 林地 | 草地 | 水域 | 居工地 | 未用地 |
|---|---|---|---|---|---|---|---|---|
| 1949 | 面积（平方千米） | 7 870 | 53 600（沼泽湿地） | — | — | — | — | — |
| 1954 | 面积（平方千米） | 17 133.81 | 35 258.87 | 41 115.54 | 9 964.78 | 3 100.19 | 464.84 | 2 276.96 |
|  | 占比（%） | 15.91 | 32.74 | 38.18 | 9.13 | 2.88 | 0.43 | 2.11 |
| 1976 | 面积（平方千米） | 35 866.82 | 22 306.33 | 35 988.97 | 88 334.37 | 3 200.7 | 1 739.6 | 26.11 |
|  | 占比（%） | 32.88 | 20.45 | 32.99 | 7.74 | 2.93 | 1.59 | 0.02 |
| 1986 | 面积（平方千米） | 45 248.8 | 13 892.96 | 37 281.41 | 7 479.93 | 2 781.07 | 2 132.26 | 13.05 |
|  | 占比（%） | 41.58 | 12.77 | 34.26 | 6.87 | 2.56 | 1.96 | 0.01 |
| 1995 | 面积（平方千米） | 49 404.56 | 11 734.07 | 38 510.80 | 4 107.99 | 2 824.55 | 2 226.52 | 21.09 |
|  | 占比（%） | 45.40 | 10.78 | 35.39 | 3.77 | 2.60 | 2.05 | 0.02 |
| 2000 | 面积（平方千米） | 52 408.91 | 11 220.66 | 36 043.76 | 4 206.25 | 2 821.99 | 2 223.59 | 14.33 |
|  | 占比（%） | 48.16 | 10.31 | 33.12 | 3.86 | 2.59 | 2.01 | 0.01 |
| 2005 | 面积（平方千米） | 55 688.45 | 9 587.16 | 34 423.28 | 4 199.92 | 2 802.01 | 2 114.33 | 18.06 |
|  | 占比（%） | 51.17 | 8.81 | 31.63 | 3.86 | 2.57 | 1.94 | 0.02 |
| 2010 | 面积（平方千米） | 57 235.12 | 9 634.17 | 35 678.51 | 4 345.31 | 28 431.6 | 2 104.35 | 17.46 |
|  | 占比（%） | 52.04 | 9.19 | 21.87 | 4.28 | 3.18 | 2.18 | 0.02 |
| 2012 | 面积（平方千米） | 57 329.19 | 9 635.43 | 35 688.91 | 4 387.12 | 2 844.82 | 2 149.31 | 17.21 |
|  | 占比（%） | 52.36 | 9.38 | 22.17 | 4.74 | 3.61 | 2.73 | 0.02 |

（续）

| 年份 | 统计类型 | 耕地 | 湿地 | 林地 | 草地 | 水域 | 居工地 | 未用地 |
|------|----------|------|------|------|------|------|--------|--------|
| 2015 | 面积（平方千米） | 61 341.28 | 6 860.70 | 33 508.75 | — | — | — | — |
| | 占比（%） | 56.53 | 6.32 | 30.8 | | | | |

注：数据来源于《1954年以来三江平原土地利用变化及驱动力》《基于遥感的三江平原湿地保护工程成效初步评估》

**4. 工业扰动增加** 三江平原地区作为黑龙江省煤电化基地，大中小厂矿企业林立，在治污、防污技术较低的改革开放初期，这些中小型企业产生的废水大多在未经处理或是处理达标率低下的情况下，就排入了地表水体和大气中，使得湿地水源遭到破坏，自身净化能力超载，净化功能显著降低。松花江水系每天容纳污水量为 $563×10^4$ 立方米，污水约占总流量的 27.19%。受工业发展的影响，北起鹤岗、南至兴凯湖包括佳木斯、鹤岗、鸡东、密山等市县，这一带的废水排放量占全区总污染量的 85%、二氧化硫排放量占 90%。由于河水污染，大气污染物的扩散，农药、化肥增加施用量等原因，这一带的土壤受到了一定程度的污染。

**（三）扰动因素的综合影响**

**1. 人类扰动和自然扰动影响叠加** 中华人民共和国成立初期，三江平原湿地除个别河流、个别断面受到较轻微的人类扰动外，大部分河流众多断面处在自然背景或自然背景的临界状态，以上这些自然景观已经发生了巨大的变化。按照湿地生态学的理论，自然扰动和人类扰动都能引起这些变化。有学者认为，自然扰动和人类扰动对湿地退化具有明显的正向反馈机制。但是对于三江平原湿地退化的过程，一般倾向于认为人类扰动放大了自然扰动对湿地退化的影响，起到了加速退化的作用，尤其是湿地生物多样性与人类互动息息相关。在三江平原湿地退化的过程中，自然扰动与人类扰动的作用相互叠加，是毋庸置疑的科学事实；但是具体影响的方式、过程还有待进一步分析。

**2. 人类扰动改变了湿地自然生态系统环境** 随着对三江平原湿地的开发与利用，人类对于湿地生态系统扰动显著增加，人类扰动逐渐成为影响和控制湿地生态系统中能量流、物质循环和系统演变方向的最重要因素，并且继续改变着湿地生态系统的特征、结构和功能。三江平原已经由以湿地为主要景观类型的自然生态系统环境转变为以农田为主要景观类型的半自然生态系统环境，未受到人类扰动的"原始地区"几乎没有。在人类对三江平原湿地进行开发以前，湿地的动态变化过程主要受自然扰动的影响，开发利用后，则除受自然扰动影响外还受人类扰动的影响。如20世纪50年代以前，三江平原湿地面积处于不断增加的状态，自然湿地是主要的湿地景观；到20世纪80年代时，在人类扰动的强烈影响下，湿地大规模减少，开始出现了自然湿地与人工湿地相混合的湿地景观。这些人工生态系统是在自然生态系统的基础上改造而成的，通过湿地开垦转化为农田。

**3. 人类扰动危害的辐射性与人类干预效果的滞后性改变了生态系统的结构和过程** 随着三江平原湿地的开发，人类的社会经济活动在深度和广度上得到了拓展，由于人类的扰动危害具有区域扩散性与辐射性，这些行为对湿地生态系统的正常演化产生了干扰。三江平原大规模的湿地开发始于20世纪50年代，而对于湿地保护的觉醒与反思形成于20世纪80年代，正式的保护开始于1998年，可以看出我国对于三江平原湿地破坏行为的反思远远落后于湿地破坏行为本身,认识与反思的滞后直接导致湿地恢复行为的滞后。湿地生态系统的特征与结构决定了,湿地生态系统特征的恢复是一个相对缓慢的过程,受限于自然条件和内部的演化规律。这就使得对三江平原湿地的干预行为的效果远远滞后于湿地退化的速度,使三江平原湿地生态系统出现了逆向演替的现象,湿地生态系统的内部组成、功能特征和演化过程发生了显著改变。生态系统遭到严重破坏后,人类的修复、管理等干预行为,只能是在其演化规律条件下的修复与"激励"行为,难以出现立竿见影的效果,这也是许多湿地保护行为短期内没有明显效果的原因。这就要求在湿地的利用与保护的过程中,更多地还是要尊重湿地生态系统自身的演化规律,否则会造成新的扰动,形成更大的危害。要以保护为主,避免伤害。

本章通过文献研究和数据调查,对三江平原湿地生态系统健康的能力因素和扰动因素情况进行了具体的数据分析,为健康评价与预测研究做好了数据准备。在数据分析的基础上,综合分析了三江平原湿地生态系统健康的能力因素变化对湿地生态效益、社会效益和经济效益等造成的具体危害和扰动因素对于湿地生态系统健康的危害,为健康评价影响因素分析中概念模型构建的逻辑内核提供了实践依据。

# 第五章　三江平原湿地生态系统健康影响
# 因素分析

本章根据研究区域的湿地生态系统情况，利用结构方程模型，综合分析三江平原湿地生态系统健康评价影响因子间的相互关系及作用力度，确立与之相对应的健康评价指标体系，为评价与预测研究的推进做好基础准备。

## 第一节　模型的构建

### 一、模型构建原理

结构方程模型简称 SEM，是通过变量的协方差矩阵，来分析测量变量与潜变量、潜变量与潜变量之间关系的统计分析方法，也被称为协方差结构模型。瑞典统计学家（Karl. G. Jreskog）提出了结构方程模型的概念，并且开发了 LISREL（Linear Structural Relations）统计软件。结构方程模型已经被广泛应用在管理学、经济学、心理学、社会学等领域。在三江平原湿地生态系统健康评价影响因素的研究中，湿地生态系统健康的能力因素和外在的扰动因素共同作用，影响着湿地生态系统的健康。但是这些因素基本上都是不能直接观测的潜变量，并且这些潜变量的测量数据还不可避免地存在着测量误差。在这种情况下，就要设计出能够做到既考虑到各潜变量之间的相关性，同时又考虑所有测量变量与潜变量之间相关性的潜变量之间的模型。结构方程模型能够清晰地推估出各潜变量之间的关系，也能够判断出各测量变量的影响因子，满足构建指标体系的研究任务。

### 二、研究假设与概念模型的提出

健康的湿地生态系统应具备两种能力，包括湿地生态系统自我维持及发展的能力和湿地生态系统满足人类社会经济发展需求的能力。湿地生态系统健康意味着湿地生态系统能正常发挥功能，能最好地满足人类社会的需要。1999 年，拉波特提出生态系统满足人类社会合理要求的能力、生态系统本身自我维持与更新的能力是生态系统健康的内涵，促使传统的资源管理向着基于生态系统的资源管理方向不断发展。从两者的关系来看，满足人类社会合理要求的能力是生态系统本身自我维持与更新能力的目标，而生态系统本身自我维持与更新能力是满足人类社会合理要求的能力的基础。湿地生态系统自我维持及发展能力是湿地生态系统满足人类社会经济发展需求能力的基础和前提，只有具备正常生态功能的湿地生态系统才能够满足人类社会健康与繁衍、物质与精神等方面的需求。由此可见，湿地生态系统满足人类社会经济发展需求能力是湿地生态系统自我维持及发展能力的外在表达，并且受到湿地生态系统自我维持及发展能力的影响。

由此提出本文的研究假设 1：湿地生态系统自我维持及发展能力的发挥对于湿地生态

系统满足人类社会经济发展需求能力的发挥具有直接效应。

三江平原湿地不仅受到了大幅度且剧烈的人类扰动，也受到了自然扰动的影响。近年来，三江平原地区年平均气温呈升高趋势，年平均降水量呈降低趋势，这种气候变化对于湿地生态系统而言就是一种自然扰动。从湿地生态系统的外部存在条件上看，气温升高、降水减少将直接表现为湿地地表水流失较多，补充较少，湿地补水量明显不足，影响湿地动植物的正常生长和发育。自然条件越是不稳定或是恶劣，就越可以称之为自然扰动强度高。从健康的角度看，高强度的自然扰动本身就是不健康的。本书对于扰动因素的衡量都是基于这一角度进行的，后文不再赘述。

由此提出本文研究假设 2：自然扰动对于湿地生态系统自我维持及发展能力的发挥具有直接效应。也可以理解为，自然扰动与湿地生态系统自我维持及发展能力在健康性上具有直接效应。

如前文所述，半个多世纪的大面积开荒导致三江平原湿地面积减少、功能退化。20世纪 50 年代，10 万名转业官兵进入三江平原；20 世纪 70 年代，知识青年下乡三江平原。这些情况使该区域人口数量激增，农业生产除了满足国家粮食生产任务，还要满足区域内的粮食需求，客观上加重了粮食生产负担。粮食生产任务的加重一方面导致了人们开垦荒地，大量湿地转化为耕地；另一方面导致了农药和化肥的大量使用，并且在农业技术相对落后的年代，农药化肥的利用率较低，对湿地水体产生了较严重的污染。人口增加导致居工地面积增加，同样大量侵占了湿地。

由此提出本文研究假设 3：人类扰动对于湿地生态系统自我维持及发展能力的发挥具有直接效应。

自然扰动是除去人类扰动之外的扰动因素，在湿地没有被开发利用之前，它是湿地变化的主要原因。它不仅影响着湿地的特征、状态，同时还影响着湿地功能的发挥。湿地为人类社会提供物质产品、适宜的生存环境。这些生态功能的实现都与自然扰动息息相关，因此气候条件、地质地貌条件等的变化会直接影响人类的生存环境。同时，自然扰动还影响着湿地动植物的生长，决定着湿地物质生产能力的发挥。

由此提出本文研究假设 4：自然扰动对于湿地生态系统满足人类社会经济发展需求能力的发挥具有直接效应。

人类扰动不仅会影响湿地生态系统自我维持及发展的能力，也会影响湿地生态系统满足人类社会经济发展需求的能力。虽然有组织的规模化的人类活动，如农业生产、工业活动等人类扰动更容易对湿地生态系统造成集中的危害。但是，人类活动中一些分散的自主活动，如捕鱼偷猎、采摘、旅游、收割芦苇等，也会对湿地生态系统造成破坏，对湿地野生动物的生存、繁殖和隐蔽造成影响。这些行为会将一些没有成熟的湿地物质产品毁坏，直接影响湿地物质产品的质量和数量，使湿地产品的经济价值受损。

由此提出本文研究假设 5：人类扰动对于湿地生态系统满足人类社会经济发展需求能力的发挥具有直接效应。

综合刘晓辉、吕宪国的研究成果以及本书对于湿地生态系统健康内涵的界定，本书将湿地生态系统健康评价的影响因素分为内部影响因素和外部影响因素。如前文所述"湿地生态系统健康有广义和狭义之分，广义的湿地生态系统健康包括湿地生态系统自身能力的健康和外部扰动的适度，狭义的湿地生态系统健康则指湿地生态系统自身能力的健康"。由此可知，三江平原湿地生态系统健康评价的内部影响因素，也就是内生潜变量是湿地生态系统健康的两种能力；扰动因素是外部影响因素，也就是外源潜变量。根据上述潜变量的界定分析和研究假设的提出，可以确定三江平原湿地生态系统健康影响因素的概念模型，如图5-1。该模型中共有四个潜变量，其中外源潜变量两个、内生潜变量两个。"自然扰动"和"人类扰动"属于外源潜变量；"湿地生态系统自我维持及发展能力"和"湿地生态系统满足人类社会经济发展需求能力"属于内生潜变量。其中"湿地生态系统自我维持及发展能力"既影响"湿地生态系统满足人类社会经济发展需求能力"的发挥，同时又受到"自然扰动"和"人类扰动"的影响。

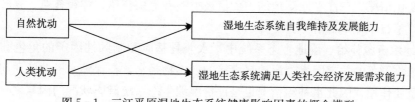

图5-1 三江平原湿地生态系统健康影响因素的概念模型

### 三、测量指标的预设

湿地生态系统健康不是一个简单的问题，而是一个综合性和复杂性较强的问题，在测量变量的选择上，也会因为湿地生态系统的差别而具有差异性。本书在构建四项潜变量的测量指标时，主要借鉴崔保山、刘晓辉、吕宪国等人关于三江平原湿地生态系统健康指标体系的研究成果，在梳理和总结的基础上，确定四项潜变量和二十项测量指标（变量）。

崔保山等人在三江平原湿地生态系统健康评价中设定了生态特征、功能整合和社会政治环境等三类二十八项测量指标。这种大的分类从湿地生态系统健康的广义内涵上看，与本书的概念设定基本相同，都将湿地生态系统自身的健康分为结构特征和功能整合两个部分，也就是本书所论述的湿地生态系统健康能力因素的两个方面。但是本书将人类行为分为人类扰动和人类干预，崔保山等人在社会政治环境中设定的政策执行效果和社会意识等测量变量不符合人类扰动的设定依据，属于人类干预，这种干预的效果体现在了限制人类扰动上，因此本书在测量指标的选取上部分采用他们的研究结果。综上所述，本书在选择湿地生态系统健康能力因素测量变量时基本采用其生态特征和功能整合变量的测量指标，将其中自然扰动类的测量指标整合到扰动因素类指标中。

对于扰动因素指标的选取，本书主要借鉴了刘晓辉和吕宪国等人的研究成果。刘晓辉和吕宪国等人在以小三江平原地区为案例进行湿地生态系统服务功能变化的驱动力分析中将变化原因分为自然和人为两个方面。这种划分方法与本书扰动分析的分类相同，因此在测量指标的选取过程中本书基本参照他们的研究结果来选取扰动因素的测量指标，并在此基础上补充湿地土壤质量的测量指标。这样处理的原因在于湿地土壤，特别是三江平原的湿地土壤中含有大量的有机碳，湿地土壤质量下降，意味着湿地土壤的固碳能力也会下降，这会影响湿地动植物的生长质量。

具体测量指标如下：

## （一）湿地生态系统自我维持及发展能力潜变量的构建

**1. 栖息地功能** 湿地是众多珍稀野生动植物的生存和繁衍之地。三江平原湿地是重要的"物种基因库"，为该区域野生动植物提供了丰富的食物和良好的生存繁衍空间，具有不可替代的生态意义。

**2. 生物量** 湿地植被群落的最大生物量代表着湿地演替的对应阶段，是衡量湿地生态系统健康状况的重要指标。生物量可以反映研究区域生态环境的完整性、稳定状况和污染的去除效果，通过研究每年单位面积植被的生物量与历史同期生物量的比值，可以考量生物量的变化情况。三江平原湿地的主要植被类型有毛果苔草、漂筏苔草、狭叶甜茅、乌拉苔草、芦苇、小叶章群落等。

**3. 湿地水资源补给** 湿地生态系统中，水兼具基质和制约性因子的角色。水资源补给是构建植物群落的关键因素。湿地最直接的产出物是水，在保障水资源的质与量安全方面发挥着重要作用，因此水补给情况也是评价湿地生态系统健康状况的因素之一。

**4. 河道冲刷或泥沙淤积情况** 河道冲刷是指因水流条件变化，冲积河流的挟沙力不饱和，也就是水流挟带的泥沙量小于水流的挟沙力，进而引起对河道的冲刷。若来沙量大于水流挟沙力，则河床发生淤积。它反映了河道的稳定状况及泥沙的淤积程度。

**5. 净化功能** 湿地的净化功能，即其净化作用，指的是湿地通过内部物理、化学和生物过程，对输入的农药、化肥、工业废水、各类废弃物等污染物进行沉淀、降解、转化的能力。例如，在三江平原湿地多环芳烃分布研究中，人们发现随着湿地及周边农业分布区的扩大，湿地表层多环芳烃化合物浓度值相应提高，湿地降解能力减弱。这一测量指标的研究价值在于评估湿地在不受损害前提下，容纳人类活动产生的污染物和生活生产废弃物的能力。

**6. 生物多样性** 生物多样性的四个构成层次分别为遗传多样性、物种多样性、生态系统多样性和景观多样性。湿地拥有丰富的物种、独特的景观类型，以及大量珍贵且独特的动植物，其位于水陆过渡地带，是重要的生物基因库，具备极为重要的生态价值。

**7. 湿地调洪功能** 沼泽湿地具有良好的蓄水能力，因此湿地在调蓄洪水方面具有重要作用。我国三江平原的沼泽湿地，土壤中富含草根层和泥炭层，它们具备卓越的储水和持水能力，能有效削减洪峰并均衡洪水。然而，湿地面积的减小导致蓄水量降低，进而对洪水期的容纳水量产生了不利影响，为此需要加大人为投入以防止洪涝灾害，如修建堤坝、建设水库以及滞洪区等。因此，通常以人工防洪投入作为评估湿地调蓄洪水能力的指标。若自然调控能力强，不需要支出额外工程费用，则湿地在此方面可视为健康状态；反之，即使投入大量人力物力，仍无法实现洪水调控，则湿地被视为病态。

**8. 侵蚀控制功能** 主要研究湿地土壤受风、水的侵蚀，产生退化的面积及其自身自我恢复的能力，以侵蚀变化率来表示。湿地中生长着多种多样的植物，这些水生植物群落以及湿地植被，可以抵御风暴、风沙对于河岸的冲击，防止侵蚀；同时它们的根系可以固定、稳定堤岸，保护沿岸工农业生产。

### （二）湿地生态系统满足人类社会经济发展需求能力潜变量的构建

判断湿地生态系统健康与否的重要标准是湿地生态系统能否满足人类社会经济发展的需求，湿地生态系统满足人类社会经济发展需求的能力的实现是以湿地生态系统自我维持及发展能力的实现为基础的。本书选取人类健康、湿地对人类社会的物质需求贡献力以及湿地对人类社会的文化需求贡献力这5项测量变量，来考量湿地生态系统满足人类社会经济发展需求的能力。具体研究意义如下：

**1. 人类健康**　2013年"政府间气候变化委员会"开展了气候变化对人类健康风险影响的调查研究，发现区域内气候变化对人类健康产生直接影响，如热浪会使老年人和幼儿受到伤害，区域内的水质、空气质量等会在较长的一段时间影响人类身体健康。总之，影响人类健康的生态因素正在越来越受到关注，因为动物或人类的健康是以区域生态系统健康为条件的。湿地生态系统的变化，可以通过多种途径影响人类健康。因此，本书将人类健康纳入湿地生态系统健康评价范围。关于人类健康测量指标的选取，本书依据崔保山等人关于三江平原湿地生态系统健康评价指标体系的研究、选取居民素质和身体健康两个指标。

（1）居民素质。湿地周边居民的文化水平主要通过文化程度来考量。居民的文化程度高，相对来讲保护湿地的意识会增强，对于湿地的扰动强度会自觉降低。另一方面，湿地周边的居民在生存方式上依赖湿地的程度较高，所以湿地对经济的贡献程度在一定程度上决定着居民的物质生活能力，又间接地影响着居民的文化素质。

（2）人口健康状况。生态系统退化的一个重要影响是增加了人类种群健康方面的风险。湿地是动物的栖息地，但是由湿地为主体构成的环境系统则是人类的栖息地，人类生存环境的健康与否与湿地的健康情况息息相关。湿地环境恶化后，对于在它周遭生存的人类来讲，无疑是一个有毒的、不健康的、开放的、暴露的潜在危险源。因此将人类健康情况放到湿地生态系统健康的框架中去理解，可以将之视为湿地生态系统对人类生命支持能力的综合表现。对于人口健康状况，可以从两个方面来测量：一是利用人口死亡率，这个指标适用于定量评价，但普通人对于这一数字可能缺乏准确的感知能力。二是通过健康预期寿命来测量人口健康状况，健康预期寿命的终点是日常生活自理能力的丧失。本书在具体的数据评价中通过人口死亡率来反映健康状况，在问卷调查中倾向于通过健康预期寿命来研究人口健康状况。

**2. 物质需求贡献力**　对于湿地生态系统物质需求贡献力的考量应从湿地物质产品生产能力和居民物质生活水平两个角度进行。关于物质产品生产能力方面的研究表明，湿地生态系统每平方米产出蛋白质的量为9千克/年，是陆地生态系统的3.5倍。一般来讲，在此方面人们主要研究湿地内所捕获的鱼类、芦苇等物质产品的数量和质量。三江平原湿地作为淡水沼泽集中分布区，在兼具水域和陆地景观的同时，拥有丰富的淡水、动植物、矿产等自然资源，湿地的物质生产能力反映了湿地生物为人类社会提供物质产品的能力。在物质生活水平方面，可以以该区域湿地周边居民平均收入来衡量其生活水平，进一步确定湿地对人类社会经济发展的贡献力。如果居民生活水平较高，相对来讲用于教育投入的资源就会增加，而受教育程度与公民社会环境保护意识水平往往是正相关的。本书使用居民平均收入等相关数据来反映居民生活水平，同时也能反映湿地对于周边居民生活的经济贡献情况。需要注意的是，居民平均收入的来源不仅包括湿地物质产品的转化收益，还包括湿地精神产品的物质转化收益。

**3. 文化需求贡献力** 文化需求贡献力指湿地满足人们休闲娱乐需求的能力,也包括文化科研功能和观光旅游功能。满足休闲娱乐需求的能力,指湿地满足人类关于垂钓、观赏以及其他文化方面需求的能力。文化科研功能方面,三江平原地区不仅拥有典型的地理环境,还拥有众多的珍稀动植物,具有重要的科研功能。观光旅游功能方面,三江平原湿地独特的地理环境和得天独厚的自然条件,造就了其独具特色的地貌景观、野生植被景观、动物群落旅游景观、天象景观、水体景观,形成了具有新、奇、特、旷、野的美学特征的自然景观。

### (三) 自然扰动潜变量的构建

"自然扰动"是指自然出现的非正常波动或不连续存在的突然作用,致使湿地生态系统结构和功能发生变化。研究区域地处温带北部,气候较为寒冷,日照与积温相对较少。近些年气候条件等自然条件发生改变,持续影响着研究区域湿地生态系统的演化。本书通过3个方面的5项具体测量指标来考量"自然扰动"潜变量,各测量指标的研究意义如下:

**1. 气候条件** 气候,一般是指地球上某一地区,多年来该时段大气的平均状态,它是各种天气过程在该时段的综合表现。气候条件的变化,对于人类和湿地生态系统而言都会造成重要的、不可忽视的影响。变化较大或是较频繁的气候条件,首先会让人类和湿地生态系统的动植物不断地处于调整和适应期,从人类的角度看容易使人生病,从生态系统的角度看会影响动植物的生长和演替。另外,变化较大的气候条件或是极端天气的频现,对于人类社会而言意味着天灾或是天灾风险的增加,会造成生命和财产损失。一般来讲,我们主要从降水量和气温两个方面来考量气候条件,将气候评价要素的均值、极值作为评价气候条件的基本依据。

**2. 土壤质量** 湿地土壤是构成湿地生态系统的重要环境因子之一。湿地土壤质量是对湿地土壤特性的综合反映,是揭示湿地土壤条件动态变化最敏感的指标。一般通过土壤有机质含量来评价湿地土壤的质量。在特殊的水文和植被条件下,湿地土壤有着自身独特的发育过程,表现出不同于一般陆地土壤的特殊的理化性质和生态功能,这些性质和功能对于湿地生态系统维持平衡具有重要作用,不仅影响湿地植物的生长状况,还影响湿地生态系统的演化。

**3. 外来物种的入侵** 由于人为因素或偶然事件,外来动植物种进入湿地栖息地。对于外来物种的入侵情况,本书主要从原始物种是否受到外来物种的扰动和原始物种的覆盖度来衡量。引进的物种经常会大量繁殖占据生态位,这会导致两方面的结果:一方面是原来的物种受到排挤,导致湿地生物组成结构发生变化,同时对传入地的经济和生态带来一些负面影响;另一方面,如果引进的物种是植物物种,引进的目的可能是供湿地动物消费,人类以此来获取更多的动物产品。但在现实中,往往由于人类过度收获动物产品,使引进的植物物种大量繁殖,导致湿地功能受影响。

### (四) 人类扰动潜变量的构建

三江平原是我国受人类活动影响最剧烈、历史痕迹记录最完整的地区之一。通过多篇回顾三江平原的开发历史的文献中可以看出,研究者普遍认为人口增殖和农业生产使三江平原湿地受到来自人类的高强度的扰动。通过前文对现状的分析可以看出,除去农业开发外，工业发展及城镇建设等人类活动也是三江平原湿地退化的原因。在潜变量"人类扰动"测量变量的选择上，本书充分考量了历史与现状的因素，共选择 4 项测量变量，其具体研究意义如下：

**1. 工业扰动**　佳木斯、鸡西、双鸭山、鹤岗、七台河作为以能源与煤化工业相关产业为主导的区域中心城市，是黑龙江省东部煤电化基地，是所在地区重要的经济增长极。这些区域在开采矿物资源时，重金属渗入湿地周边土壤，造成了对湿地水体以及土壤的污染，影响了湿地生态系统的健康。水土资源是湿地演化和发育的重要因子，故本书通过工业污染物的排放量来考量湿地受到的工业扰动，研究其对湿地的扰动情况。

**2. 城镇化扰动**　如前文所述，三江平原的大面积开荒，导致人口激增、居住地面积剧增，大量湿地转化为居工地；另一方面，城镇化过程中的公共基础设施建设，也造成了湿地生态系统的割裂。

**3. 农业扰动**　农业对于湿地的扰动主要集中在两个方面，一方面是大面积开荒导致湿地面积锐减；另一方面是农业活动中重用轻养，导致土地肥力消耗较大；大量使用农药化肥，也会导致对水土资源的严重污染。农业扰动是对三江平原湿地生态系统健康不可忽视的人类扰动因素。

**4. 人口密度**　人口密度一般在对生态系统承载能力的评价中被广泛使用。本书使用这项指标来评价湿地生态系统的健康状况，考量人口的数量是否在湿地生态系统承载力的范围内，可以认为人口数量超出湿地承载力就是不健康的。基于这样的考虑，本书选取人口密度作为衡量人类扰动因素的具体测量指标。在人类与湿地的关系中，人口密度反映了人类活动直接对湿地造成的非组织性干扰的强度。

## 四、统合模型结构方程式的界定

在 SEM 中，测量变量与潜变量是变量的两种基本形态。每一个测量变量只能受单一潜变量的影响，这是单维假设。潜变量不能由一个单一变量来反映，要经过测量变量的推估。因此，潜变量适用于多元指标原则，也就是说一个潜变量要由两个以上的测量变量来进行推估。变量还包括内生变量和外源变量。内生变量是指会受到模型中任何一个其他变量影响的变量。外源变量是指不受模型当中任何其他变量影响，但是影响其他变量的变量。测量误差是指无法被共同的潜变量解释的，测量变量的变异部分。SEM 路径图分别用椭圆形和长方形表示潜变量和测量变量。内生变量是模型中受其他变量单箭头指涉的变量；外源变量是指向模型中任何一个其他变量，但不被任何变量以单箭头指涉的变量。

在 SEM 模型中，统合模型同时包括了测量模型与结构模型，并在模型中同时纳入了对概念的测量和概念间的作用关系的推估。如图 5-2，在三江平原湿地生态系统健康的统合模型中，共有 20 项测量变量。

统合模型的设定条件如下：

在模型中用 $x_1$ 至 $x_7$ 表示 7 项外源测变量，其中 $x_1$ 表示气候条件、$x_2$ 表示土壤质量、$x_3$ 表示外来物种的入侵、$x_4$ 表示工业扰动、$x_5$ 表示城镇化扰动、$x_6$ 表示农业扰动、$x_7$ 表示人口密度。$y_1$ 至 $y_{13}$ 表示 13 项内生测变量，其中 $y_1$ 表示栖息地功能、$y_2$ 表示生物量、$y_3$ 表示湿地水资源补给、$y_4$ 表示河道冲刷或泥沙淤积情况、$y_5$ 表示净化功能、$y_6$

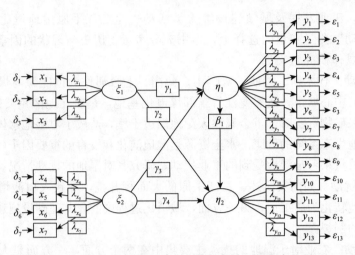

图 5-2　三江平原湿地生态系统结构方程模型参数图

表示生物多样性、$y_7$ 表示湿地调洪功能、$y_8$ 表示侵蚀控制功能、$y_9$ 表示居民素质、$y_{10}$ 表示人类健康情况、$y_{11}$ 表示物质产品生产能力、$y_{12}$ 表示物质生活水平、$y_{13}$ 表示文化需求贡献力。

在模型中用 $\xi_1$ 至 $\xi_2$ 表示 2 项外源潜变量，用 $\eta_1$ 至 $\eta_2$ 表示 2 项内生潜变量。

在模型中用 $\delta_1$ 至 $\delta_7$ 表示 7 项外源测量误差项，用 $\varepsilon_1$ 至 $\varepsilon_{13}$ 表示 13 项内生测量误差项。

在模型中用 $\beta_1$ 表示 Beta 矩阵的 1 个结构参数，用 $\gamma_1$ 至 $\gamma_4$ 表示 Gamma 矩阵的 4 个结构参数。

在模型中用 $\lambda_{x_1}$ 至 $\lambda_{x_7}$ 表示 7 项外源测量变量因子载荷参数，用 $\lambda_{y_1}$ 至 $\lambda_{y_{13}}$ 表示 13 项内生测量变量因子载荷参数。

测量方程描述测量变量与潜变量之间的关系。在图 5-2 中，共计有四个独立的测量模型，每一个测量模型代表了一个潜变量与两个以上的测量变量之间的组合关系，每一个测量变量都可以被视为一个内生变量。它的分数受潜在变量的影响以及测量误差的影响，可以用一个单独的方程式来表示其间的关系：

$$X = \Lambda_x \xi + \delta \qquad (5-1)$$
$$Y = \Lambda_y \eta + \varepsilon \qquad (5-2)$$

其中，用 $\Lambda_x$ 表示外源测量变量与外源潜变量之间的关系，用 $\Lambda_y$ 表示内生测量变量与内生潜变量之间的关系。

结构方程描述潜变量之间的关系。结构模型的组成方程式如下：

$$\eta = B\eta + \Gamma\xi + \zeta \qquad (5-3)$$

其中，用 $\zeta$ 表示结构方程的残差项。

# 第二节　因子分析

## 一、探索性因子分析

探索性因子分析可以用于揭示一套相对较大的变量的内在结构。本书使用 SPSS

20.0对变量进行信度和效度检验；选取指示度较高的测量变量，提取公共因子；通过因素载荷推断数据的因子结构。

### （一）数据来源及分析

通过调查问卷让每一位被调查者描述湿地生态系统的健康状况，从而获得参与问卷调查的居民对于湿地生态系统健康状况的现状与期望值的描述。本书采用结构方程模型的方法来构建评价模型，以便可以通过统计分析描绘出各因素的影响力及其重要性。为什么没有开展直接针对湿地生态系统健康理想状态的调查呢？原因在于，一方面关于"健康的湿地生态系统是什么状态"的社会调查，需要受访人有一定的相关知识，以及良好的表述与归纳能力，而公众对于湿地生态系统健康缺乏全面系统的认识，未必能够将感知到的自然状态全面而又真实地表达出来，表达的内容容易出现偏差；另一方面，将"对湿地生态系统健康状态的评价"与"健康的湿地生态系统是什么状态"相比较，前者对被调查者而言更直接，更容易给出准确有意义的回答。

**1. 问卷设计**　在问卷衡量工具上，本书利用评分方式打分。本书的问卷采用李克特5级量表的形式，运用描述性语言与数量性语言相结合的方式提出问题，帮助受访者从多角度准确地描述出主观感受，并根据主观感受进行评分。李克特量表（Likert scale）是评分加总式量表，由美国社会心理学家李克特（Likert）于1932年在原有的总加量表基础上改进而成。在问卷衡量工具上，其依据受访者对于各项具体问题的满意度情况依次进行评分。本书的调查问卷主要关注以下四方面问题：对于三江平原湿地生态系统自然扰动因素的评价、对于人类扰动因素的评价、对于湿地生态系统自我维持及发展能力的评价、对于湿地生态系统满足人类社会经济发展需求能力的评价。基于三江平原湿地周边人口特点，在调查问卷的语言设计中兼顾了农民与技术工作人员的理解能力，既运用贴近生活的朴实语言以确保通俗易懂，又融入专业性语言以增强问卷的严谨性，将两种语言风格结合、相互补充。

**2. 样本统计分析**　根据研究的需要和可操作性要求，2012年4月至2012年9月，以研究区域的行政区划为依据，笔者对抚远县（今抚远市）、宝清县、集贤县、虎林市的城镇和农村居民进行问卷调查，共发放调查问卷300份，回收调查问卷263份。因为本书的研究重点是湿地生态系统，在下发问卷的时候选取典型性湿地、湿地集中分布区的居民作为问卷调查的对象。七台河市相对而言为煤炭主产区，湿地集中分布度不高，湿地的典型代表性不高，故在做问卷调查时没有选择这一区域。经过对回收的调查问卷进行审核，得到有效调查问卷224份；调查问卷回收率为87.7%，有效问卷占回收问卷的85.2%。对样本中受访者的基本特征进行统计分析，其分布特征见表5-1。

**表5-1　样本分布特征统计表**

| 指标 | 基本特征 | 频次（次） | 百分比（%） | 累计百分比（%） |
|---|---|---|---|---|
| | 城镇 | 110 | 49.1 | 49.1 |
| 居住地 | 农村 | 114 | 50.9 | 100 |
| | 合计 | 224 | 100 | — |

（续）

| 指标 | 基本特征 | 频次（次） | 百分比（%） | 累计百分比（%） |
|------|----------|-----------|------------|----------------|
| 性别 | 男 | 167 | 74.6 | 74.6 |
| | 女 | 57 | 25.4 | 100 |
| | 合计 | 224 | 100 | — |
| 年龄 | 20～29 岁 | 32 | 14.3 | 14.3 |
| | 30～39 岁 | 48 | 21.4 | 35.7 |
| | 40～49 岁 | 53 | 23.7 | 59.4 |
| | 50～59 岁 | 69 | 30.8 | 90.2 |
| | 60 岁以上 | 22 | 9.8 | 100 |
| | 合计 | 224 | 100 | — |
| 文化程度 | 初中以下 | 27 | 12.1 | 12.1 |
| | 高中、中专 | 169 | 75.4 | 87.5 |
| | 大学 | 28 | 12.5 | 100 |
| | 研究生以上 | 0 | — | — |
| | 合计 | 224 | 100 | — |
| 人均月纯收入 | 1 000 元以下 | 8 | 3.6 | 3.6 |
| | 1 001～2 000 元 | 35 | 15.6 | 19.2 |
| | 2 001～3 000 元 | 146 | 65.2 | 84.4 |
| | 3 001～4 000 元 | 25 | 11.2 | 95.6 |
| | 4 001～5 000 元 | 10 | 4.4 | 100 |
| | 5 000 元以上 | 0 | 0 | — |
| | 合计 | 224 | 100 | — |
| 居住时间 | 3 年以下 | 28 | 12.5 | 12.5 |
| | 3～5 年 | 32 | 14.3 | 26.8 |
| | 5～10 年 | 78 | 34.8 | 61.6 |
| | 10 年以上 | 86 | 38.4 | 100 |
| | 合计 | 224 | 100 | — |

从表 5-1 中可以看出：

（1）居住地。受访者中农村居民 114 人，占样本总数的 50.9%；城镇居民 110 人，占样本总数的 49.1%。

（2）居住时限。在当地居住超过 10 年的人数为 86 人，占样本总数的 38.4%；在当地居住 5～10 年的人数为 78 人，占样本总数的 34.8%；在当地居住 3～5 年的人数为 32 人，占样本总数的 14.3%；在当地居住 3 年以下的人数为 28 人，占样本总数的 12.5%。

（3）性别。受访者中男性人数为 167 人，占样本总数的 74.6%；女性人数为 57 人，占样本总数的 35.4%。

（4）年龄结构。受访者年龄结构跨度较大，涉及 20 岁以上不同的年龄段，其中主要集中在 50~59 岁，共 69 人，占样本总数的 30.8%；60 岁以上的受访者只占样本总数的 9.8%；20~29 岁的受访者占样本总数的 14.3%。

（5）文化程度。有大学文化程度的受访者共 28 人，占样本总数的 12.5%；高中、中专文化程度的人数为 169 人，占样本总数的 75.4%；初中及以下的占 12.1%，研究生以上的没有。可见受访者的文化程度集中在高中、中专水平。

（6）月均收入。受访者月平均收入主要集中在 3 000 元以下区间。其中，月平均收入 2 001~3 000 元的人数为 146 人，占 65.2%；4 000 元以上的人数较少，占 4.4%。

**3. 描述性统计分析**　见表 5-2。

表 5-2　描述统计变量汇总表

| 测量指标 | N | 极小值 | 极大值 | 均值 | 标准差 |
|---|---|---|---|---|---|
| $x_1$ | 224 | 2 | 4 | 2.95 | 0.420 |
| $x_2$ | 224 | 1 | 3 | 1.92 | 0.443 |
| $x_3$ | 224 | 2 | 4 | 2.97 | 0.547 |
| $x_4$ | 224 | 1 | 2 | 1.14 | 0.351 |
| $x_5$ | 224 | 1 | 4 | 1.86 | 0.698 |
| $x_6$ | 224 | 1 | 2 | 1.29 | 0.453 |
| $x_7$ | 224 | 2 | 5 | 3.71 | 1.032 |
| $y_1$ | 224 | 1 | 3 | 1.54 | 0.627 |
| $y_2$ | 224 | 1 | 3 | 1.86 | 0.640 |
| $y_3$ | 224 | 1 | 4 | 2.55 | 0.566 |
| $y_4$ | 224 | 1 | 3 | 1.32 | 0.514 |
| $y_5$ | 224 | 1 | 4 | 2.36 | 0.662 |
| $y_6$ | 224 | 1 | 3 | 1.52 | 0.628 |
| $y_7$ | 224 | 1 | 3 | 2.15 | 0.511 |
| $y_8$ | 224 | 3 | 4 | 3.21 | 0.411 |
| $y_9$ | 224 | 2 | 4 | 3.04 | 0.648 |
| $y_{10}$ | 224 | 2 | 4 | 2.86 | 0.694 |
| $y_{11}$ | 224 | 1 | 3 | 2.24 | 0.686 |
| $y_{12}$ | 224 | 1 | 3 | 2.00 | 0.599 |
| $y_{13}$ | 224 | 1 | 3 | 2.04 | 0.627 |

本书运用 SPSS20.0 软件，从总体层面上对调查问卷进行描述性统计分析，具体情况见表 5-2。从调查问卷的描述性统计结果的初步分析可以看出，研究区域的居民对于三江平原湿地生态系统的健康状况满意度不高，说明该区域的社会公众对湿地生态系统健康的理想期望与现实状态之间还存在较大差异，还有较大的改善和提高的空间。

**（二）信度检验**

信度指测量数据结果的可靠性，其意义是确定测量值的一致性和稳定性程度。在统计计算过程中，本书用 Cronbach's $\alpha$ 系数进行变量信度分析；通过总计相关系数（CITC）对涉及问题的单个指标进行可靠性分析。在常规统计分析中，CITC 系数一般要求在 0.5 以上；假如单个指标的 CITC 系数小于 0.5，且总量统计表中的 CITC 系数在 0.6 以下，说明对该项分析的指标要进行必要的修改或删除。

使用 SPSS20.0，对"自然扰动""人类扰动""湿地生态系统自我维持及发展能力"和"湿地生态系统满足人类社会经济发展需求能力"四个潜变量进行信度分析，得出四个潜变量的 Cronbach's $\alpha$ 系数值（见表 5-3），分别为 0.736、0.731、0.893、0.922，均满足大于 0.7 的标准，说明变量内部具有相当的信度。由表 5-4 可见，在"自然扰动"维度中，除了 $x_3$ 的校正的项总相关性的系数值小于 0.5，其他选项的系数均大于 0.5，故可以将此项剔除；在"人类扰动"维度中，除了 $x_7$ 的校正的项总相关性的系数值小于 0.5，其他选项的系数均大于 0.5，故可以将此项剔除；在"湿地生态系统自我维持及发展能力"的维度中，除了 $y_2$、$y_4$ 的校正的项总相关性的系数值小于 0.5，其他选项的系数均大于 0.5，故可以将此两项剔除。

表 5-3　可靠性统计变量

| 潜变量 | Cronbach's $\alpha$ 系数值 | 项数 |
| --- | --- | --- |
| $\xi_1$ | 0.736 | 3 |
| $\xi_2$ | 0.731 | 4 |
| $\eta_1$ | 0.893 | 8 |
| $\eta_2$ | 0.922 | 5 |

表 5-4　总计相关系数

| 测量变量 | 项已删除的刻度均值 | 项已删除的刻度力度 | 校正的项总计相关性 | 项已删除的 Cronbach's $\alpha$ 系数值 |
| --- | --- | --- | --- | --- |
| $x_1$ | 4.89 | 0.643 | 0.742 | 0.459 |
| $x_2$ | 5.92 | 0.625 | 0.712 | 0.477 |
| $x_3$ | 4.87 | 0.723 | 0.319 | 0.970 |
| $x_4$ | 6.86 | 3.142 | 0.724 | 0.661 |
| $x_5$ | 6.14 | 2.132 | 0.758 | 0.519 |
| $x_6$ | 6.72 | 3.145 | 0.508 | 0.700 |
| $x_7$ | 4.29 | 1.794 | 0.472 | 0.818 |
| $y_1$ | 14.97 | 8.524 | 0.870 | 0.858 |
| $y_2$ | 14.66 | 10.083 | 0.395 | 0.908 |
| $y_3$ | 13.96 | 9.577 | 0.628 | 0.883 |

（续）

| 测量变量 | 项已删除的<br>刻度均值 | 项已删除的<br>刻度力度 | 校正的项总计<br>相关性 | 项已删除的<br>Cronbach's α 系数值 |
|---|---|---|---|---|
| $y_4$ | 15.19 | 10.515 | 0.396 | 0.902 |
| $y_5$ | 14.15 | 8.569 | 0.798 | 0.866 |
| $y_6$ | 15.00 | 8.543 | 0.861 | 0.859 |
| $y_7$ | 14.37 | 9.426 | 0.769 | 0.871 |
| $y_8$ | 13.30 | 10.004 | 0.740 | 0.877 |
| $y_9$ | 9.13 | 5.632 | 0.664 | 0.930 |
| $y_{10}$ | 9.31 | 4.978 | 0.851 | 0.893 |
| $y_{11}$ | 9.93 | 5.098 | 0.816 | 0.901 |
| $y_{12}$ | 10.17 | 5.406 | 0.837 | 0.898 |
| $y_{13}$ | 10.13 | 5.300 | 0.832 | 0.898 |

## （三）效度分析

效度是指研究得到的测量值和真实值的接近程度。对调查问卷进行 KMO 检验（Kaiser Meyer Olkin）和 Barlett 球形检验，取样足够度的 KMO 值为 0.829（验证值）（见表 5-5）。可以得出，该项统计检验的结果科学合理，可以作为因子分析检测；同时，也说明可以对该项指标的因子进行分析，而且能够应用模型假设进行验证研究。由表 5-6 可见：通过引入主成分分析法，结果可归结到四个公共因子（主成分）上，而且经计算得出其累计方差达到了 80.777%。由表 5-7 可见：经过旋转，在五次迭代后，各测量变量只在四个公共因子上有较大的因子载荷，提取 $x_1$、$x_2$ 从属于第四个公共因子，$x_4$、$x_5$、$x_6$ 从属于第三个公共因子，$y_1$、$y_3$、$y_5$、$y_6$、$y_7$、$y_8$ 从属于第二个公共因子，$y_9$、$y_{10}$、$y_{11}$、$y_{12}$、$y_{13}$ 从属于第一个公共因子。这种从属关系，是变量的内部因子结构。以上过程是揭示变量与公共因子的从属关系的过程，也是探索性因子分析的过程；可以从数据中寻找因子结构，验证我们的假设。

**表 5-5 KMO 的取值范围解释**

| KMO 值 | 解释 |
|---|---|
| 0.9≤KMO | 非常适合做因子分析 |
| 0.8≤KMO<0.9 | 很适合做因子分析 |
| 0.7≤KMO<0.8 | 适合做因子分析 |
| 0.6≤KMO<0.7 | 基本适合做因子分析 |
| 0.5≤KMO<0.6 | 勉强做因子分析 |
| KMO<0.5 | 不适合做因子分析 |

表 5 - 6  总方差解释情况

| 成分 | 初始特征值 | | | 提取平方和载入 | | | 旋转平方和载入 | | |
|---|---|---|---|---|---|---|---|---|---|
| | 合计 | 方差（%） | 累积（%） | 合计 | 方差（%） | 累积（%） | 合计 | 方差（%） | 累积（%） |
| 1 | 7.545 | 47.154 | 47.154 | 7.545 | 47.154 | 47.154 | 3.986 | 24.911 | 24.911 |
| 2 | 2.245 | 14.030 | 61.184 | 2.245 | 14.030 | 61.184 | 3.833 | 23.957 | 48.868 |
| 3 | 1.853 | 11.579 | 72.763 | 1.853 | 11.579 | 72.763 | 3.065 | 19.156 | 68.024 |
| 4 | 1.282 | 8.014 | 80.777 | 1.282 | 8.014 | 80.777 | 2.040 | 12.753 | 80.777 |
| 5 | 0.717 | 4.483 | 85.260 | — | — | — | — | — | — |
| 6 | 0.558 | 3.490 | 88.750 | — | — | — | — | — | — |
| 7 | 0.461 | 2.882 | 91.632 | — | — | — | — | — | — |
| 8 | 0.312 | 1.953 | 93.585 | — | — | — | — | — | — |
| 9 | 0.245 | 1.534 | 95.119 | — | — | — | — | — | — |
| 10 | 0.236 | 1.473 | 96.592 | — | — | — | — | — | — |
| 11 | 0.162 | 1.014 | 97.606 | — | — | — | — | — | — |
| 12 | 0.143 | 0.894 | 98.500 | — | — | — | — | — | — |
| 13 | 0.122 | 0.763 | 99.263 | — | — | — | — | — | — |
| 14 | 0.054 | 0.335 | 99.598 | — | — | — | — | — | — |
| 15 | 0.037 | 0.229 | 99.827 | — | — | — | — | — | — |
| 16 | 0.028 | 0.173 | 100.00 | | | | | | |

提取方法：主成分分析

表 5 - 7  旋转矩阵表

| 测量变量 | 成分 | | | |
|---|---|---|---|---|
| | 1 | 2 | 3 | 4 |
| $x_1$ | 0.072 | 0.132 | 0.053 | 0.969 |
| $x_2$ | 0.069 | 0.084 | 0.041 | 0.973 |
| $x_4$ | 0.140 | 0.112 | 0.867 | 0.000 |
| $x_5$ | 0.248 | 0.179 | 0.824 | −0.043 |
| $x_6$ | −0.059 | 0.363 | 0.816 | 0.124 |
| $y_1$ | 0.342 | 0.622 | 0.535 | 0.165 |
| $y_3$ | 0.253 | 0.506 | 0.411 | 0.237 |
| $y_5$ | 0.152 | 0.855 | 0.307 | 0.064 |
| $y_6$ | 0.355 | 0.624 | 0.517 | 0.139 |
| $y_7$ | 0.165 | 0.920 | 0.088 | 0.063 |
| $y_8$ | 0.260 | 0.818 | 0.157 | 0.067 |
| $y_9$ | 0.625 | 0.441 | 0.168 | −0.019 |

(续)

| 测量变量 | 成分 | | | |
| --- | --- | --- | --- | --- |
| | 1 | 2 | 3 | 4 |
| $y_{10}$ | 0.822 | 0.314 | 0.235 | 0.085 |
| $y_{11}$ | 0.863 | 0.128 | 0.158 | 0.013 |
| $y_{12}$ | 0.903 | 0.166 | 0.065 | 0.079 |
| $y_{13}$ | 0.917 | 0.129 | 0.054 | 0.088 |

注：提取方法为主成分法；旋转法为具有 Kaiser 标准化的正交旋转法，在 5 次迭代后收敛

## 二、验证性因子分析

验证性因子分析与探索性因子分析不同，其主要基于假设因子模型的拟合能力进行统计分析计算，通过已知因子对统计数据进行统计分析，对于测量变量因子的数量以及对测量变量与潜变量之间的预期一致性进行检测分析。在构建结构方程模型时，一般都是两种分析方法结合使用。本书主要基于探索性因子分析的统计结果，引入 Lisrel8.7 软件，进行验证性因子分析检测。如图 5-3，基于 Standardized Solution 方法的因子载荷，所有测量变量的因子载荷系数都在 0.5 之上，拟合情况较好。

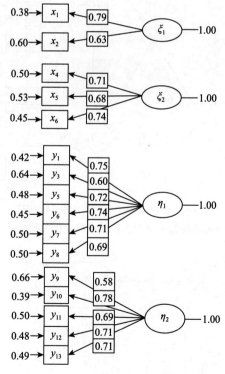

*Chi-Square*=122.82, *df*=100, *P-value*=0.041 96, *RMSEA*=0.032

图 5-3 验证性因子分析测量模型图

# 第三节　统合模型分析

## 一、结构方程模型拟合及检验

### (一) 模型拟合

运用路径模型拟合修正模型，主要分为三个步骤：依据先前验证或是理论假设画出路径图，依据路径图写出相关系数，进行效应分解。根据假设的模型结构进行模型第一次拟合，拟合结果如图 5 - 4。第一次拟合显示，$Chi\text{-}Square = 122.82$，$df = 100$，$RMSEA = 0.032$。在标准化路径系数中，得到的$\xi_1 - \eta_2$ 标准化路径系数为$-0.33$，得到的$\xi_2 - \eta_2$ 标准化路径系数为$-0.78$。标准化路径系数为负数，与模型的假设相互矛盾，必须对路径进行修正。从其对应的 $t$ 检验值可以看出，$\xi_1 - \eta_2$、$\xi_2 - \eta_2$ 的 $t$ 值都小于 $1.96$（图 5 - 5），因此，需要对模型进行修正。

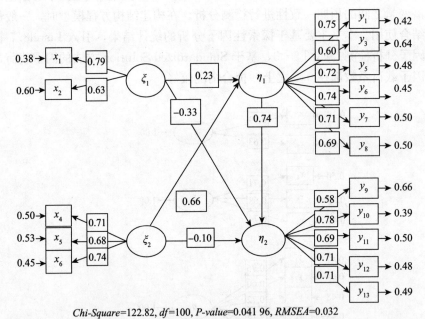

*Chi-Square*=122.82, *df*=100, *P-value*=0.041 96, *RMSEA*=0.032

图 5 - 4　三江平原湿地生态系统健康结构方程模型标准化参数图——第一次拟合

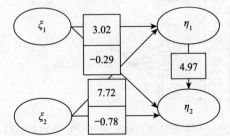

*Chi-Square*=122.82, *df*=100, *P-value*=0.041 96, *RMSEA*=0.03

图 5 - 5　标准化路径系数的 $t$ 检验值——第一次拟合

　　将两条路径逐一删除，进行第二次拟合，拟合结果如图 5－6。第二次拟合显示，$Chi\text{-}Square = 122.82$，$df = 100$，$RMSEA = 0.032$。在标准化路径系数中，符合标准。从其对应的 $t$ 检验值可以看出，各数值均符合大于 1.96 的标准（图 5－7）。再根据 $MI$ 值对整个模型进行修正，如图 5－8，$\eta_1 - y_9$，即湿地生态系统自我维持及发展能力与人的健康之间没有显著解释力，而且违背了单维假设的原则，考虑不增加路径。但是在模型中可以看出 $y_9$ 的载荷系数最低。因此，需要对整个模型进行修正，在模型的修正过程中，遵循每次只修正一个参数的原则，并在每一次修正后，重新运行程序，以确定拟合结果。经过修正后，最终进行第三次拟合，拟合结果如图 5－9。

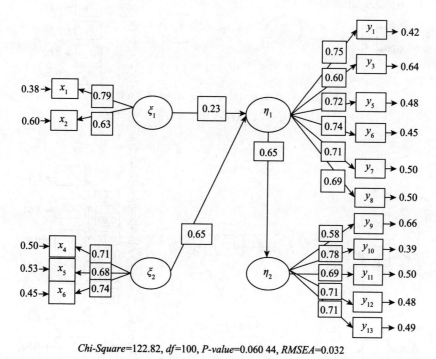

*Chi-Square*=122.82, *df*=100, *P-value*=0.060 44, *RMSEA*=0.032

图 5－6　三江平原湿地生态系统健康结构方程模型标准化参数图——第二次拟合

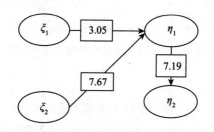

*Chi-Square*=122.82, *df*=100, *P-value*=0.060 44, *RMSEA*=0.032

图 5－7　标准化路径系数的 $t$ 检验值——第二次拟合

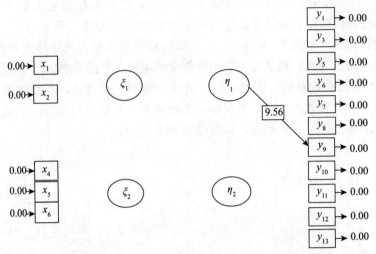

*Chi-Square*=122.82, *df*=100, *P-value*=0.060 44, *RMSEA*=0.032

图 5-8  *MI* 值修正系数图

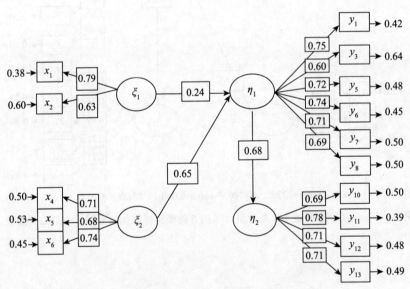

*Chi-Square*=175.46, *df*=100, *P-value*=0.000 01, *RMSEA*=0.005 7

图 5-9  修正的三江平原湿地生态系统健康结构方程模型标准化参数图

## （二）模型的评价

检验模型的基本拟合指标，一是估计参数中不能有负的误差，且方差达到显著水平；二是所有误差必须达到显著水平（*t* 值＞1.96）；三是估计参数统计量彼此间相关的绝对值不能太接近 1；四是潜变量与其测量变量之间的因子载荷值最终为 0.50～0.95。经过两次修正、三次拟合后，最终确定的模型各项指标达到了拟合标准。确认该模型符合基本的拟合标准后，还应对其进行整体拟合度评价，一般包括三大类指标：绝对拟合指数、增值拟合指数和简约拟合指数，拟合标准见表5-8。通过软件 Lisrel8.7 进行计算，得到指数见表5-8。从表中可以看出，模型的增殖拟合指数 $NFI=0.95>0.9$，$CFI=0.99>0.9$，$IFI=0.99>0.9$，$RFI=0.95>0.9$，$NFI$、$CFI$、$IFI$、$RFI$ 完全符合标准；模型的绝对拟合指数 $\chi^2/df$、$GFI$、$RMSEA$ 都达到标准的可接受值，说明样本数据与模型拟合的程度较高；模型的简约拟合指数 $PNFI=0.80>0.5$、$PGFI=0.69>0.5$，可以看出，$PNFI$ 和 $PGFI$ 都符合标准，模型有较高的拟合程度，各个测量变量能够较好地解释对应的潜变量。

**表5-8　结构方程模型拟合指数标准**

| 指标 | 绝对拟合指数 | | | 增值拟合指数 | | | | 简约拟合指数 | |
| --- | --- | --- | --- | --- | --- | --- | --- | --- | --- |
| | $\chi^2/df$ | $GFI$ | $RMSEA$ | $NFI$ | $CFI$ | $IFI$ | $RFI$ | $PNFI$ | $PGFI$ |
| 标准 | <5 | >0.9 | <0.1 | >0.9 | >0.9 | >0.9 | >0.9 | >0.5 | >0.5 |
| 实际指数 | 1.2 | 0.94 | 0.032 | 0.95 | 0.99 | 0.99 | 0.95 | 0.80 | 0.69 |

### （三）竞争性模型选择

对于本研究的模型，除了图5-6提出的模型1外，又提出了模型2，将"自然扰动"作为唯一的外源潜变量，其他三个作为内生潜变量，具体如图5-10。由图可见，$\xi_2$ 到 $\xi_1$ 的路径系数唯一，测量残差大于0.5，不适合进行结构模型分析。因此，不必进一步比较模型2与模型1的自由度、拟合指数，就可以确定模型1优于模型2。接下来的所有分析和讨论都以模型1为基础展开。

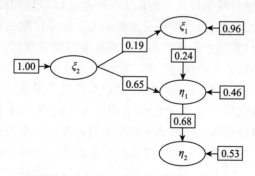

*Chi-Square*=122.82, *df*=100, *P-value*=0.060 44, *RMSEA*=0.032

图5-10　模型2的结构模型图

### （四）研究假设验证结果

从上文的分析结果可以看出，本书采用的模型的整体拟合度是比较高的。因此，本书的各种研究假设可以通过各个潜在变量之间的回归系数进行验证。根据结果，本书提出的5项假设中有3项假设得到了支持。具体如下：

$H_1$ 假设成立，说明湿地生态系统的自我维持及发展能力与湿地生态系统满足人类社会经济发展需求能力之间具有直接相关性（$\beta=0.65$，$t=7.19$）。

$H_2$ 假设成立，说明湿地生态系统受到的自然扰动与湿地生态系统的自我维持及发展能力之间具有直接相关性（$\beta=0.23$，$t=3.05$）。

$H_3$ 假设成立，说明人类扰动与湿地生态系统的自我维持及发展能力之间具有直接相关性（$\beta=0.65$，$t=7.67$）。

$H_4$ 假设不成立，说明自然扰动与湿地生态系统满足人类社会经济发展需求能力之间具有不显著的关系（$\beta=-0.33$，$t=-0.29$）。

$H_5$ 假设不成立，说明人类扰动与湿地生态系统满足人类社会经济发展需求能力之间具有不显著的关系（$\beta=-0.10$，$t=-0.78$）。

## 二、各潜变量的影响效应分析

在完成了对三江平原湿地生态系统健康结构方程模型的设计、拟合、修正及潜变量及测量指标的信度、效度分析后，我们对三江平原湿地生态系统健康影响要素有了一个较为全面的认识。通过结构方程模型研究发现，自然扰动和人类扰动对湿地生态系统满足人类社会经济发展需求的能力不产生直接效应，而是通过湿地生态系统自我维持及发展能力产生间接效应。为了进一步看清结构方程模型各变量之间的直接效用，根据邱浩政的研究，本书通过研究潜变量的直接影响系数和总影响系数的大小，来对每个因果路径的关系强度进行估计。"自然扰动"和"湿地生态系统自我维持及发展能力"之间，标准化直接效应的数值为0.24（即"自然扰动"和"湿地生态系统自我维持及发展能力"的标准化路径系数）。"人类扰动"和"湿地生态系统自我维持及发展能力"之间，标准化直接效应的数值为0.65（即"人类扰动"和"湿地生态系统自我维持及发展能力"的标准化路径系数）。"自然扰动"和"湿地生态系统满足人类社会经济发展需求能力"之间虽然没有直接路径，但也存在间接路径，其通过"湿地生态系统自我维持及发展能力"产生，标准化间接效应的数值为0.16（即"自然扰动"到"湿地生态系统自我维持及发展能力"标准化路径系数×"湿地生态系统自我维持及发展能力"到"湿地生态系统满足人类社会经济发展需求能力"的标准化路径系数=0.24×0.68=0.16）。"人类扰动"和"湿地生态系统满足人类社会经济发展需求能力"之间虽然没有直接路径，但也存在间接路径，其通过"湿地生态系统自我维持及发展能力"产生，标准化间接效应的数值为0.44（即"人类扰动"到"湿地生态系统自我维持发展的能力"标准化路径系数×"湿地生态系统自我维持发展的能力"到"湿地生态系统满足人类社会经济发展需求能力"的标准化路径系数=0.65×0.68=0.44）。

表5-9　潜变量之间的直接效应、间接效应和总效应

| 潜变量 | 分项指标 | 自然扰动 | 人类扰动 |
|---|---|---|---|
| 湿地生态系统自我维持及发展能力 | 标准化直接效应 | 0.24 | 0.65 |
| | 标准化间接效应 | — | — |
| | 标准化总效应 | 0.24 | 0.65 |
| 湿地生态系统满足人类社会经济发展需求能力 | 标准化直接效应 | — | — |
| | 标准化间接效应 | 0.16 | 0.44 |
| | 标准化总效应 | 0.16 | 0.44 |

通过效应分析得出：

（1）外源潜变量分析。在外源潜变量的分析中，"人类扰动"对于三江平原湿地生态系统健康的影响大于"自然扰动"的影响。"人类扰动"对于"湿地生态系统自我维持与发展的能力"的影响更明显（$\eta_1 = 0.24\xi_1 + 0.65\xi_2$，$\eta_2 = 0.16\xi_1 + 0.44\xi_2$）。因此，严格控制"人类扰动"的强度和规模是实现三江平原湿地生态系统健康的首要任务。虽然"自然扰动"的影响效应小于"人类扰动"的影响效应，但是也不能忽视，尤其是对于"湿地生态系统自我维持及发展能力"的改善，要通过人类活动尽量避免或是减少"自然扰动"带来的危害。其中在"人类扰动"潜变量的三个测量变量中，$x_6$（农业扰动）最大，其次是 $x_4$（工业化扰动）、$x_5$（城镇化扰动）。三江平原是我国重要的粮食生产基地，农业生产是其重要任务，但是农业生产排放的农药、化肥等污染物对于湿地生态系统具有强烈的干扰作用。因此，减少农药化肥的使用，使用生物农药化肥、发展绿色农业是一种必然选择。在"自然扰动"的两个测量变量中，气候条件的影响大于土壤条件。湿地自然扰动的发生受自然条件和机理作用的影响，湿地过程和结构演化的作用机理需要通过自然科学研究确认。因此，加强对湿地的科学研究、掌握湿地变化过程的作用机理也是实现湿地生态系统健康的条件之一。

（2）内生潜变量分析。在对内生潜变量的分析中，$y_1$（栖息地功能）是"湿地生态系统自我维持及发展能力"的 6 个测量变量中影响效应最大的。三江平原湿地作为鸟类的重要栖息地和迁徙通道，生物多样性是其健康情况的重要指标之一。湿地是许多动植物物种存在的必要条件，而三江平原湿地退化严重，已经严重影响了动植物的生存。

（3）其他变量分析。根据湿地生态系统健康内涵和对结构方程模型的概念分析，得出"湿地生态系统自我维持及发展能力"具有中介变量的属性，一方面它受到外部"自然扰动"与"人类扰动"的影响，另一方面它也影响着"湿地生态系统满足人类社会经济发展需求能力"的发挥。也就是说，"湿地生态系统满足人类社会经济发展需求能力"受到外源潜变量和中介变量的影响。因此，该潜变量的健康状况是湿地生态系统健康状况的综合表现。三江平原湿地生态系统健康指数是直接健康指数和间接健康指数之和。通过对三江平原湿地生态健康的结构方程模型的直接效应和间接效应的分析，可以得出：三江平原湿地生态系统满足人类社会经济发展需求的能力（间接健康指数）＝0.16×自然扰动＋0.44×人类扰动＋0.68×湿地生态系统自我维持及发展的能力。

三江平原湿地生态系统健康的主要表现为"湿地生态系统满足人类社会经济发展需求能力"，根据结果可知"湿地生态系统满足人类社会经济发展需求能力"因直接和间接关系，受到"湿地生态系统自我维持及发展能力""自然扰动""人类扰动"三个潜变量的影响，它们主要是通过直接或者间接效应影响着湿地生态系统满足人类社会经济发展需求的能力。因此，对三江平原湿地生态系统健康的评价，不能仅根据"湿地生态系统满足人类社会经济发展需求能力"进行，必须综合考虑各种相关因素。本书采用下面的方法计算三江平原湿地生态系统健康指数：

$$HS = DS + RS \qquad (5-4)$$

其中，$HS$ 为三江平原湿地生态系统健康指数；$DS$ 为三江平原湿地生态系统直接健康指数；$RS$ 为三江平原湿地生态系统间接健康指数。

$$DS = \eta_2 \qquad (5-5)$$

$$RS = 0.16\xi_1 + 0.44\xi_2 + 0.68\eta_1 \qquad (5-6)$$

（4）各项指标权重。湿地生态系统健康指数是直接健康指数和间接健康指数之和。因此，对于潜变量的路径系数和测量变量的因子载荷系数，应进行归一化处理，进一步确定各项评价指标权重及具体各等级评价标准，具体权重见表 5-10。

表 5-10　三江平原湿地生态系统健康评价指标权重

| 测量指标 | $x_1$ | $x_2$ | $x_4$ | $x_5$ | $x_6$ | $y_1$ | $y_3$ | $y_5$ |
|---|---|---|---|---|---|---|---|---|
| 权重 | 0.04 | 0.03 | 0.06 | 0.06 | 0.07 | 0.05 | 0.04 | 0.05 |
| 测量指标 | $y_6$ | $y_7$ | $y_8$ | $y_{10}$ | $y_{11}$ | $y_{12}$ | $y_{13}$ | |
| 权重 | 0.05 | 0.05 | 0.05 | 0.12 | 0.11 | 0.11 | 0.11 | |

本章主要利用结构方程模型，研究分析三江平原湿地生态系统健康评价影响因素间的关系以及影响力度，并在此基础上构建了相应的健康评价指标体系。基于湿地生态系统健康的能力与扰动因素的实际情况，构建了三江平原湿地生态系统健康评价影响因素的概念模型并提出研究假设。在模型的构建过程中，利用将专家期望与社会公众期望相结合的方法，确定了各因素之间的关系。通过模型分析发现，三江平原湿地生态系统健康指数由直接健康指数和间接健康指数两个指数共同决定，进而提出了三江平原湿地生态系统健康指数的表达式；在路径分析和效应分析中，确定了各项变量的权重，建立了健康评价指标体系，为完成三江平原湿地生态系统健康评价及预测做好了必要的研究准备。

# 第六章　三江平原湿地生态系统健康评价及预测分析

本章利用集对分析方法，构建三江平原湿地生态系统健康评价及预测模型。通过研判湿地生态系统内不确定性、不稳定性健康影响因素的演化路径，预测三江平原湿地生态系统健康的发展趋势，为三江平原湿地生态系统健康管理提供合理的科学依据。

## 第一节　评价及预测模型构建

### 一、模型原理

集对分析理论是我国著名学者赵克勤先生在 1989 年创立的，是一门专门用于确认不确定性影响因素对系统影响程度的理论分析方法。该理论能够集中描述并定量分析随机性、不完整性以及模糊性的不确定性因素对系统的影响程度。在湿地生态系统健康评价的影响因素中也存在不确定性因素。因此，本书依据集对分析理论对湿地生态系统内的确定性影响因素和不确定性影响因素进行辩证分析，判别它们的本质属性，综合考量不确定性因素和确定性因素。集对分析理论把目标系统的确定性影响因素定义为"同一"及"对立"两个方面；把目标系统的不确定性因素定义为"差异"，从系统的同、反、异三个方面进行分析。它们是相互联系、相互制约的，在特定的条件下，三者能够相互转化。在转化过程中，可以利用联系度的思维方式及其数学表达来全面分析系统的各种不确定性影响因素，从而最终把不确定性辩证思想演变为翔实可靠的数学理论。

基于集对分析法的三江平原湿地生态系统健康评价及预测模型的构建过程，其实是比对系统标准值与实际值之间相似度、符合度的过程，通过符合程度来判断研究区域湿地生态系统健康情况。本文根据集对分析法以及模型构建过程的需要，将三江平原湿地生态系统健康评价及预测模型的实施过程分为 3 个阶段、10 个环节，具体环节见表 6-1。

表 6-1　三江平原湿地生态系统健康评价及预测阶段步骤组成表

| 过程 | 评价及预测阶段 | 评价及预测步骤 |
|------|------|------|
| 第一阶段 | 模型构建 | （1）确定评价论域及权重 |
| | | （2）确定评价等级 |
| | | （3）确定"同异反"要素 |
| | | （4）比较指标标准值与实际值 |
| | | （5）构建健康评价联系度函数 |
| | | （6）构建健康预测联系度函数 |

（续）

| 过程 | 评价及预测阶段 | 评价及预测步骤 |
|---|---|---|
| 第二阶段 | 模型分析 | （7）计算历年联系度函数及平均联系度函数 |
| | | （8）计算历年联系度函数转移矩阵 |
| | | （9）利用平均联系度函数及转移矩阵计算预测联系度函数 |
| 第三阶段 | 结果分析 | （10）评价及预测结果分析 |

## 二、模型构建

### （一）确定评价论域及权重

根据第五章因子分析的研究成果，将本模型的评价论域设定为 4 个评价子系统和 15 项评价指标；在效益分析中，对路径系数和因子载荷进行分析并进行归一化处理，确定了各项评价指标权重，具体见表 5-10。

### （二）确定评价等级

为了能够直接明了地反映湿地生态系统健康的基本状态和宏观变化趋势，湿地生态系统健康等级一般应设定为奇数。依据崔保山在三江平原湿地生态系统健康评价中关于健康等级的评定标准，本书将三江平原湿地生态系统健康等级划分为五级，湿地生态系统健康情况标识为：疾病（Ⅴ）、相对疾病（Ⅳ）、亚健康（Ⅲ）、相对健康（Ⅱ）、健康（Ⅰ）。为了满足联系度函数的评价需要，依据赵克勤提出的均分原则，本书确立健康联系度分级标准为：$\mu_V \in [-1, -0.6)$、$\mu_{IV} \in [-0.6, -0.2)$、$\mu_{III} \in [-0.2, 0.2]$、$\mu_{II} \in (0.2, 0.6]$、$\mu_I \in (0.6, 1]$。

各级的具体内涵为：

**1. 五级（Ⅴ）** 湿地生态系统健康状况处于疾病状态。湿地生态系统受到严重的外部扰动，扰动水平超出湿地生态系统的承受能力；湿地生态系统基本不具备自我维持与发展的能力，或是有较多外部输入的情况下，才能基本保证自身的维持与更新，或是已经开始出现更为严重的恶化；湿地生态系统不能满足人类社会发展需求，或是已经严重影响到了人类健康。

**2. 四级（Ⅳ）** 湿地生态系统健康状况处于相对疾病状态。湿地生态系统受到强于自身抗扰动能力的扰动；湿地生态系统不再具备独立地进行自我维持与发展的能力，必须借助外力才能够完成基本的演化与更新；湿地生态系统不再具备满足人类社会经济发展需求的能力，并且出现危及人类健康的趋势。

**3. 三级（Ⅲ）** 湿地生态系统健康处于亚健康状态。湿地生态系统受到了基本上与自身抗扰动能力相抵的外部扰动；湿地生态系统自我维持与发展的能力开始不能够满足更新与演化的需要，或是借助大量的外部力量也不能扭转退化的态势；湿地生态系统不能满足人类社会经济发展的需求。

**4. 二级（Ⅱ）** 湿地生态系统处于相对健康状态。湿地生态系统受到的外界扰动较强，但是对湿地的抗扰动能力还没产生较大影响；湿地生态系统具备一定的自我维持及发展能力，但是需要借助外部力量来展现；湿地生态系统能够基本满足人类社会经济发展的需求。

**5. 一级（Ⅰ）** 湿地生态系统处于健康状态。湿地生态系统受到的外界扰动很弱，对于湿地的抗扰动能力基本没有影响；湿地生态系统具备独立的自我维持与发展的能力，或是只需要较少的外部输入就可以实现自我维持及发展；湿地生态系统能够很好地满足人类社会经济发展的需求并且对于所处区域的发展具有重要的推动作用。

**（三）确定"同异反"要素**

假定给定集合 $X$ 是湿地生态系统健康评价指标的标准值，假设 $Y$ 是湿地生态系统健康评价指标的实际值，集合 $X$ 和集合 $Y$ 组成了集对 $H$（$X$，$Y$）。根据问题 $W$ 的需要对集对 $H$ 的特殊性进行深入分析，在分析中获得 $N$ 个特殊值，在这些特殊值中有 $S$ 个特殊值是 $X$ 与 $Y$ 的交叉值，有 $P$ 个特性值为 $X$ 与 $Y$ 相对立。剩余的 $F$（$N-P-S$）个特性值既不对立也不交叉。评价问题的实质是比较指标值与指标标准之间的相似度，因此，在湿地生态系统健康评价的过程中，若指标值与指标标准相似，则属于同一类，若不相似则属于对立类，既不相似也不对立的属于差异类。因此，在集对分析的过程中，可以把同一项指标定义为处于健康状态下的实际值，也就是实际值与标准值相对统一的指标项，系统中同一项指标的集合称为同一度。可以把对立项指标定义为疾病状态下的实际值，也就是实际值与标准值基本背离的指标项，系统中对立项指标的集合称为对立度。对于既不处于健康也不处于疾病状态的值，统一称为差异项，表示其处于亚健康状态。在差异项中进一步区分出同一差异项、核心差异项和对立差异项，其中把同一差异项指标定义为湿地生态系统相对健康的状态值，把核心差异项指标定义为准亚健康状态值，把对立差异项指标定义为相对疾病的状态值。在系统内部，当对立度大于同一度时，称系统处于反势；当对立度等于同一度时，称为系统处于均势；当对立度小于同一度时，称系统处于同势。

**表 6-2 三江平原湿地生态系统健康评价指标等级划分标准**

| 指标名称 | 单位 | 级别 | | | | |
|---|---|---|---|---|---|---|
| | | Ⅰ | Ⅱ | Ⅲ | Ⅳ | Ⅴ |
| $X_1$ | ℃ | [0, 0.2) | [0.2, 0.4) | [0.4, 0.6) | [0.6, 0.8) | [0.8, +∞) |
| | mm | (700, +∞) | (600, 700] | (500, 600] | (400, 500] | [0, 400] |
| $X_2$ | (g/kg) | [80, +∞) | [60, 80) | [40, 60) | [20, 40) | [0, 20] |
| | (g/kg) | [5, +∞) | [3.5, 5) | [2, 3.5) | [0.5, 2) | [0, 0.5] |
| $X_4$ | % | [80, +∞) | [70, 80) | [60, 70) | [50, 60) | [0, 50] |
| $X_5$ | % | [0, 30) | [30, 50) | [50, 70) | [70, 90) | [90, 100] |
| $X_6$ | (kg/hm) | [0, 2.0) | [2.0, 2.5) | [2.5, 3.5) | [3.5, 4.5) | [4.5, 5] |
| $Y_1$ | % | (−∞, 5) | [5, 15) | [15, 25) | [25, 35) | [35, 100] |
| $Y_3$ | % | [70, +∞) | [60, 70) | [50, 60) | [40, 50) | (−∞, 40] |
| $Y_5$ | — | [90, +∞) | [75, 90) | [60, 75) | [45, 60) | [0, 45] |
| $Y_6$ | % | [0.8, 1] | [0.6, 0.8) | [0.4, 0.6) | [0.2, 0.4) | [0, 0.2] |
| $Y_7$ | % | [0, 15) | [15, 30) | [30, 45) | [45, 60) | [60, +∞) |
| $Y_8$ | % | [0, 1) | [1, 4) | [4, 7) | [7, 10) | [10, +∞) |

（续）

| 指标名称 | 单位 | 级别 | | | | |
|---|---|---|---|---|---|---|
| | | I | II | III | IV | V |
| $Y_{10}$ | % | [0, 0.2) | [0.2, 0.4) | [0.4, 0.6) | [0.6, 0.8) | [0.8, 1] |
| $Y_{11}$ | % | [5, +∞) | [1.5, 5) | [−1.5, 1.5) | [−5, −1.5) | [−∞, −5) |
| $Y_{12}$ | — | [80, +∞) | [70, 80) | [60, 70) | [50, 60) | [0, 50) |
| $Y_{13}$ | % | [15, +∞) | [10, 15) | [5, 10) | [0, 5) | [−∞, 0) |

### （四）比较指标标准值与实际值

三江平原湿地生态系统健康评价的标准值集合 $X$，是各项指标等级划定的标准。本书的评价标准采用参照国家、行业标准，同时综合了前人对于三江平原湿地生态系统健康评价的研究和实践应用结果。本书根据扈静关于三江平原湿地水生态系统健康评价指标体系的研究成果确定气候条件的评价标准；根据胡金明、刘兴土对三江平原土壤质量评价的研究成果和土壤环境质量标准（GB 15618—2018）确定三江平原湿地土壤质量的评价标准；根据吕忠海关于黑龙江省湿地生态系统健康评价指标体系研究的理论成果确定人类扰动因素的评价标准；根据崔保山在三江平原湿地生态系统健康评价方面的研究成果确定了三江平原湿地生态系统健康评价指标的等级划分标准，具体见表 6-2。三江平原湿地生态系统健康的能力因素和扰动因素的实际值共同构成了指标实际值集合 $Y$。将集合 $X$ 与集合 $Y$ 进行比对，即可确定各项指标的健康等级，1985—2015 年部分年份比对结果见表 6-3。

表 6-3 1985—2015 年部分年份三江平原湿地生态系统健康指标比对结果

| 评价年份 | $X_1$ | $X_2$ | $X_4$ | $X_5$ | $X_6$ | $Y_1$ | $Y_3$ | $Y_5$ | $Y_6$ | $Y_7$ | $Y_8$ | $Y_{10}$ | $Y_{11}$ | $Y_{12}$ | $Y_{13}$ |
|---|---|---|---|---|---|---|---|---|---|---|---|---|---|---|---|
| 1985 | III | I | V | III | V | V | V | III | II | III | V | III | III | III | III |
| 1995 | IV | II | V | III | V | III | V | III | II | II | V | III | III | II | IV |
| 2005 | III | II | IV | III | V | III | V | III | II | II | V | IV | IV | IV | III |
| 2015 | III | II | I | III | III | IV | III | II | II | III | V | III | III | IV | II |

### （五）构建健康评价联系度函数

联系度 $\mu$ 是描述集对 $H$（$X$，$Y$）中同、异、反三者的关系，基本联系度函数表达式为：

$$\mu = S/N + F/N + P/N = \alpha + \beta i + cj, \quad i \in [-1, 1]; \quad \alpha + \beta + c = 1 \tag{6-1}$$

$$\mu = \alpha + \beta i + cj = \sum_{k=1}^{S} W_k + \sum_{k=S+1}^{S+F} W_k i + \sum_{k=S+F+1}^{N} W_k j \tag{6-2}$$

注：集对 $H$ 在问题 $W$ 下的同一度用 $\alpha$ 表示；集对 $H$ 在问题 $W$ 下的差异度用 $\beta$ 表示；集对 $H$ 在问题 $W$ 下的对立度用 $c$ 表示，（$k = 1, 2, \cdots, N, \sum_{k=1}^{N} W_k = 1$）。$i$ 为差异标记符号或相应系数；$j$ 为对立标记符号或相应系数，$j$ 规定取值为 −1。

本书对于三江平原湿地生态系统健康的评价采用五级评价方法，在式 5-3 的基础上构建五级联系度函数，具体表达式如下：

$$\mu = \sum_{k=1}^{S} W_k + \sum_{k=S+1}^{S+F_1} W_k i_1 + \sum_{k=S+F_1+1}^{S+F_1+F_2} W_k i_2 + \sum_{k=S+F_1+F_2+1}^{S+F} W_k i_3 + \sum_{k=S+F+1}^{N} W_k j \tag{6-3}$$

注：$F = F_1 + F_2 + F_3$；$i = i_1 + i_2 + i_3$

### （六）构建健康预测联系度函数

假设在 $[t, t+\tau]$，在 $t$ 时刻、$N$ 个特性中各联系分量为 $A_t$、$B_t$、$C_t$，且满足 $A_t + B_t + C_t = N$。在 $t+\tau$ 时刻，原有的指标值的健康性等级发生了变化，有的指标值的健康等级保持不变，有的转化为其他等级。原有的 $A_t$ 各特性中仍有 $A_{t1}$ 个处于 I 级，$A_{t2}$ 个转化为 II 级，$A_{t3}$ 个转化为 III 级（$A_{t1} + A_{t2} + A_{t3} = A_t$），则在 $[t, t+\tau]$ 周期内的转移向量（归一化处理）为：

$$\overline{A} = (M_{11}, M_{12}, M_{13}) = \left| \sum_{k=1}^{A_{t1}} W_k(t) \sum_{k=A_{t1}+1}^{A_{t1}+A_{t2}} W_k(t) \sum_{k=A_{t1}+A_{t2}+1}^{A_t} W_k(t) \right| / a(t) \tag{6-4}$$

式中：$M_{11} + M_{12} + M_{13} = 1$；$a(t) = \sum_{k=1}^{A_t} W_k(t)$

同理可得 B、C 的转移向量 $\overline{B}$、$\overline{C}$，所有假设同上。

因此，在 $[t, t+\tau]$ 期间的转移矩阵为 $M$，在 $t+\tau$ 时刻，联系度 $\mu(t+\tau)$ 为：

$$\mu(t+\tau) = a(t+\tau) + b(t+\tau)i + c(t+\tau)j$$
$$= [a(t+\tau) b(t+\tau) c(t+\tau)] \cdot M \cdot (1, i, j)^{\mathrm{T}} \tag{6-5}$$

# 第二节 评价及预测分析

## 一、基于联系度函数的湿地生态系统健康评价及分析

### （一）联系度函数表达式

1985—2015 年，三江平原湿地生态系统健康各项指标部分年份的评价结果见表 6-3。从各项具体指标的变化来看，有 6 项评价指标晋级，其中 4 项指标逐级提高、2 项指标交替提高；6 项指标维持原有状态，其中 2 项指标过程退化、1 项指标过程提升、3 项指标过程未变；3 项指标逐级降低。根据 1985—2015 年各项指标的评价结果，按照公式（6-3）计算得出各年联系度函数表达式如下：

$$\mu_{1985} = 0.03 + 0.05i_1 + 0.65i_2 + 0.27j \tag{6-6}$$
$$\mu_{1995} = 0.24i_1 + 0.39i_2 + 0.15i_3 + 0.22j \tag{6-7}$$
$$\mu_{2005} = 0.13i_1 + 0.47i_2 + 0.35i_3 + 0.05j \tag{6-8}$$
$$\mu_{2015} = 0.06 + 0.23i_1 + 0.5i_2 + 0.16i_3 + 0.05j \tag{6-9}$$

### （二）各年联系度函数构成分析

1985 年的评价数据显示，在湿地生态系统健康联系度函数的构成中同一度最弱、差

异度最强；差异度向同一度转移的趋势较弱，向对立度转移的趋势不明朗。当 $i=1$ 时，$i_1=1$，$i_2=1$，$i_3=-1$，表明整体差异度向同一度转化，属于乐观状态，此时联系度函数 $\mu$ 等于 0.46，湿地生态系统处于相对健康状态（Ⅱ）。当 $i=0$ 时，$i_1=1$，$i_2=0$，$i_3=-1$，表明差异度向同一度和对立度转移的趋势是均等的，同一性差异度转移为同一度，对立性差异度转移为差异度，属于相对中立的状态，此时联系度函数 $\mu$ 等于 -0.19，湿地生态系统处于亚健康状态（Ⅲ）。当 $i=-1$ 时，$i_1=1$，$i_2=-1$，$i_3=-1$，表明整体差异度向对立度转化，属于悲观状态，此时联系度函数 $\mu$ 等于 -0.84，湿地生态系统处于疾病状态（Ⅴ）。

1995 年的评价数据显示，在湿地生态系统健康联系度函数的构成中仍然是同一度最弱、差异度最强。但是与 1985 年有所不同的是，差异度向同一度转移的趋势要强于向对立度转移的趋势，但是核心差异度依然为主导趋势，说明此时湿地生态系统健康还存在大量不确定性因素，健康状况走势依然不确定。当 $i=1$ 时，$i_1=1$，$i_2=1$，$i_3=-1$，此时联系度函数 $\mu$ 等于 0.26，湿地生态系统处于相对健康状态（Ⅱ）。当 $i=0$ 时，$i_1=1$，$i_2=0$，$i_3=-1$，此时联系度函数 $\mu$ 等于 -0.13，湿地生态系统处于亚健康状态（Ⅲ）。当 $i=-1$ 时，$i_1=1$，$i_2=-1$，$i_3=-1$，此时联系度函数 $\mu$ 等于 -0.5，湿地生态系统处于相对疾病状态（Ⅳ）。

2005 年的评价数据显示，虽然同一度依然最弱，差异度依然最强，但是对立度的强度为 1985 年以来最低，从联系度函数的分析中可以看出 59% 的对立度转移为对立差异度，这对于生态系统健康的改善是一个利好信息。与此同时，也出现了不利的信号，21% 同一差异度向核心差异度转化，46% 同一差异度向对立差异度转化，而核心差异度向同一差异度转移率为 13%，标志着同一趋势的减弱。当 $i=1$ 时，$i_1=1$，$i_2=1$，$i_3=-1$，此时联系度函数 $\mu$ 等于 0.2，湿地生态系统处于亚健康状态（Ⅲ）。当 $i=0$ 时，$i_1=1$，$i_2=0$，$i_3=-1$，此时联系度函数 $\mu$ 等于 -0.27，湿地生态系统处于相对疾病状态（Ⅳ）。当 $i=-1$ 时，$i_1=1$，$i_2=-1$，$i_3=-1$，此时联系度函数 $\mu$ 等于 -0.74，湿地生态系统处于疾病状态（Ⅴ）。

2015 年的评价数据首次出现了同一度大于对立度的情况，并且对立度相对稳定。系统中较弱的力量是对立度，最强的力量仍然是差异度。第二个好的趋势是同一差异度大于对立差异度。以上两个利好消息说明系统中的同一趋势大于对立趋势。同时可以看出，此时的湿地生态系统健康状况仍然不稳定，对立差异度中 51% 转移为核心差异度，导致核心差异度大幅上升，系统中的不确定性因素上升达到 50%。当 $i=1$ 时，$i_1=1$，$i_2=1$，$i_3=-1$，此时联系度函数 $\mu$ 等于 0.58，湿地生态系统处于相对健康状态（Ⅱ）。当 $i=0$ 时，$i_1=1$，$i_2=0$，$i_3=-1$，此时联系度函数 $\mu$ 等于 0.08，湿地生态系统健康处于亚健康状态（Ⅲ）。当 $i=-1$ 时，$i_1=1$，$i_2=-1$，$i_3=-1$，此时联系度函数 $\mu$ 等于 -0.42，湿地生态系统处于相对疾病状态（Ⅳ）。

## （三）联系度函数构成要素转移转化情况分析

从联系度函数构成要素转化的情况分析各评价区间内转移矩阵的变化：同一度的变化经历了从降低到增加的过程；对立度的变化经历了从持续减少到维持不变的过程。上述变化说明三江平原湿地生态系统的健康状况有趋于好转的倾向，而差异度的变化相对复杂。

首先，分析同一差异度在各评价区间内的转化情况。在第一个评价区间内同一差异度未发生转化；在第二个评价区间内同一差异度的 21％转移为核心差异度，46％转移为对立差异度，对立趋势强于同一趋势；在第三个评价区间内向对立趋势转移的情况减少，但转移继续存在。

其次，分析核心差异度在各评价区间内的转化情况，在第一个评价区间内核心差异度出现等向分化，核心差异度向同一差异度和对立差异度的分化力量基本相等；在第二个评价区间内这一现象得以延续，但向对立差异度转化的力量略大于向同一差异度转化的力量；在第三个评价区间内，核心差异度的 32％转向了同一差异度，11％转向了对立差异度，向同一差异度转化的力量明显大于向对立差异度转化的力量。

最后，分析对立差异度在各评价区间内的转化情况，其变化趋势为总体向好。在第二个评价区间内，对立差异度全部转移为核心差异度；在第三个评价区间内，对立差异度的51％转向了核心差异度，17％转向了同一差异度。

### （四）从同一转化力量与对立转化力量的变化情况分析各评价区间转移矩阵的变化

纵观各评价区间转移矩阵的变化，同一转化力量与对立转化力量并行，同一转化力量逐渐增长，对立转化力量先增后减。在联系度函数构成要素间的相互转化中，存在三种趋势力量，分别是同一转化力量、稳定力量和对立转化力量。所谓同一转化力量，是指在评价区间的起点时刻与终点时刻，系统中同一差异项、核心差异项、对立差异项和对立项向上一级转化的力量之和；所谓对立转化力量，是指在评价区间的起点时刻与终点时刻，系统中同一项、同一差异项、核心差异项和对立差异项向下级转化的力量之和；其余在评价区间暂未发生变化的力量称为稳定力量。下面将具体分析在转移矩阵中对立转化力量和同一转化力量的变化情况：在第一个评价区间内，对立转化力量大于同一转化力量，对立转化力量为 1.23，同一转化力量为 0.43；在第二个评价区间内，对立转化力量小于同一转化力量，对立转化力量为 0.95，同一转化力量为 1.9；在第三个评价区间内，对立转化力量小于同一转化力量，对立转化力量为 0.49，同一转化力量为 1.39。

通过上述基于联系度函数的三江平原湿地生态系统健康评价分析，可以得出如下结论：

一是三江平原湿地生态系统的健康状况改善缓滞。

二是三江平原湿地生态系统的健康状况存在提高与退化交替往复的现象，这在具体评价指标中体现得更为明显，由此可以判定三江平原湿地生态系统的健康状况不稳定。

三是纵观各评价年度联系度函数的构成，可以发现核心差异度具有等向力量的特点，即在评价时刻同一差异度与对立差异度的力量基本相等。

四是从联系度函数构成要素的转化情况分析，发现系统内对立力量趋于减少，同一转化力量逐渐增加。但是，这种转化趋势主要存在于差异度内部。

## 二、基于联系度函数的湿地生态系统健康预测及分析

根据 1985 年、1995 年、2005 年和 2015 年的联系度函数表达式，按照距今越近数据权重越大的原则，将各转移矩阵的权重分别设置为 0.1、0.15、0.30、0.45，计算出平均联系度函数表达式如下：

$$\overline{\mu} = 0.03 + 0.2i_1 + 0.49i_2 + 0.19i_3 + 0.091j \qquad (6-10)$$

### （一）计算各评价区间转移矩阵

为了更清楚地分析不同评价区间各项指标的发展和变化情况，本书分别计算各年度联系度函数构成要素的转化情况。各项指标的转移和变化情况构成了相邻评价年度的健康状况转移矩阵，各评价区间转移矩阵如下：

$$M_{1-2} = \begin{bmatrix} 0 & 1 & 0 & 0 & 0 \\ 0 & 1 & 0 & 0 & 0 \\ 0 & 0.25 & 0.52 & 0.23 & 0 \\ 0 & 0 & 0 & 1 & 0 \\ 0 & 0 & 0.18 & 0 & 0.82 \end{bmatrix} \qquad (6-11)$$

$$M_{2-3} = \begin{bmatrix} 1 & 0 & 0 & 0 & 0 \\ 0 & 0.33 & 0.21 & 0.46 & 0 \\ 0 & 0.13 & 0.59 & 0.28 & 0 \\ 0 & 0 & 1 & 0 & 0 \\ 0 & 0 & 0.18 & 0.59 & 0.23 \end{bmatrix} \qquad (6-12)$$

$$M_{3-4} = \begin{bmatrix} 1 & 0 & 0 & 0 & 0 \\ 0 & 0.62 & 0.38 & 0 & 0 \\ 0 & 0.32 & 0.57 & 0.11 & 0 \\ 0.17 & 0 & 0.51 & 0.32 & 0 \\ 0 & 0 & 0 & 0 & 1 \end{bmatrix} \qquad (6-13)$$

依据离预测期越近、数据权重越大的基本原则，各年代转移矩阵的权重，分别为0.20、0.30、0.50，则这3个评价区间的加权平均转移矩阵为：

$$\overline{M} = \begin{bmatrix} 0.8 & 0.2 & 0 & 0 & 0 \\ 0 & 0.609 & 0.253 & 0.138 & 0 \\ 0 & 0.249 & 0.566 & 0.185 & 0 \\ 0.085 & 0 & 0.555 & 0.36 & 0 \\ 0 & 0 & 0.09 & 0.177 & 0.733 \end{bmatrix} \qquad (6-14)$$

### （二）计算湿地生态系统健康联系度

根据三江平原湿地生态系统健康预测模型的设计，按照公式进行预测，2025年三江平原湿地生态系统健康联系度为：

$$\mu_{2025} = \begin{vmatrix} 0.03 & 0.2 & 0.49 & 0.19 & 0.09 \end{vmatrix} \cdot$$

$$\begin{vmatrix} 0.8 & 0.2 & 0 & 0 & 0 \\ 0 & 0.609 & 0.253 & 0.138 & 0 \\ 0 & 0.249 & 0.566 & 0.185 & 0 \\ 0.085 & 0 & 0.555 & 0.36 & 0 \\ 0 & 0 & 0.09 & 0.177 & 0.733 \end{vmatrix} \cdot \begin{vmatrix} 1 \\ i_1 \\ i_2 \\ i_3 \\ j \end{vmatrix}$$

$$(6-15)$$

预计2025年三江平原湿地生态系统健康联系度表达函数为：

$$\mu_{2025}=0.04+0.25i_1+0.441i_2+0.203i_3+0.066j \qquad (6-16)$$

通过 2025 年三江平原湿地生态系统健康联系度函数表达式的构成可以看出，如果维持 2015 年三江平原湿地生态系统健康管理的现状，到 2025 年的时候，系统中最强的力量是核心差异度，最弱的力量是同一度。同一差异度和对立差异度势均力敌，但因对立度大于同一度，系统处于反势（$\alpha/c<1$）。因此，在核心差异度的判断上采取这种态度：预计到 2025 年时，当 $i=0$ 时，联系度值为 0.02，三江平原湿地生态系统健康等级处于亚健康状态（Ⅲ）。以湿地生态系统的以往的演化规律作为研判标准，预计到 2025 年的时候，三江平原湿地生态系统的健康状况不会改善，反而会略有恶化，并且反势状态基本形成。将 2015 年三江平原湿地生态系统健康的联系度函数与 2025 年的联系度函数对比后发现，核心差异度、对立差异度和差异度的变化空间较大。到 2025 年时，虽然核心差异度明显减少，意味着系统中不确定因素越来越少，但集对反势较为明显。系统中的不确定因素大部分转向了对立差异度和差异度。如果要改变 2025 年的预测结果，重点是要管理好 2015 年处于不确定状态的指标项目，也就是核心差异度。2015 年处于核心差异度的指标是改变演化趋势的扭转性指标。

## 第三节　评价与预测结果的综合分析

### 一、湿地生态系统健康改善缓滞分析

基于联系度函数的三江平原湿地生态系统健康评价结果显示，30 年来三江平原湿地生态系统健康改善缓滞。1985—2015 年和 2025 年三江平原湿地生态系统健康联系度系数及健康等级的具体情况见表 6-4。

表 6-4　1985—2025 年三江平原湿地生态系统健康联系度系数及健康等级

| 年代 | 健康联系度系数 | 健康等级 |
| --- | --- | --- |
| 1985 | −0.19 | Ⅲ |
| 1995 | −0.13 | Ⅲ |
| 2005 | −0.27 | Ⅳ |
| 2015 | 0.08 | Ⅲ |
| 2025 | 0.02 | Ⅲ |

三江平原湿地生态系统健康状况改善的幅度尚不显著，究其原因，主要有两点。首先，湿地生态系统的恢复需要时间，它是一个比较漫长的过程。因此，我们不能期待短期内取得显著的成效。其次，目前采取的改善湿地生态系统健康状况的方法效果不明显。这需要我们重新审视并调整管理策略，采取更有效的措施保护湿地。总体来说，湿地自我恢复能力的不足以及湿地生态系统健康管理的低效，共同导致了湿地生态系统健康状况改善的迟滞。三江平原湿地生态系统自我恢复能力不足，根本原因在于湿地内部的结构已经受到外部干扰，其自身的恢复系统基本瓦解。这使得湿地的自我恢复变得困难。同时，湿地保护工作未能打破行政区划的限制，这是湿地生态系统健康管理低效的主要原因。在我国，自然保护区通常是根据行政区划来设立的，这就使得保护区之间的连通性受到了影

响，自然保护区的分布呈现"斑块化"。湿地生态系统是一个整体，各个部分之间存在着密切的联系。但由于保护区的"斑块化"，湿地生态系统被割裂，导致生物种群之间的交流受限，从而影响了湿地的生态功能和生物多样性。此外，三江平原湿地类自然保护区的分布以按部门管辖划分为主，形成了"条块管理"的现象。这导致了不同管理部门之间的利益冲突和管理体制的差异，形成了多头管理的局面，进而影响了自然保护区的管理和保护工作效率。综上所述，要通过整合相邻的保护区，提高保护区的连通性，从而实现对湿地生态系统的整体保护。

本书认为，扭转湿地生态系统健康改善缓滞的局面，要重点关注扭转性指标，构建具有效率的管理体系。原因在于，对于受损的湿地而言，其恢复离不开人类干预，否则将是一个无比漫长的过程。人类干预能够帮助湿地生态系统快速、有效地恢复生态功能。在湿地管理上，要致力于提高湿地生态系统自我维持及发展能力中的自我恢复能力，通过人类干预修复其内部的自我恢复与抗扰动能力，从而缩短湿地恢复时间，提高恢复效果。人类干预包含于湿地生态系统的健康管理之中，属于湿地生态系统健康管理的范畴。湿地生态系统健康管理调整、规范、引导人类行为，通过限制人类扰动行为降低对湿地生态系统的伤害，通过人类干预行为激励湿地发挥自我修复的内部力量。以上两方面共同努力作用于湿地生态系统，从而改善湿地生态系统的健康状况。人类干预也是人类行为，人类干预与人类扰动的区别在于是否有利于湿地保护。失败的人类干预行为对于湿地生态系统而言依然是扰动行为，必将对湿地生态系统产生新的危害。健康情况改善缓慢也增加了湿地生态系统健康管理的难度，同时对于人类社会生活的其他方面也会产生负面影响，如经济下滑、人才流失、地区吸引力不足等。健康情况改善缓滞既有自然原因也有管理原因，但是对于受损的生态系统而言，高效的管理是改善三江平原湿地生态系统健康状况的关键因素。这就如同对于一个健康的人而言，自身免疫能力的强弱对于其是否不会生病很重要；但对于一个身染重疾的人而言，医者的医术水平高低则是其能否起死回生的关键。因此，建立有效率的管理体系是解决三江平原湿地生态系统健康缓滞的关键。

## 二、湿地生态系统健康预测结果的宏观分析

从三江平原湿地生态系统健康的预测结果中可以看出，如果按照现有的发展态势，到2025年时研究区域湿地生态系统的健康状况将进一步恶化而通过对不确定性因素的具体分析，可以进一步确定扭转性指标（城镇化扰动、农业扰动、生物多样性、洪水调蓄能力、湿地物质生产能力等）。对这些扭转性指标进行归类梳理，总结得出未来阻碍三江平原湿地生态系统健康发展的主要问题是人类扰动的危害、湿地自我恢复能力不足、湿地物质贡献能力较低。

### （一）人类扰动的危害

从评价结果中可以看出，近些年来，三江平原湿地生态系统受到人类扰动的强度得到一定程度的控制，特别是工业扰动。随着技术的发展与环境保护意识的提高，人们对工业污染的监管更为重视，工业污染物的处理率不断提高，工业扰动得到了比以往更有效的控制。农业扰动虽然没有进一步恶化，但是扰动趋势也并没有明显减弱，并且在预测分析中，农业扰动是扭转性指标，说明其依然是管理的重点内容。首先是对农业扰动的控制。

在三江平原开发的历程中，湿地生态系统受到最强烈的扰动因素是农业扰动，虽然对三江平原湿地的垦荒行为已经停止，但是粮食生产压力依然存在。三江平原区域内存在大面积的农田，它们作为全国商品粮基地，是我国粮食生产的稳定器，因此农业对湿地的影响是不可避免的。这就要求处理好农业发展与湿地保护的关系，既要确保粮食生产的产量与质量，又要确保不侵害生态利益。处理好农业发展与湿地保护的关系，不是简单地限制农业生产，而是要降低农业污染对湿地生态系统健康的损害。其次是对城镇化扰动的控制。由于城镇建设的需要，在三江平原地区公共基础设施的兴建仍在进行，这就要求在城镇化的过程中严格控制其负面效应，严格禁止将湿地转化为居工地，修建水利工程前要进行环境评价。最后是工业扰动。鸡西、鹤岗、七台河是传统能源城市，又是黑龙江省东部煤化基地，能源与煤化工业及其相关产业是这些地区的主要产业。虽然技术进步使得工业污染得到有效控制，但这些产业的工业污染比较严重，重点开发城镇与湿地类自然保护区、天然湿地、零星湿地或是比邻或是交错。如果不注意对工业污染物的处理，在未来，工业扰动将成为研究区域湿地生态系统健康的最大扰动因子。这就要处理好工业发展与湿地生态系统健康的关系，加大对工业污染物的处理力度和对工业污染的监管力度。

### （二）湿地自我恢复能力

通过模型预测分析可以看出，湿地自我维持及发展能力整体状况不理想，其中该维度下的扭转性指标是生物多样性和洪水调蓄能力指标。它们是湿地生态系统的自身能力，无论是否存在外部的扰动，它们的变化都需要一个过程。而且很多变化的产生不仅受当前行为的影响，更受到前一时期行为的影响，具有迟滞性。单纯依靠湿地自身的能力恢复湿地生态系统健康，一方面所需时间过于漫长，另一方面有些功能的退化速度要快于它的恢复速度，因此有可能永远不能恢复。在这样的情况下，需要引入外界干预，利用湿地生态系统的演化规律对其进行人为干预，帮助其恢复或是部分恢复自身功能与生态特征。尤其是生物多样性指标，这项指标的恢复是一项长期工程，要通过人为干预手段进行系统规划，使用多项生态恢复技术，引导受伤受损的湿地生态系统发挥其系统内部自我维持及发展的能力。

### （三）湿地物质贡献能力

在本评价系统中，湿地的物质生产能力指标反映的是湿地对人类社会发展的物质贡献能力。从评价结果看，湿地的物质贡献能力一直不理想。中华人民共和国成立初期，湿地景观是三江平原地区的主要景观类型，当地居民依靠湿地来维持生存。随着对湿地的开发，居民赖以生存的基本物质条件发生改变，湿地对人类社会发展的物质贡献能力逐渐降低。在湿地开发的早期，其物质贡献能力主要体现为直接贡献能力，即人们直接依靠湿地的物质产品维持生存；到了湿地开发的中后期，这种贡献方式逐渐转变为通过市场交易将湿地的物质产品转让给其他人。参与市场交易的湿地产品多为有形产品，无形产品则以旅游产品为主，即通过湿地旅游促进地区经济发展。因此，三江平原湿地生态系统对人类社会发展的物质贡献能力是有限的。本书认为，一方面三江平原地区因湿地面积减少导致湿地产品数量减少，因湿地功能的退化导致湿地产品质量下降，两者综合作用导致湿地物质产品价值下降。另一方面，在市场化背景下，消费者对产品的需求呈现多元化和特色化趋势，然而三江平原地区湿地产品形式简单，其参与经济发展的能力较弱，精神文化等无形产品的市场转化能力亦不足。因此，其对经济发展的物质贡献能力相应较弱。

本章在第五章建立的评价指标体系的基础上，对 1985—2015 年研究区域湿地生态系统的健康状况进行了评价并确定了健康等级。为了深入研究系统内不确定性因素，预测 2025 年发展趋势，本章利用集对分析方法具体构建了三江平原湿地生态系统健康评价及预测模型，在同一度、差异度和对立度的基础上，补充提出了同一差异度、核心差异度和对立差异度的概念，细化了"同异反"要素。评价结果表明，三江平原湿地生态系统健康改善缓滞。预测结果表明，如果按照现有的发展态势，到 2025 年研究区域的湿地生态系统健康状况将进一步恶化。

# 第七章　生态系统健康管理的启示及国外生态系统健康管理的镜鉴

　　尽管湿地是对人类社会发展起到重要作用的生态系统之一，但是由于对于湿地的重要性认识比较晚，与其他生态系统相比，湿地保护的起步也相对较晚。长期以来，人们一直过度依赖其物质产品，导致湿地资源被过度利用。在 20 世纪，这是一个普遍存在于世界各国的环境问题。为了弥补湿地面积锐减、湿地生态功能显著下降给人类社会带来的损失，在具体的实践中，世界各国一般都通过法律手段、行政手段和经济手段来保护和管理湿地，比如美国、英国、日本、加拿大、澳大利亚等国都建立了比较完善的湿地保护与管理制度体系。

## 第一节　我国湿地保护与管理制度评述

　　自 1992 年 7 月 31 日加入《湿地公约》以来，中国湿地保护成效显著，湿地功能不断增强，湿地生态状况持续改善。30 年来，我国指定了 64 处国际重要湿地，建立了 602 处湿地自然保护区、1 600 余处湿地公园和为数众多的湿地保护小区，湿地保护率达 52.65%。目前，我国国际重要湿地生态状况总体保持稳定，水质总体呈向好趋势，生物多样性进一步提高，分布有湿地植物 2 258 种、湿地鸟类 260 种。湿地保护与管理制度逐渐完善，全国湿地保护体系已经初步建立，出台了一系列法律法规，确立了湿地保护管理顶层设计的"四梁八柱"。党的十八大以来，国家高度重视湿地保护工作，强化制度建设，先后印发了《生态文明体制改革总体方案》《湿地保护修复制度方案》。《湿地保护法》出台后，先后有 28 个省、自治区、直辖市出台域内湿地保护法规，建立健全湿地保护法规和制度。湿地调查监测体系初步建立，全国各地建立了湿地调查监测管控平台，中国也成为全球首个完成三次全国湿地资源调查的国家。同时，湿地资源的地位也显著提高，第三次全国国土调查将"湿地"调整为与耕地、园地、林地、草地、水域等并列的一级地类，满足了实际工作的需求。

### 一、我国湿地保护与管理制度发展历程分析

　　改革开放以前，我国的环境污染处于隐形状态，直到 1971 年官厅水库污染事件发生后，环境问题才引起政府和社会的重视与关注。1973 年我国制定了《关于保护和改善环境的若干规定》。1978 年通过的《中华人民共和国宪法》首次明确提出："国家保护环境和自然资源，防治污染和其他公害。"尽管开始重视环境问题，但当时社会的环保意识普遍不强，对于湿地资源保护力度更是不够，甚至于都没有明确的湿地资源保护的理念，仅仅是作为自然资源进行普遍保护，从实际效果上看对于湿地的利用多于保护。直到 1992

年我国加入《湿地公约》以后，对湿地的保护才逐渐受到重视，并日趋规范化、法治化。我国的湿地保护从发展历程上看主要经历了调查起步阶段（1992—2003 年）、抢救性保护阶段（2004—2015 年）、全面保护阶段（2016 年至今）三个阶段。

## （一）调查起步阶段（1992—2003 年）

1992 年加入《湿地公约》，标志着我国进入了湿地保护的调查起步阶段。除加入《湿地公约》以外，这一阶段我国在湿地保护与管理方面的主要行动有：1994 年，我国政府将"中国湿地保护与合理利用"项目纳入《中国 21 世纪议程》优先项目计划；2000 年，《中国湿地保护行动计划》开始实施；2004 年 6 月，国务院办公厅发布《关于加强湿地保护管理的通知》，随后国家林业局召开了"全国湿地保护管理工作会议"。1995—2003 年，国家林业局组织开展了中华人民共和国成立以来第一次大规模的湿地调查，为我国摸清湿地资源的实际情况奠定了翔实的数据基础。

总体上看，这一阶段我国开始形成湿地保护的意识，开始布局湿地管理的实践，在具体执行上主要呈现如下特征：一是在我国中央政府层面，湿地保护管理的实践开始进行，如 1994 年出台的《中国 21 世纪议程——中国 21 世纪环境与发展白皮书》《中国生物多样性保护行动计划》，开启了我国湿地保护的实践；1995 年出台的《中国 21 世纪议程——林业行动计划》，提出了湿地资源保护的目标和行动框架；2000 年出台的《中国湿地保护行动计划》，确定了我国湿地保护和合理利用的目标、内容、优先领域和优先项目，开启了我国湿地保护与管理的规范化、制度化、科学化的实践道路。二是湿地资源法律保护力度不足，只是将湿地作为自然资源进行原则上的保护，而没有将湿地作为特殊资源形成专门的保护，仅在《野生动物保护法》《森林法》《渔业法》等相关法律中设置了保护湿地的零星条款。同时，保护局限于湿地的单一自然资源要素或生态功能，如《水法》《水生野生动物保护实施条例》《防洪法》等法律法规，分别针对湿地的水质和水体净化能力、水生野生动物栖息地和调蓄能力进行保护。由于《中国生物多样性行动计划》是行政命令，不是法律，这一时期很多对于湿地的违法行为的惩罚难以找到法律依据。三是 2000 年《中国湿地保护行动计划》的出台，标志着"综合协调、分部门实施"的管理体制已经初步形成，因为《中国湿地保护行动计划》规定了国家林业局"负责组织、协调全国湿地保护和有关国际公约的履约工作"的综合管理地位。四是"湿地"这一用语正式进入部门规章和地方法规、规章的条文中。例如 1994 年的《自然保护区条例》在第十条规定"具有特殊保护价值的海域、海岸、岛屿、湿地、内陆水域、森林、草原和荒漠"划为自然保护区。

## （二）抢救性保护阶段（2004—2015 年）

在此阶段，国家对于湿地保护日益重视，出台了第一个专门规范湿地保护的国家层面文件，湿地保护的地方性立法集中出现。一是国家对于湿地保护日益重视。2004 年《全国湿地保护工程规划（2002—2030 年）》获得批准，湿地保护的内容被列入国民经济和社会发展"十一五"规划；2013 年，《湿地保护管理规定》出台，这是中国第一个专门规范湿地保护的国家层面的文件。2014 年我国修订了《中华人民共和国环境保护法》，在该法律的第二条中将"湿地"作为唯一新增的环境要素，通过修改"环境"定义的方式将"湿地"列为法律明确环境的对象，湿地作为一种独立的"自然因素"在环境保护基本法中得以明确保护。2015 年，《关于加快推进生态文明建设的意见》中提出湿地 8 亿亩红线。这段时期国家加大对于湿地保护力度的一个非常重要的原因是，湿地资源及其生态系统遭到破坏的危害日益明显。2009—2013 年，国家林业局组织开展了第二次全国湿地资源调查，发现与第一次湿地资源调查相比，我国湿地面积减少了 $3.40 \times 10^4$ 平方千米，减少率为 8.82%，导致部分地区生态承载力急剧下降。湿地保护的地方性法规集中出台。在这一时期，一共有 19 个省、自治区根据湿地保护的要求和本地湿地保护与管理需要制定地方法规，如《黑龙江湿地保护条例》《甘肃湿地保护条例》《广东省湿地保护条例》都各有侧重地制定了本地的湿地保护方案。这一阶段，湿地资源分部门管理体制存在的问题逐步显现。首先是湿地管理权过分分散，如林业部门作为综合协调部门只拥有对陆生野生动植物资源的管理权，对于湿地内其他自然资源要素不具备管理权限，导致管理难度增加、管理效果难以体现。其次是各项湿地相关法律存在空缺或是冲突。

**（三）全面保护阶段**（2016 年至今）

2016 年，国务院办公厅印发了《湿地保护修复制度方案》，标志着我国的湿地保护从"抢救性保护"转向"全面保护"。

这一时期的主要特点：

一是湿地保护的法律体系日益完善。2017 年，党的十九大报告明确指出强化湿地保护和恢复。同年，国家林业局修改了 2013 年颁布的《湿地保护管理规定》，首次以部门规章形式规定林业局在湿地保护方面的综合协调地位。该规定作为一部行政规章制度，包含了我国湿地保护的主要代表性法律制度，如公众参与湿地保护制度、湿地保护区制度、湿地面积补偿制度等。2018 年，湿地保护法列入十三届全国人大常委会立法规划。2021 年 1 月 20 日，《中华人民共和国湿地保护法（草案）》首次提请全国人大常委会审议，这是我国首次专门立法保护湿地。2021 年 12 月 24 日，十三届全国人大常委会第三十二次会议表决通过《中华人民共和国湿地保护法》并以第 102 号主席令予以公布。2022 年 6 月 1 日，《中华人民共和国湿地保护法》正式施行。

二是管理部门的变更。2018 年，按照国务院机构改革方案的要求，湿地管理职能两大主导部门确定为自然资源部和生态环境部。自然资源部将其原属于国家林业局的湿地资源调查和确权登记管理职责吸纳，将湿地作为独立于森林、土地、水、海洋等资源之外的自然资源进行表述，明确其对于湿地资源的调查和确权登记管理职责。生态环境部对于湿地资源周边的生态环境负责，如湿地污染，湿地毁损、破坏，湿地的恢复等。我国还创新性地提出小微湿地的保护管理机制。《湿地公约》第十三届缔约方大会通过了我国首次提出的《小微湿地保护与管理》决议。

三是生态红线的概念开始形成，为湿地面积总量控制的提出奠定基础。新中国成立以来，我国在相当长一段时期内处于建设用地逐年扩张的状态，这就导致农田、湿地等非城市建设用地转换为城市建设用地。当生态环境问题出现后，我国逐步建立了自然保护区、湿地公园用以保护湿地，在城市规划中开始划定"绿线""蓝线"等控制线来引导国土空间的科学利用。2017 年的《关于划定并严守生态保护红线的若干意见》要求在经过利用"多规合一"的方法对城乡生态保护空间进行梳理之后，要确定唯一的生态保护红线来进行生态空间的管控，即"一条红线"的政策。这些规定的实施，使得之前国土空间层面的生态控制逐渐清晰,"生态红线"的概念开始成型。

四是确认湿地产权。2015年的《生态文明体制改革总体方案》和《自然资源统一确权登记试点方案》两个文件中均提到要完善湿地产权制度,并在甘肃省、宁夏回族自治区开展湿地确权试点,探索如何开展湿地确权登记;2016年出台了《自然资源统一确权登记办法(试行)》并开展了为期三年的试点工作;2019年自然资源部会同其他部门出台《自然资源统一确权登记暂行办法》,规定"湿地可以单独划定自然资源登记单元",开始执行湿地自然资源统一确权制度。

五是环境保护教育工作纳入法治化轨道。生态环境作为公共物品的天然属性,决定了环境保护是国家必然要承担的职责。但是环境保护法律法规的实行同样也需要公众的认同与自觉遵守。为确保环境保护法律法规的顺利实施,必须加强对公众的环境保护教育工作。近些年,环境保护教育立法在我国更广泛地受到重视,成为公民遵守环境保护法规的基础。党的十八大以后,我们国家确立了环境保护教育工作立法的法治基础。2014年修订的《中华人民共和国环境保护法》为我们国家的环境保护教育工作的立法奠定了法治基础。环境保护教育工作突出强调法治文化的培育和法治精神的弘扬,鼓励公众由被动守法变为主动护法。《中华人民共和国交通安全法》《中华人民共和国安全生产法》都设计了一些强制性和自愿性教育相结合的条款。

从我国湿地保护与管理的发展历程看,我国湿地保护的发展历程是与我国环境保护法治建设的发展历程相统一的。主要特点如下:

一是我国在环境保护领域的法治建设,经过40余年的实践探索后,已经基本形成以《中华人民共和国环境保护法》为主体的生态环境法律法规体系,基本实现各环境要素监管主要领域全覆盖。生态环境立法呈现出完整性和生态化的特点。仅仅"十三五"期间,我国就制定了7部法律、颁布了1项关于法律问题的专门决定、修改了19部法律、制定和修改了20多件行政法规,基本形成生态环境法律法规体系。我国的立法也明显呈现出生态化的特点,如2018年首次将"生态文明"写入《中华人民共和国宪法》;2020年修订的《中华人民共和国固体废物污染环境防治法》,对危险废物分级分类管理、限制过度包装、固体废物污染环境防治等方面从生态环境保护的角度作出了专门的规定和制约;2017年制定的《中华人民共和国民法总则》,首次确认了民事主体的绿色原则;2020年颁布的《中华人民共和国民法典》在合同履约等方面规定了近30个绿色条款。除民法外,行政法、刑法、经济法和诉讼法中都不同程度地增加了"绿色元素"。我国的法律体系,呈现出明显的宪法生态化、发展生态化和部门法生态化。目前,随着我国立法的生态化和各环境要素监管主要领域全覆盖,湿地保护法律体系的"四梁八柱"也已经搭建完成,管理体制业已形成,湿地资源的地位通过法律规定得以确认和保障,并且在立法、执法和普法等具体方面取得了显著成绩。

二是湿地行政执法体制改革日渐深入。为提高环境治理的成效、保证环境保护法律法规体系的执行效果,我国进行了环境执法改革。从管理机构入手进行体制改革,设立中央环保督察组,进行省级以下环保垂直管理制度改革;组建生态环境部,将湿地作为独立于森林、土地、水、海洋等资源之外的自然资源进行表述,确立了湿地资源的独立资源属性;加强湿地环境政策的制定与执行指导,提高湿地环境保护执法的规范性与执法效果。

先后在 2018 年出台了《关于深化生态环境保护综合行政执法改革的指导意见》、2019 年出台了《关于进一步规范适用环境行政处罚自由裁量权的指导意见》、2020 年出台了《生态环境保护综合行政执法事项指导目录》。这些改革措施在一定程度上解决了环境执法行为中地方政府的困境，逐步发展成现阶段执行的监管分置、主体明确、权力集中、职能统一的环境行政治理模式，但是环境行政执法效率仍然有待提高。

三是湿地保护与管理从自然资源要素发展到生态整体思想。从 1979 年我国第一部环境保护法出台，至 2021 年《中华人民共和国长江保护法》的实施，这期间我们国家在环境保护的立法和司法的实践上所遵循的都是还原主义法学思想，其内在逻辑是坚持"环境"与"资源"相分离。这种逻辑表现在立法实践上，就是按照自然资源的要素进行立法，比如《中华人民共和国海洋环境保护法》《中华人民共和国水污染防治法》《中华人民共和国大气污染防治法》《中华人民共和国环境噪声污染防治法》。"二分法"的思想一方面忽视了自然环境系统性、整体性的特征，另一个方面也忽视了生态环境本身的价值。因此，在具体的实践中就出现法律之间的不协调或法律管理的空白，比如《中华人民共和国矿产资源法》中规定开采矿产资源需要向地质矿产主管部门申请许可证，《中华人民共和国水法》中规定抽取地下水应当向水行政主管部门申请许可证，而《矿产资源勘查登记管理暂行办法》中又明确规定地下水为矿产资源。这种"二分法"的思想，很容易导致各项法律之间的不衔接、不协调，造成了"九龙治水"、各自为政、部门之间经常推诿打架的局面。2021 年 3 月 1 日施行的《中华人民共和国长江保护法》，表明我国环境保护法治建设从实践上进入整体治理的新时期。整体系统观是习近平生态文明思想的核心要义之一，"坚持山水林田湖草是生命共同体"是习近平生态文明思想的原则之一。《中华人民共和国长江保护法》作为我们国家第一部流域法，将流域生态系统作为一个整体进行系统治理，突破了现行的"二分法"的立法逻辑。2022 年 6 月 1 日施行的《中华人民共和国湿地保护法》的主要特点就是践行了系统性的保护思想。

我们国家在湿地保护与管理方面，取得了不可忽视的成绩，但在《中华人民共和国湿地保护法》出台以前，也存在不可回避的问题：一是由于缺少专门的湿地保护法，湿地保护与管理缺乏充分的法律依据。因为人类对于湿地的环境价值的认识较晚，因此湿地保护立法起步较晚。1954 年、1978 年版《中华人民共和国宪法》都没有明确地对湿地资源提出保护，直到 1994 年《中华人民共和国自然保护区条例》出台，"湿地"一词才开始在部门规章中出现，2015 年修订的《中华人民共和国环境保护法》第一次将湿地独立于水、海洋等资源作为一项自然资源进行保护。法律地位不够权威，直接影响了湿地保护的效果。我们国家在相当长的一段时间内在土地分类中没有关于湿地的分类，直到第三次全国国土调查才将"湿地"调整为与耕地、园地、林地、草地、水域等并列的一级地类。由于沼泽湿地大部分位于未利用地上，其长期处于土地保护的边缘位置，加速了湿地的退化和消失。在《中华人民共和国湿地保护法》出台之前，湿地管理部门的职责也是缺乏法律的界定和划分的。二是湿地管理缺乏系统性。我国重要的湿地都已经建立相应级别的自然保护区或湿地公园。这种对于湿地的保护是按照行政区划进行的，而不是按照生态系统的边界进行的。另外，在《中华人民共和国湿地保护法》出台之前，我们国家的湿地保护相关的法律是按照自然资源要素进行立法的，也就是湿地相关的要素受到保护，或是单一湿地受到保护。这种保护措施缺乏对生态系统的整体保护。三是缺少统一的执法标准。国家层面的《中华人民共和国湿地保护法》已经出台，各省级政府或地市级政府也在根据自身情况制定湿地保护法规。尽管这些法律法规对于湿地保护产生了重要作用，但是也存在不可忽视的问题，如地方法规的地域保护性、跨区域湿地保护的地方政府间合作、地方政府对标准的认知统一、原则性指导多于实际执行要求等问题普遍存在于地方性湿地保护法规中。这一情况在湿地保护执法的过程中体现得尤为明显，因没有独立的执法机构，管理部门既要接受中央上级部门的垂直管理，又要接受地方的管理，导致各部门之间的权责不明确。如分布于大庆市和齐齐哈尔市交界地带的扎龙湿地，当地林业部门对其整体保护工作进行管理，湿地内的水资源由水利部门管理，渔业资源由渔政管理，生态环境情况受环保部门监管。这就导致不同部门管理上难免存在冲突。

## 二、我国湿地保护与管理工作的新挑战

《中华人民共和国湿地保护法》共 7 章 65 条，涵盖湿地资源管理、湿地保护与利用、湿地修复、监督检查、法律责任等方面的内容。这是我国首次针对湿地保护进行专门立法，至此我国在森林、草原、湿地、荒漠和野生动物保护领域都出台了专门的法律，标志着生态文明制度体系的进一步丰富和完善。这部法律从生态系统的整体性和系统性出发，比如第一条中的"为了加强湿地保护，维护湿地生态功能及生物多样性，保障生态安全，促进生态文明建设，实现人与自然和谐共生，制定本法"和第三条中的"湿地保护应当坚持保护优先、严格管理、系统治理、科学修复、合理利用的原则，发挥湿地涵养水源、调节气候、改善环境、维护生物多样性等多种生态功能"，都强调了对于湿地生态系统的整体保护，而非要素式保护。它还明确了湿地的定义，在第二条中规定"湿地，是指具有显著生态功能的自然或者人工的常年或者季节性积水地带、水域，包括低潮时水深不超过六米的海域，但是水田以及用于养殖的人工的水域和滩涂除外"，这符合了我们国家国际履约与国内管理的实际需要。它明确了主管部门统筹协调与分部门管理的管理体制，建立了部门间湿地保护协作和信息通报机制，对特别保护红树林湿地和泥炭沼泽湿地，全面禁止开采泥炭、维护湿地的重要生态功能作出了具体规定，为全社会加强湿地保护和修复提供了坚实的法治基石，开启了湿地保护与管理的新时代。但是在《中华人民共和国湿地保护法》的执行过程中，也会遇到一些新的挑战。

### （一）湿地保护法律体系的相互衔接

目前，我国在绝大部分重要的、成片的湿地上都已经建立了不同级别的自然保护区，在城市周边或城市中也存在着相当数量的湿地公园。因此这两类湿地的保护形式是我们国家湿地保护中的重要主体。《中华人民共和国湿地保护法》出台虽然部分理顺了管理体制以及部门关系、留出了与国家出台的《关于建立以国家公园为主体的自然保护地体系的指导意见》《国家湿地公园管理办法》相互衔接的政策接口，《中华人民共和国湿地保护法》第二十四条也规定了"省级以上人民政府及其有关部门根据湿地保护规划和湿地保护需要，依法将湿地纳入国家公园、自然保护区或者自然公园"，但是《中华人民共和国湿地保护法》中的规定相对简单，我国现存湿地保护法律法规体系的建设还有差距，特别在省级以下管理实践中，法律还不能全面覆盖管理内容。比如《关于建立以国家公园为主体的

自然保护地体系的指导意见》中要求，建立以国家公园为主体的自然保护地体系目的在于确保重要自然生态系统、自然遗迹、自然景观和生物多样性得到系统性保护。《国家湿地公园管理办法》将湿地公园定义为"以保护湿地生态系统、合理利用湿地资源、开展湿地宣传教育和科学研究为目的，按有关规定予以保护的特定区域"。由此，我们可以看出自然保护地体系强调的是系统性，而湿地公园建设的目的是保护和利用。因此，对于湿地的管理与保护，不仅要求零净损失，要进行系统性保护而非只考虑单一要素，同时还要兼顾利用。如何兼顾这三部法律法规和文件的制定目标与总体要求，就对全国各地的湿地保护实践提出了新的挑战，特别是不同类型的湿地对系统保护的定义以及衡量标准提出了新的课题。

截至 2020 年，我国在生态环境领域由生态环境部门负责组织实施的法律有 14 件、行政法规 30 件、部门规章 88 件，强制性环境标准 203 项。自《中华人民共和国立法法》修改以来，共立法地方性环境保护法规和规章 2 000 余件，占全部人大立法量的 40%。随着环境保护法律法规的密集出台，生态环境保护方面的法律法规所涉领域越来越广、所涉部门越来越多，立法机关和司法机关所面对的难题不再是法律的缺失，而是如何使各项法律法规相互协调统一，在司法实践中具有现实的可操作性。面对环境保护法律法规体系所呈现出来的"片段式""碎片化"的特点，我国政府和理论界根据发达国家环境法发展的路径和我们国家多年来积累的环境治理的经验，试图通过法典化的路径来解决这一问题。2020 年年初我国形成《生态环境法典》专家意见稿。2021 年年初中共中央印发的《法治中国建设规划（2020—2025 年）》提出："对某一领域有多部法律的，条件成熟时进行法典编纂。"我国正在探索通过法典化的路径将环境保护法律法规的制度供给由"问题导向"转向"结构导向"，改变目前的"碎片化""分散化"的非逻辑结构布局。《中华人民共和国湿地保护法》正是在这一立法逻辑转变的过程中出台的法律，将过去"碎片化""分散化"的法律条款在系统化、整体化的立法保护的大环境下有限地完成整合是必须要进行的工作。

## （二）环境行政执法主体多部门的协同性

我国各级人民政府是环境行政执法的主体，主要通过宏观上的权力来完善和提升本地区的生态环境质量。同时，各级人民政府又在特定情况下享有具体的行政职权，此种情况多用于不适宜交由环境保护主管部门行使的职权，如《环境保护法》第二十条中针对跨区域的环境污染防治的协调工作，第二十三条对农村环境综合整治的具体执行等。

由于我国不同地区在自然环境和社会环境上都存在差异，一些特殊问题难以由中央统一立法，地方政府的立法权限就是为了能够因地制宜地解决具有地域特点的问题而设置的。按照《中华人民共和国宪法》和《中华人民共和国立法法》的规定，地方政府在"不抵触、有特色、可操作"的原则下，在不与上位法冲突的前提下可以进行地方立法。自2015 年《中华人民共和国立法法》修订以后，我国的立法主体为"国家—省级—设区的市"，增加了"设区的市"这一主体。由于立法主体的扩容，地方立法的数量近年来有所增长。地方立法的数量不断上升，但是效果并不理想，主要原因为：一是主体地位与权限不匹配。地方生态环境立法需要中央依法授权，《中华人民共和国立法法》规定的立法权限的制衡主体仍然是"中央-地方"两级结构，这就意味着虽然立法的主体规模扩大了，但是权限并未扩大，因此在一些创制性地方法律的出台上，设区的市的立法权限与立法的主体地位并不匹配。二是权限与能力不匹配。设区的市由于本身的政治话语权、经济发展水平、产业结构等方面的限制，能够投入到立法工作中的硬件及软件条件相对有限，因此在具体的实践中经常会出现设区的市主导的地方性法规严重趋同的现象，地域特色并不显著。三是管理对象与地方政府权限不匹配。地方联合立法的权限并未明确，以特定生态系统或是流域，比如长江流域为管理对象时，必然要出现跨地域的环境治理，此时有效推进地方政府间的联合执法尤为重要。

### （三）湿地资源保护与管理的权属统一

我国实行自然资源统一确权登记制度，通过确权登记，湿地资源的范围、面积等自然状况，以及所有权主体、所有权代表行使主体、所有权代理行使主体、权利内容等权属状况能够进一步得以明确。湿地资源的权属包括湿地的物权和管理权，其中湿地的物权相对复杂，包括所有权、自然资源用益物权和抵押权。湿地资源物权的所有权是依据《中华人民共和国宪法》《中华人民共和国物权法》中的相关规定确定的，湿地所有权分国家所有和集体所有两种权属表现形式。湿地是重要的自然资源，按照我国《中华人民共和国宪法》第九条的规定，湿地资源作为自然资源，除去法律规定的属于集体所有的湿地范围内的土地资源外，其余归属国家所有。如《中华人民共和国水法》规定："水资源属于国家所有。""农村集体经济组织的水塘和由农村集体经济组织修建管理的水库中的水，归各农村集体经济组织使用。"《中华人民共和国水法》和《中华人民共和国土地管理法》规定国务院代表国家行使水资源和土地资源的所有权。除此之外，国家拥有湿地水资源与野生动植物资源的所有权。用益物权是所有人为了更好地发挥所有权的作用而使非所有人行使对其所有物的权利的一种方式。我国实行自然资源有偿使用制度，单位和个人可以依法取得一定期限的国有湿地资源的用益物权（建设用地使用权、土地承包权和地役权），集体所有的湿地资源亦可以由个人或者集体承包，取得占有、使用和收益的权利，但国家或集体作为所有权人，仍然保留着部分收益和处分的权利。地役权的存在导致使用与收益权的分离，如鄱阳湖南矶湿地国家级自然保护区的湿地所有权属于国家，但湿地经营管理权被当地政府委托给村集体，而村集体又将经营管理权出租给个人，导致经济受益主体与保护责任主体不匹配。湿地资源的所有权、所有权代表权、所有权代理权决定着湿地资源的管理主体。关于所有权的代理行使主体的确定，当湿地所有权为全民所有（国家所有）时，国务院自然资源主管部门为所有权代表行使主体，所有权行使方式分为直接行使和代理行使。受中央委托的相关部门、地方政府则是所有权代理行使主体。集体土地上的湿地资源，属于农民集体所有，由村或乡（镇）集体经济组织（无集体经济组织的，则由村民委员会、村民小组）行使和实现集体所有权。比如三江自然保护区范围内无集体土地，故该湿地的所有权为国家所有，所有权的权利人填写"全民"，即所有权属于国家，所有权行使代表为国务院自然资源主管部门（即自然资源部），受委托的佳木斯市人民政府则作为所有权代理行使主体。作为所有权代表行使主体的自然资源部可以直接管理利用湿地资源，或者由所有权代理行使主体即佳木斯市人民政府代理管理并利用好湿地资源，所有权行使代表和代理行使主体要负责地看管好国家资源，履行起所有权主体的责任。由于所有权代表行使权的存在，在实际执行保护和管理的过程中，湿地资源使用和收益权分散在省级、县级政府和乡镇、农村集体经济组织以及个人手中。地方政府可以通过地方立法确立不同的湿地管理范围和标准。

### （四）部门跨区域的湿地保护与管理

《中华人民共和国湿地保护法》第五条规定："国务院林业草原主管部门负责湿地资源的监督管理，负责湿地保护规划和相关国家标准拟定、湿地开发利用的监督管理、湿地生态保护修复工作。国务院自然资源、水行政、住房城乡建设、生态环境、农业农村等其他有关部门，按照职责分工承担湿地保护、修复、管理有关工作。"这就明确了湿地保护与管理工作的主管部门，明确了各部门的职责。但是在具体的执行过程中如何落实第五条规定的"建立湿地保护协作和信息通报机制"，是一个新的实践探索难点。另外，按照生态系统进行管理，就要求除了原有的要素管理方式外，有湿地生态系统存在的相关政府也要协作起来。在协作过程中，各区域政府如何统一认识、统筹资源，是管理中的另一个难点。

### （五）国家湿地生态补偿制度的确立

《中华人民共和国湿地保护法》提出建立国家湿地生态补偿制度，要建立这一制度还要解决配套制度供给、制定可以操作的细则、建立立法理念等方面的问题。一直以来，关于湿地生态系统补偿制度都缺少系统性的规定。2009年，中央林业工作会议提出进行湿地生态补偿试点，并于当年开始进行试点工作；2010年，我国政府开展了湿地保护补助活动，其范围主要包括全国范围内的20个国际重要湿地、16个湿地自然保护区以及7个国家湿地公园。此后，国家在2011年出台了《中央财政湿地保护补助资金管理暂行办法》，创设了湿地生态补偿制度，为更好地补偿湿地合法管理者与经营者提供依据。2013年出台的《湿地保护管理规定》首次在专门性法规中对湿地生态补偿制度作出了规定，即出于保护湿地的目的，对湿地所有者或者经营者合法权益造成损害的，应当按照一定的标准予以相应的补偿。2014年出台的《关于全面深化农村改革加快推进农业现代化的若干意见》提出，2014年中央财政增加安排林业补助资金，支持启动退耕还湿、湿地生态效益补偿试点和湿地保护奖励等工作。另一方面法律实操性不强，缺少能够直接引导生态系统建设的法律实施细节的规定。2014年的《中华人民共和国环境保护法》对生态补偿制度的规定过于原则化，同时没有出台相关的实施细则。《湿地保护管理规定》《中国湿地保护计划》等一系列相关政策性文件，对湿地生态补偿制度的构建细节也没有明确规定。2022年6月施行的《中华人民共和国湿地保护法》第三十六条规定"国家建立湿地生态保护补偿制度。国务院和省级人民政府应当按照事权划分原则加大对重要湿地保护的财政投入，加大对重要湿地所在地区的财政转移支付力度。国家鼓励湿地生态保护地区与湿地生态受益地区人民政府通过协商或者市场机制进行地区间生态保护补偿。因生态保护等公共利益需要，造成湿地所有者或者使用者合法权益受到损害的，县级以上人民政府应当给予补偿"。但是该法律并未对湿地生态补偿制度做出具体的细化以及明确补偿的方式，仅对于发展方向做出指导性规定。法律规定的原则化是无可厚非的，但是法律的实施需要相关的政策性文件或者地方性法规文件来进行细化。目前地方立法在湿地补偿制度方面也存在湿地生态补偿规定不够细化的问题，如《三江流域湿地管理办法》中并没有提及关于湿地生态补偿的具体细则。过去我国的湿地补偿主要由国土资源部门或者土地征收管理部门负责。《中华人民共和国湿地保护法》也并没有明确规定湿地生态补偿的主管部门，未来的湿地生态补偿由哪个部门负责尚不确定。目前我国湿地生态补偿多采用政府补偿和市场补偿两种方式。如果无法确定湿地生态补偿的主管部门，那么在执行的过程中容易出现相互推诿的现象，难以实现制度预计效果。如果要进行市场补偿，则要首先解决权属问题，问题解决前难以进行市场交易。由此可见，这些问题是紧密相关的，要统筹考虑。

### （六）环境保护教育的内容不能满足公众参与环境管理的要求

从 1973 年第一次全国环境保护会议到今天，我国已经在全社会范围内树立了环境保护的意识，已初步形成了一个多层次、多形式、专业齐全的具有中国特色的环境保护教育体系。但是我国的环境保护教育的内容仍存在不足之处。我国的环境保护教育是以学校教育为主，家庭和社会对于环境保护教育发挥的作用不是十分明显。在学校教育体系安排中，我们设立了专门的环境保护课程，从小到大带领孩子们去学习保护环境的重要性，树立保护环境的理念。社会上也会有一些宣传教育活动，近些年也建立了一些环境保护教育的展馆。但从教育内容上看，我们更多的是告诉教育对象要保护环境、不保护环境会有哪些危害，对于如何保护环境的教育内容则不够，专门关于湿地自然资源保护的教育内容更是几乎没有。另外，在教育的内容上对于我们中华民族的生态智慧讲述得较少，对在日常家庭生活中传承下来的生活智慧中的环保思想的整理与传承不多，对我国古代思想家"人与自然"和谐共生的理念解读不够，对我国自周朝开始延续至清朝的虞衡制度了解得不够。很多孩子接受的环保教育使用的都是来源于西方的案例，这也是我们在环境保护教育方面较大的一个问题。相比我们今天所遇到的环保问题以及环境治理对于公众参与的要求，我们的环境保护教育的内容还有待提高。在新的时期，环保教育应不再局限于提高社会公众的环保意识，要提高社会公众参与环境治理的能力。这就要求我们的环境保护教育要能够对行为与环境之间的关系做出预判，对于环境问题具备解决能力。《中华人民共和国环境保护法》《中华人民共和国湿地保护法》都对公众参与环境治理提出了要求与期望，《中华人民共和国环境保护法》第九条规定："各级人民政府应当加强环境保护宣传和普及工作，鼓励基层群众性自治组织、社会组织、环境保护志愿者开展环境保护法律法规和环境保护知识的宣传，营造保护环境的良好风气。"《中华人民共和国湿地保护法》第七条规定："各级人民政府应当加强湿地保护宣传教育和科学知识普及工作，通过湿地保护日、湿地保护宣传周等开展宣传教育活动，增强全社会湿地保护意识；鼓励基层群众性自治组织、社会组织、志愿者开展湿地保护法律法规和湿地保护知识宣传活动，营造保护湿地的良好氛围。教育主管部门、学校应当在教育教学活动中注重培养学生的湿地保护意识。新闻媒体应当开展对湿地保护法律法规和湿地保护知识的公益宣传，对破坏湿地的行为进行舆论监督。"环保教育要求更多地强调保护意识，进行对环境保护能力的教育。但是公众参与环境治理，首先要提高的是对环境问题的思辨能力，在此基础上才是解决问题的能力，并不能停留在简单地培养环境保护的意识上。公众参与环境治理的目的，是有效地表达公众意愿，通过制度确保环境问题决策的正确性，以及更全面地看待环保问题。它的意义并不是单纯地将公众组合在一起，而是要做出科学合理的决策。这就对公民的环境治理能力和公众参与环境管理的组织方式提出了更高的要求。另外，我国的环境保护教育，从形式上看更多地停留在理念层面，缺乏实践层面的锻炼，遇到具体问题时，公众不具备解决的能力。这是对我国环境保护教育的目标与内容设计提出的新挑战。

# 第二节　美国湿地保护管理制度的经验分析

## 一、美国湿地缓解银行制度

在美国的湿地保护制度中，比较突出的是湿地缓解银行。在美国生态系统保护制度中，生态银行是一项典型的制度，针对保护对象的不同而存在种类不同的生态银行，如美国湿地缓解银行（湿地缓解银行）、美国芝加哥气候交易所（森林银行）、美国土地保护性储备计划（土壤银行）和美国加利福尼亚州水银行（水银行）等。这些生态银行的本质是生态补偿理念的产物。生态补偿机制，简单地说就是对破坏自然的行为收费，对恢复和保护自然环境进行一定的经济补偿。它所坚持的原则是保护，但并不是绝对的保护，而是平衡生态保护与经济发展间的关系。政府通过搭建买卖交易平台，将生态产品转化为经济产品，融入市场体系，用盘活经济的方式充分调动社会各方参与，提高生态产品的补充供给能力。美国湿地缓解银行不仅有独特的核心理念、完整的运行机制，而且在解决保护与利用的矛盾方面达到了良好的效果，被世界各国所广泛借鉴。

### （一）美国湿地缓解银行产生的背景

美国湿地缓解银行产生的一个主要背景是美国湿地面积锐减，1970 年的时候美国的湿地面积约为 445 150 平方千米，与 18 世纪相比减少了 449 200 平方千米，减少的面积与尚存的湿地面积基本相同。面对快速消失的湿地，美国政府意识到问题的严重性，并开始采取保护措施，相继出台了《湿地转农用法》《沿岸湿地保护法》《洪积平原与湿地保护法》，并逐渐形成了湿地缓解银行制度体系。

### （二）美国湿地缓解银行制度的形成过程

美国湿地缓解银行的政策缘起是 1972 年的"404 许可"。1972 年，美国首次为保护湿地、溪流和其他水域立法，这部法律被称为《联邦控制水污染法》。这部法律的第 404 条是关于在美国境内掘取与填埋水域需申请许可的法律规定，日后被简称为"404 许可"，也是湿地缓解银行申请许可部分内容的来源。1980 年，美国环保局制定了实质性的环境评价标准，使得"404 许可"的申请过程得以完善。1983 年，美国鱼类和野生动物局设立了第一湿地补偿银行。1987 年，联邦各部委通过了"无净损失"的政策，美国国防部陆军工程兵部制定了"湿地划分手册"。1989 年，美国鱼类和野生动物局提出了"北美湿地保育行动"。1990 年，美国国防部陆军工程兵部制定了海岸湿地规划、保护及恢复行动。1991 年，美国农业部增加了湿地保护区项目，提出对湿地实行土地津贴。2001 年 6 月 26 日，美国国家科学院、国家研究委员会发布联邦机构和各州明确进行有效的生态湿地创建及责任职能。2002 年 12 月 26 日，美国环保局和陆军工程兵部发布了全国湿地补偿行动计划。2008 年 3 月 31 日，美国环保局和陆军工程兵部颁布了对"404 许可"和湿地补偿银行的修改条例。

### （三）美国湿地缓解银行的利益主体

美国的湿地缓解银行制度，从本质上说是美国政府主导的湿地补偿模式。在这种补偿模式之下，有三个不可或缺的利益相关主体，它们分别是湿地的建设者、使用者和管理者。建设者一般是湿地缓解银行的建设和生态修复公司，在湿地信用交易市场上属于销售方，对湿地信用进行定价、出售、转让和核销。这类主体一般包括建立和管理缓解银行的私营企业、地方政府机构、个人土地所有者，以及将湿地信用作为投资组合的投资基金或投资公司等。在湿地保护过程中，销售方是事实上的湿地补偿责任的实际承担者，他们对湿地的使用与保护进行设计、申请、建设、维护和监测。购买方是湿地的实际使用者，是在使用和开发的过程中会对湿地造成损害的开发者，包括个人、企业或各级政府部门。购买方从已经完成的湿地缓解银行中购买湿地信用后（对应具有一定生态功能的湿地面积），其补偿生态破坏的责任，对湿地缓解银行地块的绩效指标以及生态成效进行长期维护和监测的责任全部转移给了销售方。与直接开展补偿相比，这种责任转移机制让购买方的成本更低、获得开发许可的速度更快，不仅提供了与湿地缓解银行持续交易的动力，还有助于政府法律的有效执行。美国湿地缓解银行的审批者主要包括美国陆军工程兵部、环境保护局、联邦相关机构和各州及地方政府，其中陆军工程兵部和环境保护局属于核心管理机构。美国陆军工程兵部根据《清洁水法》对破坏湿地、溪流和通航水道的开发项目以及湿地缓解银行项目进行审批，并负责监管湿地银行的设立、建设、出售和长期管理等。环境保护局参与缓解银行项目的审批，对此进行监督审核，并有权提出异议或否决。除以上两个部门外，美国鱼类与野生动物管理局、农业部、海洋渔业局以及各州的相关机构都会提供指导，参与审核和监管。联邦与州、地方政府之间通过管理权下放的方式合作，联邦授予地方湿地管理权，并适当给予资金和技术支持；各州、地方政府因地制宜地调整湿地管理措施。简单地说，就是环境保护局负责许可证等相关政策的制定，陆军工程兵部负责许可证的颁发。三大主体严格按照美国的法律规定进行湿地开发的申请、交易和建设使用，同时全程接受来自湿地缓解银行审核小组的监督。在湿地补偿的过程中，美国湿地缓解银行始终坚持"零净损失"和"先补后占"原则。这种模式的最大优点在于实现了对受损湿地的提前补偿。

### （四）美国湿地缓解银行运行程序

美国湿地缓解银行起源于"404许可"，后续的发展也是在"404许可"的基础之上逐渐完善，形成了今天我们所看到的以"404许可"为核心的制度，包括湿地开发许可、湿地缓解银行申请、信用确认和湿地缓解银行管控等四项内容。如果从时间线索上去理解湿地缓解银行的运行，可以将之分为湿地信用卖方形成过程（湿地的建设者）、湿地信用买方形成过程（湿地的开发者）、湿地信用交易和湿地信用交易后四个区间。

**1. 湿地信用卖方的形成过程**  湿地信用卖方的形成过程是：有意愿在未来通过出售湿地信用获得经济利益的主体，作为湿地缓解银行发起人向湿地缓解银行审核小组提交设立新建湿地或恢复湿地项目的申请和计划书草案，审核通过后签署湿地缓解银行协议书。这里的湿地缓解银行审核小组是由美国陆军工程兵部主导建立的联合评估小组，包括环境保护局、相关联邦机构和州政府等。签署湿地缓解银行协议书后，要严格按照协议内容新建或恢复湿地。湿地缓解银行协议书的内容比较详尽，包括补偿目标、场址选择、湿地补偿途径、基线信息、湿地信用测定、项目详细实施计划、时间计划、生态功能标准、监测要求、长期管理计划、适应性管理计划、财务保证、信用发放时间表、会计流程、湿地服务区域、责任转移情况、违约和中止、需要提交的报告。湿地缓解银行选址成功是湿地信用产生的第一步，这就要求湿地缓解银行在选址上应预见到能有效产生湿地信用并能够在信用市场上进行销售。接下来是根据选址情况，选择合适的途径进行湿地保护，创造湿地信用。通常情况下湿地补偿的方式有恢复湿地、创建湿地、增强生态功能、保护现存的有特殊生态价值的自然湿地等，其中恢复湿地的方式相对效果较好。随后，按照计划的约定实施湿地保护，在执行过程中做好生态监测和评估，并按时提交各阶段所要求的报告。在美国湿地缓解银行协议中，湿地信用的测定是至关重要的。受损的湿地、待售的湿地处于不同地域，具有不同特征和生态功能，必须确立统一的标准才能交易，才可能实现补偿。这个量化标准被称为湿地信用。湿地信用的测定通常采用基于面积或基于生态功能这两种方法。基于面积的方法是通过湿地面积测量，按不同比率折算湿地信用。基于功能的方法是通过评估补偿性湿地的生态功能进行测算，相对于基于面积的测算方法更为复杂。完成测定后，接下来是湿地信用的确立。湿地缓解银行审核小组要对湿地缓解银行发起人的履约情况进行审核。如果履约情况符合湿地缓解银行协议书的要求，经美国陆军工程兵部批准，发起人可以按照约定的信用发放时间表，获得与之相对应的湿地信用，并将其出售给湿地信用的购买者用以开发使用；如果履约过程中违约，则必须暂停信用出售、减少可售额度或使用湿地缓解银行的金融保证金，甚至终止协议。自 1995 年起，湿地事务管理体系允许湿地缓解银行在补偿湿地建造、恢复完成之前出售湿地信用，以减轻湿地建设私人投资者的资金压力。

**2. 湿地信用买方的形成过程**　湿地信用的购买方，作为湿地的开发者，在湿地开发前首先要满足两个前提条件：经营使用活动在选择方案时首先要避免对湿地的破坏，当不能避免时要选择对湿地破坏或占用程度最小的方案。在此前提下湿地开发者通过购买湿地信用来实现对湿地的补偿，以实现"零净损失"和"先补后占"的政策目标。完成"避免-最小-补偿"程序后，湿地开发者向美国陆军工程兵部提交湿地开发申请，以核实湿地开发顺序。对于许可申请项目中的可以通过其他替代开发方案避免对湿地造成破坏的部分，不予颁发许可证；对于项目中不可避免地会对湿地造成破坏的部分，政府可以颁发许可证。湿地开发者获得湿地许可证后才可以进行项目开发。

**3. 湿地信用交易**　每个湿地缓解银行都有它的服务区域，一般以州的行政区划为界限，依据水系的流域特征来划分其地理服务范围。这个范围就是湿地银行交易的范畴，补偿的湿地必须在其服务的地理范围内才能进行交易。湿地信用的交易过程与湿地信用买方的形成过程存在交叠。湿地缓解银行的发起人获取了湿地信用，湿地缓解银行成立，则可以出售湿地；湿地开发者按照许可部门的要求，从湿地缓解银行购买湿地信用后，许可部门根据湿地缓解银行出具的文书证明批准开发者的开发申请，至此，湿地信用交易完成。伴随着湿地信用交易的发生，湿地开发者的湿地损害补偿责任视为已经承担，湿地缓解银行信用卖方则承担起对补偿湿地的法律责任，将永久性地管理这些补偿湿地。

**4. 湿地信用交易后**　按照湿地缓解银行的制度设计，完成了湿地缓解银行协议书的全部规定内容后，湿地是能够进行自我维持发展的。但是在后续的自我更新发展的过程中，也需要管理和维护，更重要的是需要确保湿地的使用目的不发生改变。按照美国湿地缓解银行的制度安排，这些工作都是由湿地信用的出售方来完成并承担其相应维护资金的，这也是湿地缓解银行协议中一项必不可少的责任约定。交易完成后，湿地缓解银行发起人负责湿地的长期管理；当湿地信用全部售出、许可部门批准后，湿地缓解银行发起人可将责任转移给政府或非营利组织等其他土地管理实体。

湿地缓解银行在确保湿地保护有效性方面有若干优势。一是湿地缓解银行具有完整且持续的资金保障链条，确保了交易的有效性。资金来源主要由履约保证金和保险费构成，湿地缓解银行要向管理部门缴纳履约保证金和保险费。履约保证金是湿地缓解银行向湿地事务管理机构提供的财务保障，当湿地缓解银行成功补偿湿地后，履约保证金即可返还湿地缓解银行。保险费是湿地缓解银行和银行客户，也就是湿地信用的交易双方交纳给湿地事务管理机构的一项不可退还的费用。如果湿地缓解银行未能成功建造、恢复湿地，保险费则纳入基金，由湿地事务管理部门用于维修或者代替湿地缓解银行完成湿地信用买方的湿地补偿。根据可贷出湿地信用和在抵押银行租赁信用，当湿地缓解银行成功新建、恢复湿地后，租赁信用费用将返还；若湿地缓解银行未能成功补偿湿地，则由抵押银行完成。二是湿地缓解银行执行严格的全过程评估。由于湿地开发项目有对湿地造成不可逆破坏的可能性，因此湿地缓解银行发起人在湿地项目建设开始前就会制定长期的管理计划，并对其进行长期的跟踪监督和政策后评估，用以确保已出售湿地信用的补偿性湿地得到永久的管理和保护。为保证湿地生态补偿项目的有效性，项目发起人需对项目的额外性和效率进行严格的政策后评估，基线调查是测度额外性的基础。"替代费补偿和湿地缓解银行信息跟踪系统"保证了市场信息的透明性和追踪监管的有效性。在这一系统中能够看到每一个项目的新建使用项目及其替代使用项目的具体信息，包括地理信息、生态价值损坏评估、批准新建部门信息及依据、使用范围等信息。同时，还能够看到湿地信用出售方项目的具体信息。这一系统提高了政府管理的效率，降低了湿地缓解银行的财务风险和生态风险，为湿地信用交易双方提供了可靠的信息。

## 二、美国湿地缓解银行制度评述

美国湿地缓解银行能够有效保护湿地并持续运营得益于以下几方面优势：

### （一）清晰的产权

清晰的湿地权属是美国湿地信用能够进行市场交易的前提。美国湿地权属涉及水资源管理权和土地所有权两方面，湿地管理模式以水资源管理为主、以土地管理为辅。水权方面，大部分管理权归陆军工程兵部所有；地权方面，由于大量土地归个人所有，因此个人拥有大部分土地处置权。在美国，湿地资源既有国家所有的，也有私人所有的，但是绝大部分的美国湿地由私人所拥有。为了解决私人所有湿地为政府保护湿地带来困难这一问题，美国设立了专项经费，用以从私人所有者手中购买部分湿地的使用权。美国以国家名义支付给湿地私人所有者土地价款的 30%，从而获得私人湿地的部分使用权，永久性限制湿地的用途不得转为他用。这种永久性的限定使用用途不受未来使用权转让的限制，即使有新的买家接受该湿地，也仍然要遵守这一约定。这种保护方式对于湿地私人所有者和政府都是有利的，因此在执行的过程中受到双方的欢迎。对于政府而言，这一交易确保了湿地的用途，保证其不受到损害，完成了湿地保护的目标。对于私人所有者而言，他们获得了土地价款的 30%，同时国家出资对湿地进行改造，改造之后将土地用于不损害湿地的经营还可以获得收益，而这些收益也归于湿地私人所有者。

### （二）美国的湿地缓解银行消除了湿地损害与修复之间的时间差

由于是拿已经建设保护好的湿地去获取新的湿地的使用权，提前存贮的湿地信用是早于湿地开发和使用的，这样就保证了零净损失。在全国范围内，始终都是保护先于开发使用，确保了先补后用。

### （三）湿地缓解银行对湿地恢复和保护的成功率与效率更高

湿地缓解银行采用的补偿方式是在开发前购买湿地信用进行补偿，这属于事前补偿，大大降低了补偿的不确定性。另外湿地综合事务管理部门对湿地缓解银行收取保险金，一旦湿地恢复失败，可以启动这笔资金进行后续保护，确保了湿地补偿的成功率。另外，美国湿地缓解银行将"碎小项目"转变为"整体输出"，使湿地生态修复的效果更好。湿地缓解银行在选址上大部分是大规模的湿地，比如挑选一整个流域，在保护建设的过程中往往更能够考虑到湿地生态系统的整体情况，进行保护和建设的团队也相对来说更加专业。因此相对于私人恢复的小规模湿地、单一湿地，湿地缓解银行的选址更加全面科学，湿地系统生态价值也更容易得到保护。此外，第三方替代补偿的交易方式，使湿地信用可以分阶段出售、资金的保障性更高，社会资本用于保护湿地的效率也因此提高。湿地缓解银行制度确保湿地信用的出售可以换取经济利益，因此对于社会资本投入湿地生态保护起到了激励作用，畅通了社会资本的融资渠道，减少了政府湿地管护的压力。

### （四）湿地缓解银行制度将湿地的保护和合理利用统一考量

在美国，对湿地的保护不是绝对意义上的保护，而是在总量不减的情况下利用湿地资源。另外，私人湿地所有者通过出让地役权同意湿地缓解银行发起人的建设需求，个人因此获得了地役权出让金，是在并未改变所有权的基础上获得了净收益。对于政府而言，这一制度既保证了发展所必要的湿地利用，同时又对湿地进行了补偿；对于湿地缓解银行发起人而言，只购买地役权减少了资金投入总量，将湿地信用出售后又可以获得经济收入。

湿地缓解银行制度也并不是完美无缺的，它所受到的质疑主要集中在以下三个方面：

### （一）湿地补偿能否真正实现

湿地，特别是天然湿地一旦受到损害，能否通过新建人工湿地或是湿地恢复的办法进行补偿，进行功能性替代的湿地是否真的实现了替代，都需要进行进一步的确认。除去补偿的有效性外，湿地缓解银行制度涉及的另一个问题是核算。湿地受损的评估与湿地重建的费用是否平衡，或者说湿地信用与受损湿地是否相等，同样应进一步确认。

### （二）湿地补偿存在不公平的问题

在美国，虽然大部分湿地是私人所有，但是湿地带来的生态效益却是惠及周围居民的。湿地的异地补偿发生后，湿地所有者获得财富，周围的居民则失去了自然资源效益。在这一过程中，湿地的所有者和建设者都获得了个人财富的增加，公共湿地的生态价值却在持续下降。因此，很多人认为这是不公平的。

### （三）湿地银行项目是否都能成功

湿地作为一种复杂的生态系统，它的内在有很复杂的生态规律。这些规律并不完全被人类所掌握，一旦用以交易的湿地信用在交易完成多年后无法维持，此时湿地信用买方对湿地的使用早已完成，形成的风险就将由湿地所有者来承担，也不利于湿地的保护，肯塔基州案就是这样的教训。

### (四)"零净损失"原则的有效性

美国湿地保护中坚持的"零净损失"原则，不只局限于面积的零净损失，还要达到生态功能"零净损失"。面积补偿是表象，功能补偿是根本。此时湿地缓解银行制度对于湿地信用通常采用基于面积的测定方法，对湿地生态效益的科学评估相对不系统、不统一，单一的测定方法忽略了湿地生态系统的复杂性，无法准确评估湿地资源的生态效益，对其替代的有效性更是难以准确评估。

## 三、美国湿地缓解银行制度的经验

美国的湿地缓解银行制度与我国的湿地补偿制度有相近似的地方，我国2017年修订的《湿地保护管理规定》中明确提出了湿地补偿"先补后占，占补平衡"的原则，这与美国湿地缓解银行的"零净损失"和"先补后占"的政策目标在内在逻辑上是一致的。但是在执行方面二者却有着较大的差别，湿地缓解银行是以政府主导的市场化的方式来进行湿地信用交易，由第三方来进行湿地补偿；我国的湿地补偿制度也是政府主导推动的，但是在湿地补偿方式上更多的由国家替代恢复或自主恢复，没有引入第三方的专业维护以及市场的交易行为。究其原因，湿地缓解银行制度的执行有三个必要的前提条件：

### (一)清晰的湿地产权

清晰的湿地产权是湿地缓解银行成立和湿地信用交易的前提。目前，我国的湿地权属为国家所有，部分河塘等为集体所有。与美国相比，在产权方面，我国的优势是土地归国家所有，不再需要从私人手中购买部分湿地产权，就能够做到在全国范围内进行统一的湿地保护。不足之处则是湿地资源的相关自然要素由不同部门行使国家所有的代表权。尽管新出台的《湿地保护法》在第五条中规定了国务院林业草原主管部门在湿地保护中的管理权力，结束了过去"九龙治水"的局面。但是关于湿地所有权、代表所有权和代理所有权行使的法律还有待进一步的完善。湿地信用的交易是以湿地资源的整体新建或恢复状况，而不是湿地资源中的某一自然要素进行的，这就要求在交易之前必须存在明确的权属主体或权属代表主体，如美国陆军工程兵部拥有水权的管理权，这是其能够在美国湿地缓解银行中进行审批的主要原因。按照《湿地保护法》中的规定，"建设项目规划选址、选线审批或者核准时，涉及国家重要湿地的，应当征求国务院林业草原主管部门的意见；涉及省级重要湿地或者一般湿地的，应当按照管理权限，征求县级以上地方人民政府授权的部门的意见"，对湿地开发的审批权根据湿地保护级别的不同所属于不同的审批主体；"建设项目确需临时占用湿地的，应当依照《中华人民共和国土地管理法》《中华人民共和国水法》《中华人民共和国森林法》《中华人民共和国草原法》《中华人民共和国海域使用管理法》等有关法律法规的规定办理"，这就涉及了不同的自然资源管理主体。建立国家湿地补偿制度的前提就是要明确湿地补偿的主体。只有确定了湿地补偿主体与湿地补偿管理主体是否为同一主体，才能理顺湿地补偿制度的管理机制。如果我们借鉴美国的湿地缓解银行制度，还需要注意到我国自然资源的权属与美国的不同之处。我国湿地资源由国家所有，湿地的使用按照湿地的重要性和管理权限由国家或省级、市级地方政府进行审批，在湿地审批许可方面必然与美国湿地缓解银行的程序有所不同。在借鉴美国湿地缓解银行的时候，

《湿地保护法》中的第十九条规定中的内容，就决定我们必然不能像美国一样有一个统一的审批部门。因此，不同层级的政府、不同地域的政府共同建立一个统一的审批标准，不仅是建立湿地缓解银行制度需要做的工作，更是统一湿地建设标准的需要。我们可以借鉴美国湿地缓解银行的做法，建立一套建设用地的审批规则与程序。

### （二）完备的交易市场

美国的湿地缓解银行是政府管控下的限额交易，与我们国家的总量控制的理念是相同的，执行效果的不同源于美国的湿地补偿更多的以第三方替代补偿的方式进行。实现第三方的替代补偿，需要有完备的市场体系，确保能够进行公开透明的交易且能够获得收益，另外就是要有一定数量的，资金准备充足、技术水平高的第三方。湿地信用的市场交易要求市场中存在数量相当的买方和卖方。美国的湿地保护制度，决定了只要进行湿地开发，就必须在先于开发之前完成湿地补偿。这一制度安排保证了湿地信用交易的过程中买方的持续存在。市场需求是卖方供给的一个因素，另外一个因素就是能够获取利润，而获取利润与否与湿地建设项目的选址有着密切的关系。美国湿地缓解银行在选址上通常以各州海岸带范围为限，划分滨海湿地缓解银行的地理服务范围，优先选择位于沿海功能性区域的湿地，并综合考虑湿地的功能定位与需求、与周围水域的连通性、受损湿地种类以及是否与区域管理计划相协调等因素。因此，湿地的选址以及开发计划需要经过美国湿地审核小组的评估，通过后方可成立湿地缓解银行。这在湿地建设之前对于湿地信用的成立起到了初步的评估作用。在美国，存在一定数量的专门从事湿地恢复和建设项目的机构，如RES 公司。它成立于 2015 年，目前是美国最大的生态补偿服务提供者，已有 425 处保护场址获得了永久性地役权。获得永久性地役权的湿地缓解银行发起人可以对补偿性湿地进行长期管护，确保环境服务的永久性。湿地缓解银行的发起人一般将土地所有人吸纳为合伙人，这样发起人可以获得建设的权利，合伙人可以获得湿地缓解银行的部分利润。我们国家要实现湿地的第三方补偿，首先要培育专门的湿地建设团队。目前，我国由于缺少相关的团队式组织，对湿地进行恢复或新建的工作，基本都是由使用者或政府来完成的，补偿效果并不明显。另外，对于湿地信用建设者如何获得建设权，要如何进行交易，交易后利润如何分配，还要进行进一步的探索，核心还是要解决所有权的问题。就地补偿与异地补偿的标准如何统一也需要解决。美国的湿地补偿要求补偿湿地的服务范围与被补偿湿地相符，是有限定范围的异地补偿。按照我国现行的湿地保护制度体系，我国的湿地补偿标准以各地方政府规定的为多，因此异地补偿的标准难以确定。另外，由于湿地管理的行政区划问题，每个地方政府都追求地域的生态环境效益与指标，也造成了异地补偿的不可行性。建立湿地信用在全国范围内的统一标准和湿地信用市场交易机制是实现湿地异地补偿的前提，如美国湿地缓解银行制度就有着明确的交易主体、合法的交易手段、完善的交易规则、统一的交易标准和有效的交易监管。基于以上两方面情况，我国要实行湿地缓解银行制度，就需要建立专业的湿地建设团队，建立全国统一的湿地补偿核算标准与湿地生态效益计算标准，在全国范围内建立湿地补偿信用的交易机制。

### （三）科学标准的支撑

为便于湿地补偿交易，需对不同湿地进行统一量化，而量化标准就是湿地信用。对于湿地信用的测定，一般采用基于面积或基于功能这两种方式来进行。湿地信用的测定需要使用生态评估技术，特别是对于生态功能进行替代时更离不开湿地生态评估技术，实践中这种方法复杂且耗时，导致美国不同政府部门和不同州都有自己的湿地功能评估方法，因此湿地面积成为实践中最常用的确定湿地信用单位的评估标准。在美国湿地信用的测定中，不同湿地类型和湿地保护途径产生的湿地信用不同，如美国弗吉尼亚州的 Blackjack 项目中，创建或恢复湿地的信用面积比率为 1∶1（1 积分/英亩*），保护湿地的信用面积比率为 15∶1（0.067 积分/英亩）。一般通过确定比较高的湿地补偿面积比率来进行补偿，如受损湿地的面积是一个单位，这块湿地恢复功能的难度比较大或这块湿地的类型比较稀少，那么对其进行补偿的湿地的面积要高于一个单位甚至达到几个单位，如得克萨斯州 Anderson Tract Mitigation Bank 要求对高质量湿地的补偿比率是 7∶1，对中等质量湿地的比率是 5∶1，对低质量的湿地比率是 3∶1，确保实现对湿地生态功能的补偿。除了湿地面积，有些看似与湿地补偿无关，实际却对湿地有影响的行为也可被授予信用，如保护邻近湿地的地势较高区域以避免湿地受到损害、控制外来物种的入侵等。但是，交易中湿地信用的价格由市场决定，依据是各州的土地价格。使用科学的方法，统一明确有效的国家标准，确定湿地信用，才能保障市场化的补偿交易能够顺利进行。

我国与美国湿地缓解银行制度在政策目标的设定上是相同的，都是坚持"先补后占"；在管理方式上也是相同的，美国是限额审批，我国是总量控制。制度的不同之处在于市场化的运行方式和补偿方式。美国湿地缓解银行制度值得我们去借鉴的主要有以下几个方面：一是对于湿地所有权的在市场交易中的变通办法，在不改变所有权的情况下出让地役权进行市场交易；二是建立完备的市场交易体系，培育技术过硬的第三方进行替代补偿，建立资金保障链条和全过程的信息跟踪平台，确保湿地信用交易的公开、透明、有效；三是湿地信用的科学测定方法和湿地综合小组的科学评估，以及建立独立于审核小组的评估机构等，这些都为湿地信用交易提供了科学的方法。

# 第三节　英国湿地保护与管理制度的经验分析

## 一、英国湿地管理制度评述

英国湿地资源丰富，湿地保护比较成功。从管理角度看，英国湿地保护制度将湿地事务分为国际湿地事务和国内湿地事务。国际湿地事务由联合工作委员会统一负责，国内湿地事务由国家自然保护委员会承担。从立法角度看，在脱离欧盟前，英国的湿地保护法律体系分别由欧盟指令和国际条约，中央政府立法和各地区立法共同组成。与湿地相关的欧盟指令包括《野生鸟类保护指令》《环境影响评价指令》《水质保护指令》《自然栖息地保护指令》等，国际条约主要是《湿地公约》等。中央政府立法主要包括《自然保育法》（the Conservation Regulations 1994），《野生动物和农村法》（the Wildlife and Country-side Act 1981），《水资源法》《自然环境与偏僻社区法令》。各地区的自然保护立法，包括《苏格兰自然保护法》《苏格兰自然栖息地保护法规》《苏格兰政府通告》《北爱尔兰水法和北爱尔兰野生动物法》等。在法律制度规定的基础上，英国形成以自然保护区制度、湿地

---

\* 英亩为非法定计量单位，1 英亩≈0.004 平方千米。——编者注

水土保持制度、公共购买制度和湿地管理协议制度为代表的湿地管理制度体系。

湿地自然保护区制度是英国在湿地保护方面最为重要的制度。英国的自然保护区是指能够提供进行动物、植物及其生存的自然条件，以及地方特质的地质、地形特征研究，或者是为了保护植物、动物或地形、地质的特质而进行管理的土地。1949年，英国颁布《国家公园与乡土利用法》，建立了国家层面的自然管理委员会，负责自然保护区的管理工作，该机构于1965年合并进自然环境研究委员会，1973年后又重新独立出来，并更名为自然保护委员会。1990年以后，该机构取消，按地理分区重新组建了自然保护管理机构，成立了英格兰自然保护委员会、苏格兰自然遗产委员会、威尔士乡村委员会等地方机构，在于各自辖区内实施保护管理的基础上，成立了具有协调性质的自然保护联合委员会。这就形成了由专门机构管理湿地自然保护区，其他政府部门在各自管辖范围内协助自然保护机构开展工作的格局。1996年4月，英国将国家河流管理局、英国污染稽查署、废物管制局、环境事务部的环境管理权集中起来，成立了英国环境署。它对湿地的管理职责是负责颁发污染物排放的许可证，管理水资源以及特别自然风景区或环境脆弱区的水域，管理渔业、航运业、堤坝设施。

1949年，英国确立了国家公园、国家和地方自然保护区以及特别科学价值场地（Site of Special Scientific Interest，简称SSSI）的多层次自然保护体系。其中，SSSI是指没有纳入自然保护区体系内，但是其植物、动物、地质或地形特征具有特别价值的场地。在英国，国家自然保护区联合委员会进行湿地保护的总协调，在全国范围内进行了对自然保护区和SSSI的普查。委员会管理相关事务，使自然保护区能够永久性地保护原生或半原生状态的区域及其野生动植物。英国的自然保护区主要分为特殊科学价值区、环境敏感区、近海自然保护区、硝酸盐脆弱区、国家自然保护区和特殊保护区等。英国的自然保护区制度形成了网格化管理，增强了各要素与部门之间的协调性，保护了湿地生态环境的整体性，可作为湿地保护的制度"蓝本"。在英国，许多小规模的湿地自然保护区都是由非官方组织或当地居民管理的，他们从地方管理机构获得短暂的管理许可权。

英国湿地管理协议制度是指湿地所有人基于自愿或依法律规定，由湿地管理机关与湿地所有权人签订的协议。协议约定了湿地管理机构与所有权人之间对湿地保护管理的权利、义务，湿地保护和开发限制期限，和对因保护、开发而引起的所有权人的经济损失进行补偿以及违约责任等内容。英国《野生动物和农村法》第二十九条规定，"对于具有自然保护价值，特别是对具有国际或国家重要性的湿地采取的活动，国家有权发布命令，要求国家自然保护委员会必须在15个月内与湿地所有权人解决分歧并达成协议"。

英国湿地管理制度的特点主要有三个：一是英国湿地保护的法律体系构建采取基本立法和条例相结合的方式。这种法律构成方式相对比较灵活和全面，既包括法律约束对象的目标、原则等，同时又涵盖了具体的技术标准、操作环节，既有原则性的规定，又有实际的操作规范。同时，也可以根据实际情况的发展，因地制宜地修改条例，因为条例的修改比立法更容易。二是重视培养公众自觉保护湿地的意识。比如英国湖区国家公园的管理，就是通过每个月举行例会讨论公园管理的各项规定，来引导公众参与到湿地管理之中。再比如2000年开放的英国伦敦湿地中心的管理模式，也是处理湿地管理和居民利益冲突的典范。原本废弃的水库，通过泰晤士水务公司、野生鸟类和湿地基金会、伯克利房地产商的合作成了全球城区湿地典范。三是英国湿地管理很少采用强制措施，都是通过公共购买和签订行政合同的方式从私人手中购买私人湿地。英国针对不同污水处理厂设定不同排放标准，以此区分污水处理厂的地理位置和污水处理量上的不同。1989年颁布的《水法》，提出了水行业私有化的框架，实行水开采执照，保持了可持续水环境和沿岸湿地环境。这种购买方式与美国湿地缓解银行相比更加直接、简单，就所有权发生改变签订协议后，政府就有权对湿地进行保护管理，在湿地保护方面发挥了良好实效。

## 二、英国相关生态系统管理制度评述

英国作为老牌资本主义国家，工业化完成较早，环境污染问题导致的社会危机也较早出现，比如伦敦的雾霾导致当地呼吸系统疾病高发。面对不得不解决的环境问题，英国形成了具有本国特征的生态环境管理模式。英国环保工作的主要特点是在环保法律方面呈现出法律规定事项的前瞻性，逐渐实现了从"罚"到"救"的转变；在保护方法上逐渐形成了以景观和生态系统为单元的保护方法；在环保工作的实现机制上呈现出环保决策与执行分离，执行机构具有独立性和专业性；在环保职责方面，实现了联邦政府和地方政府在环保管理方面的有效合作，形成了政府—社会—企业共同治理的管理模式。其中生态系统服务价值评估、自然资本核算和公众参与环境管理等制度收到较好的实践效果。

### （一）生态系统服务价值评估与实现机制

英国关于生态系统服务价值评估与实现机制的研究比较完善，英国政府与学界所表述的生态系统服务与我国学者所研究的生态产品的语义基本相同。生态系统服务是指人们从生态系统中获得的产品、服务和环境条件，对人类福祉和生存至关重要，分为供应服务、调节服务、文化服务和支持服务。生态系统服务价值是指生态系统为人类福祉和经济社会可持续发展所提供的最终产品与服务的价值。1970年联合国大学发表的关键环境问题报告在《人类对全球环境的影响报告》中首次提出生态系统服务功能的概念。面对生态环境日益退化的问题，2001年联合国启动千年生态系统评估，并正式发布《千年生态系统评估报告》，这项由95个国家1 300多名科学家历时4年完成的研究表明，地球上近2/3的自然资源已经消耗殆尽。因生态系统服务价值评估能够从空间上直观地判断出各服务之间的关系，它成了生态理论应用于实践的重要工具。生态系统服务研究的最终目标是辅助决策者优化生态保护规划与管理措施，以促进人类社会与自然环境的可持续发展，有效地将理论与实践相结合，受到世界各国政府的广泛关注。

为解决环境问题引发的社会问题，1992年，英国颁布了世界上第一部"环境管理制度"，它对于企业环境管理系统的开发、实施和维护都确定了明确的标准。受《千年生态系统评估报告》的影响，英国于2011年开始逐渐完善了政府对生态系统服务价值评估的管理机制。2011年，英国政府组织了500多位科学家对英格兰、苏格兰、北爱尔兰和威尔士进行了全面的生态系统评估。2012年，英国政府成立的自然资本委员会，为政府提供森林、海洋等自然资本的可持续利用建议；2013年，又成立了生态系统市场工作组。这些部门为英国自然资本管理和生态系统服务市场的管理提供了意见建议。

在英国开展的自然资本和生态系统服务价值评估机制主要采用显示偏好方法、陈述偏好方法、基于成本的方法和非经济价值所采用的方法等四种估值方法。这四种方法被应用于评估不同用途的生态系统服务的经济价值，比如生态系统服务价值的定价、非使用价值的评估、受损生态系统服务价值的评估等。

在英国，生态系统价值服务实现的方式是"价值付费"。价值付费是指生态系统服务的受益人向提供生态系统服务和管理土地或流域的农民或土地所有者付款，为生态系统服务提供定价的可能性。目前，英国主要采用公共价值付费、私人价值付费和公私合作价值付费三种付费形式，其中公共价值付费和私人价值付费在实践中涉及事项相对简单，公私合作价值付费相对复杂，需要政府和私人支付土地或其他资源管理者提供的生态系统服务费用。

在价值服务实现的机制中存在服务购买方、提供方、中介和知识提供者四个主体。购买方可分为两种类型：一种是直接购买者，这部分主体是生态系统价值服务的直接受益人；另一种是间接受益者，比如为服务对象购买生态系统服务的次级买方和代表公众购买生态系统服务的政府部门。生态系统服务的提供方是土地所有者和资源管理者，可以是个人、企业或社会组织。中介作为第三方组织在生态系统服务中发挥着桥梁作用，在各主体间对于计划的制定与实施、评估与定价等发挥着连接作用。知识提供者是为促进价值实现进行有偿服务的专家或行业协会。价值付费的设计和实施大致可分为确定可售生态系统服务和潜在买卖双方，明确价值付费要点及协商并签订协议，按照协议进行监测、评估并审查实施，评估多重效益的价值付费这四个阶段，其中对于多重经济价值的评估，避免了单一服务售卖而导致的福利转移。

英国生态系统服务价值评估与实现机制的特点主要体现在三个方面：一是国家层面统筹领导。生态系统价值服务的评估属于宏观层面的生态系统价值管理的内容。英国政府部门将生态系统服务归类于生物多样性和生态系统、国际援助与发展、海洋环境、粮食和农业等不同的领域，对生态系统服务进行管理的有环境、食品和农村事务部，财政部，统计局，国家能源局，国际发展部等部门。二是提供了具体的生态系统价值评估的方法。显示偏好方法、陈述偏好方法、基于成本的方法和非经济价值所采用的方法这四种方法适用于不同类型的生态系统。同时，英国组织编写了详尽的使用方法指南和案例数据库，供评估者参考使用。一般地，在政策层面使用影响评估，在计划层面使用战略环境评估，在项目等级层面使用环境影响评估。三是让生态系统服务价值的实现，也就是市场交换成了可能。在实现机制中加入知识提供者和中介是其制度设计的特点。

## （二）自然资本核算

**1. 自然资本核算产生背景**　1988 年，英国环境经济学家大卫·皮埃尔斯（David Pearce）第一次明确提出了"自然资本"一词，认为自然环境是一种自然资产存量，用于服务经济发展。1995 年，世界银行将资本划分为人造资本、人力资本、自然资本和社会资本四部分。水、矿物、石油、森林、空气等为人类所利用的资源通常被西方学者认为是自然资本，其中也包括草原、湿地、森林、海洋等在内的生态系统。1990 年皮埃尔斯与特纳正式提出了自然资本的概念，最终将其定义为"任何能够产生有经济价值的生态系统服务的自然资产"，而且认为所有的生态系统服务都可能会产生经济价值。从这段定义中可以看出自然资本和生态系统服务两个概念存在较大关联性。科斯坦萨等认为生态系统服务即生态系统提供的商品和服务，并认为其是由自然资本存量产生的物质流、能源流和信息流。从中我们可以看出，在概念范围上，自然资本的概念大于生态系统服务的概念，生态系统服务是自然产生的。为了全面推动"绿色核算"，世界银行于2010年启动了"财富核算和生态系统服务价值评估"全球合作项目，项目参加国家的主要任务就是应用联合国的环境经济核算制度。世界银行的这一项目、2012年联合国可持续发展大会的召开和《自然资本宣言》的发布为在世界范围内推动自然资本的核算起到了积极的作用，使其在世界范围内成为经济决策的主流工具，先后有60余个国家加入其中。

**2. 英国自然资本核算体系的管理机构**　英国作为首批在本国生态系统和生态系统服务中使用生态系统核算的国家，在自然资本管理制度建设、自然资本核算等方面都开展了较多值得借鉴的实践工作。2011年6月，英国政府发布《自然选择：保护自然价值》（自然环境白皮书）。白皮书指出，要将自然资本纳入英国的环境核算并支持建立新的绿色产品和服务市场。2012年，英国国家统计署发布《面向可持续环境——英国自然资本与生态系统经济核算》报告。报告概述了早期由英国国家统计署组织开展的环境核算工作的统计情况，并制定了《2020自然资本核算路线图》。此路线图设立了英国总自然资本账户，下分4个子账户：一是广阔栖息地账户，包括林地、农田、淡水、城市地区、草原、沿海地区、海洋、山地与荒野；二是生态系统（生命）账户，包括农业生物质、木材、供水、渔业、碳封存、防洪、城市降温、空气净化、降噪与娱乐；三是非生物（无生命）账户，包括能源、矿物质、土地覆盖与利用、碳库存、保护区、泥炭地；四是其他账户，包括恢复性成本账户。此后，英国国家统计署按照路线图的规划内容对英国境内的各项自然资源分门别类地进行了自然资源资本核算。在英国自然资本核算体系中还有另一个非常重要的机构——英国自然资本委员会。英国自然资本委员会是专门的咨询机构，2011年成立，其向经济事务内阁报告有关环境资源的事宜，3年一个任期。它的主要职责是与英国国家统计署合作，推进公众与企业的自然资本核算，开发森林资本评估的途径与方法和制定《生境与野生鸟类指令》等生态系统方法指导。自然资本委员会通过提供可靠的数据、政策和制度来完成其咨询职能。

英国自然资本核算体系的基础是英国国家统计署颁布的《面向可持续环境——英国自然资本与生态系统经济核算报告》。英国自然资本核算体系的一个重要载体就是英国环境账户。目前，英国环境账户不仅能够满足联合国环境经济核算体系的要求，将环境资产分门别类地管理，准确测量各种自然资产的数量、质量和价值，同时还能够清楚地显示环境对经济发展的贡献与影响，进而为政府决策提供依据。继绿皮书和白皮书之后，2020年英国环境部又颁布了"启用自然资本评估方法"的相关文件，为项目或政策的评估提供了比以往更为详细的指导方法，是对各类评估信息和方法的整合。自然资本评估方法的核心思维是成本效益最优，通过将现有未考虑自然资本因素的方案与纳入自然资本效益的方案进行比较分析，进而做出最优的决策。自然资本评估方法主要包括以环境的类型为切入点了解环境背景、从影响范围和实效等方面预判自然资本受到的影响、使用适宜工具评估自然资本的变化并进行估值、通过将环境影响的评估结果的不确定性量化来做出最优结果选择等四个步骤。这一方法适用范围相对广泛，主体上看适用于公共部门和企业，过程上看适用于事前和事后评价。

### （三）公民陪审团制度

为了推动公众与政府在环境管理中有效协作、建立互信关系，英国施行了环境决策公民陪审团制度，收到了良好的效果，实现了在环境管理问题上政府与社会的互信。这种制度方式并非起源于英国，而是来源于美国和德国的司法审判陪审团制度。20世纪末，英美等国开始将公民陪审团制度用于解决环境及资源问题。例如，美国自1998年开始将公民陪审团制度用于对环境风险进行排名；1997年英国的赫特福德郡和伊利地区分别应用该制度审议废弃物管理和湿地开发问题。

环境决策公民陪审团制度通过随机抽取的方式选取公民陪审员，由2名监督员或1名主持人和11~25名公民陪审员共同组成陪审团，这些陪审员来自不同的社会层面，具有一定的代表性。监督员或主持人负责验证陪审团成员的资格和确保流程的正确运行。公民陪审员通过审议材料和询问证人等方式履行职责，在协商之后形成书面的正式意见。这一制度与其他制度的一个显著区别在于，陪审团的组织者和议事时间不是确定的，因事项不同，由不同主管部门组织开展；根据事项处理难易程度不同，确定审议时间的长短。公民陪审团权利行使分为以下几个步骤：一是由事项相关的主管部门抽选公民陪审员和遴选专家证人；二是专家证人小组向公民陪审员介绍审议事项的情况和技术背景，并接受公民陪审员的询问；三是公民陪审员分别进行分组和全体讨论及审议；四是公民陪审团经过充分协商后达成一致意见，并出具书面的最终报告；五是进行最终报告发布大会；六是对公民陪审员就审议质量进行问卷调查；七是后续的推广和跟踪程序。这种议事流程有效地弥补了技术理性的不足，实现了环保领域的民主协商。

英国环境决策公民陪审团制度的特征：一是由中央政府主导，以自上而下的方式推荐建立，2007年英国中央政府要求在全国范围内使用公民陪审团。二是专业领域的随机抽取保证了决策的公正性与科学性。在英国，公民陪审团的最终意见是政策或项目获得财政拨款的必备前提，这使得建立公民陪审团成为无法规避的必经程序。因此公民陪审团必须是公正的，其决策应是有科学依据的。公民陪审团通过抽选随机样本组成，以达到广泛的代表性。在公民陪审团的组织和运行中，公民陪审员相互协商，最终达成一致意见，保证了公正性。专家证人现场介绍、相互讨论的方式使陪审团成员准确掌握专业知识，保证决策质量。三是专门的推广小组保证了陪审团意见能够在决策中有效推行。

## 三、英国湿地保护制度的经验

一是通过经济或行政手段等非强制性方式解决湿地保护与个体利益之间的冲突。英国的土地所有权归属与美国相类似，部分湿地所依附的土地为私人所有。私人拥有湿地后，在从事经营开发活动时往往追求的是当下个人利益的最大化。这种个体追求利益最大化的湿地开发行为对于湿地造成的破坏不言而喻，也会对与之邻近的生态系统产生影响，进而影响整个区域的环境。这种个人追求利益最大化、对湿地造成破坏的行为，意味着有更多的人要为此承担代价。但是由于土地权属问题，英国政府不能采取强制性措施去禁止湿地的私人所有者从事湿地开发活动。因此在湿地保护中，英国政府以"资源原则"为主导思想，利用湿地保护协议制度、公共购买制度，让管理者和相关土地所有人订立"管理契约"，从而间接控制土地所有人的行为，解决湿地权属导致的私人所有的湿地不能纳入全国的湿地保护计划的问题。同时，英国政府在生态系统环境管理中引入生态系统服务价值评估和自然资本核算这两项制度，对于湿地资源及其生态功能进行资产核算，同时建立生态效益向经济效益转化的实现机制。在经济利益的驱动下，湿地的保护不再只用法治手段强制执行，经济手段也能够发挥对于湿地的保护作用。这种非强制性手段，改变了原来的税收和能源政策，以经济手段增加对湿地重要性的认知，反向抑制对于湿地资源的破坏并刺激社会力量对于湿地资源的保护热情。以强制性手段对个人参与湿地的开发和利用进行全面限制，容易导致湿地的经济功能发挥受限，不利于促进当地经济的发展。为了使湿地资源得到更好的保护和利用，公共和私人也必须要找到两者利益的中间点。对于这个中间点的确定，英国采用的是多种手段同时使用，给予湿地的私人所有者一部分的选择权，用以平衡经济发展和湿地保护、公共利益与个人利益。另外，自然资本核算体系优先考虑自然资源的商品属性，不仅计算自然资源的经济价值和社会价值，在生态价值评估核算中也优先选择有市场价格信号或可以与市场交易挂钩的指标与方法。英国自然资源资产评估核算技术体系对不同类型自然资源商品属性都进行界定，既能够反映自然资源保护和开发成本，也能够体现市场的供需关系，为经济与环境的协同发展的管理工作提供了依据。

二是中央政府高度重视，进行中央立法或制定全国性制度，如1992年英国颁布了世界上第一部"环境管理制度"，开启了英国环境保护工作；《面向可持续环境——英国自然资本与生态系统经济核算》《2020自然资本核算路线图》自上而下地进行了英国自然资本核算；2007年戈登·布朗成为英国首相后，他支持公民陪审团成为公众参与的关键方式，中央政府因而要求在英国全国范围内使用公民陪审团。

英国政府还在国家层面建立了具有较高权威性的综合协调部门，如成立了专门的委员会管理自然保护区，成立自然资本委员会为生态系统服务价值评估提供建议；英国统计署组织开展自然资本核算协调各部门沟通合作，明确各部门的管理职责与权限，共同致力于湿地及自然资源的保护与管理工作。综合协调管理部门具有很强的权威性和较大的工作空间，比如湿地自然保护区的管理者自然保护委员会负责湿地自然保护区的总体工作，具有明确的职责和较强的独立性，对于管理过程中涉及的各方社会关系进行协调。英国政府同时规定，自然保护区委员会不仅享有许可审批权，还可以通过收购或是租赁等多种灵活的管理途径，进一步满足湿地自然保护区的管理要求，而且在其对湿地自然保护区进行管理的过程中，如需协助，各地方政府或者有关部门都必须给予必要的协助。不仅如此，为加强社会各界共同参与对政府湿地保护和管理工作的监督，英国鼓励社会各界、其他各非官方组织机构积极开展湿地保护管理工作。英国的湿地保护行政管理体制对自然保护区进行网格化管理，提高了管理效率，最大限度地避免了矛盾和不协调的产生。

三是原则性规定、技术性指导和专业咨询同步推进，政策具有可操作性。利用在丰富的案例基础上建立的数据库和详细的执行标准、技术指南，英国的湿地保护能够以原则指导与技术指导相结合的方式同步推进，如生态系统服务价值评估明确指出四种估值方法的使用范围，"自然资本评估方法"是对自然资本核算的详细技术指导；利用专门的技术咨询或评估咨询机构从事第三方的工作，如自然资本委员会生态系统市场工作组为英国自然资本管理和生态系统服务市场的管理提供意见建议，公民陪审团制度中的专家证人小组提供知识支持。这些制度对于我国的借鉴意义在于，应建立我国湿地资源统一台账，台账不仅要包括自然资源确权登记中的地籍信息等，还应该包括生态系统服务价值以及特殊生态功能、湿地建设与开发、湿地恢复与补偿等信息；对现有的湿地资源统计指标和评估标准应进行核定和细化，使对不同类型的湿地、湿地中不同的自然资源要素都有规范统一的评估标准。由于各地区在数据基础和技术力量上的差距，开展自上而下的核算技术体系建设更适合我国国情，能够降低数据整合的难度。英国生态系统服务价值评估的方法也可以用于湿地生态补偿交易。美国湿地缓解银行对于湿地信用的测定多采用面积法或生态功能法，由于面积法过于简单，在基于面积进行测算时，可以借鉴生态系统服务价值的评估来对其进行替代，并根据不同的湿地类型选择不同的评估方法。

四是在湿地保护中注重通过公众参与湿地管理引导保护湿地的意识，形成政府与社会共同治理的模式。英国通过颁布《环境信息条例》《自由信息法》等法律法规，为公众获取环境信息提供制度保障；在湿地自然保护制度中引入湿地管理听证会、公民陪审团制度，都是通过让公众参与到湿地管理中，看到、听到湿地管理中存在的问题，认真思考解决的办法并提供意见建议，潜移默化地增强他们湿地保护的意识与能力。对于这一点可以在我国的湿地保护教育工作中进行借鉴，鼓励公民参与到实际的保护工作中去，再通过出台税收等方面的优惠政策，以经济利益鼓励企业加强环境技术改造，使企业守法治污的主动性、积极性增强，愿意在技术创新上加大投入，形成湿地保护意识。

# 第四节　日本湿地保护与管理制度的经验分析

## 一、日本湿地保护法律制度评述

日本是一个典型的岛屿国家，因此其湿地类型大多为滨海湿地。与我国过去的湿地保护法律体系相似，日本湿地保护的法律法规散落在其他环境要素的法规中，但相关法律却形成了一个有效的完整的湿地保护法律体系。该体系主要由《宪法》《环境基本法》《自然环境保护法》《保护文化遗产法》《野生动物保护及狩猎法》《濒危野生动植物物种保护法》等法律组成。其中，《自然环境保护法》是日本自然环境保护领域的基本法，规定了环境长官负责制度、项目实施许可制度及紧急状态例外制度。各级政府通过投资设立野生动植物保护区、自然保护区、国立公园等环境保护项目，完成对湿地生态系统的保护。日本的湿地保护法律体系具有两方面特征：

一是在湿地环境保护方面，政府与社会共同进行社会治理工作。日本建立了意见征询、公告监督和听证会制度，赋予公民参与湿地环境治理的权利和途径。1972 年日本《自然环境保护法》中明确规定，环境厅厅长在确定湿地的原始状态时，应当向湿地的有关部门征求意见，并以公告的形式向社会公布。日本的意见征询制度将日本环境管理的行政权力放置到了公众的面前，主动询问公众意见、接受公众的监督。湿地生态环境特别是湿地生态环境效益都属于社会公共产品，对于它们的处置和使用，社会公众是有权利表达自己的意见的。意见征询制度给予了公众表达意愿的权利和渠道，是对于社会公众参与湿地生态环境管理、培养保护湿地意识的有益引导。同时，也能够对湿地管理部门的公权力的行使起到监督作用，防止公权力的滥用。日本的《自然环境保护法》规定，环境厅厅长在确定设立湿地自然保护区时，应当就此事向社会发布公告，公众如有异议可在两周之内提出。居住在湿地周围的社区居民可在两周的时间内向环境厅厅长提交书面意见，环境厅厅长在收到书面意见后，或认为有必要听取更广泛人员的意见时，应当举行公众听证会，扩大公众参与湿地保护的范围。

二是日本政府从法律上赋予社会团体较高的环境自治权。在日本，中央政府和地方政府在管理权限上有明确的权责划分，中央政府负责国际和国内整体性社会管理事务，例如国际组织的参加、国际条约的履行和国家宪法的修订等；地方政府负责居民的日常生活，私人业主大规模开发湿地的计划等也包含在日本湿地保护政策中。因此，日本政府在法律上有较高的自治权，在国家法律授权范围内享有较高的自治权，比如在环保领域的立法上，可以突破国家上位法的最低标准，制定单独的条例，因为日本政府没有规定地方政府所制定的环境管理条例必须要在国家上位法的框架之下。地方管理部门或者团体可以与开发者签订防害协议，这成了法律和条例规定外的第三种湿地行政保护手段，方便了对当地湿地资源的有效合理保护，这种湿地保护运行模式目前来看效果良好。一些民间社会团体在湿地保护中发挥着重要作用。比如位于千叶县的行德野鸟保护区在 20 世纪 60 年代以前曾是日本著名的水禽栖息地，1964 年以后由于工业用地和建筑用地的增加，当地环境发生急剧变化。为了保护这里的环境，1970—1975 年千叶县政府在这里建设了一处人工湿地，并于 1976 年设立行德野鸟观察舍，作为社会教育机构和水禽观察中心。1979 年，约 56 公顷的湿地及周边绿地被划定为地方野生动植物保护区，还成立了行德野鸟观察舍友好协会。日本的地方政府，在制定相关政策时非常严谨，几乎每一项措施出台前，都要由多个行业的居民代表或者机构对每一项提案进行逐一讨论和研究。在达成一致，合理划定保护区、渔业区等功能区划之前，任何湿地管理政策都不可能得到地方政府的通过。

三是严格的惩罚制度。在日本湿地环境的开发利用中使用的也是环境补偿办法，按照《环境影响评价法》中的规定，湿地开发要符合项目实施许可制度、环境影响评价制度、湿地保护的损害补偿制度。地方政府对未达到标准或限期内未完成环境治理的企业的处罚只有停产或转产。这一严格的措施提高了破坏湿地的违规成本，使得相关企业不敢违反相关制度规定。

除此之外，日本《自然环境保护法》中的紧急状态例外制度为紧急情况下的湿地保护提供了法律依据，危急情况下对于自然保护区的应急行为可以不在法律限制的范围之内，只要按照规定事后向环境厅长官呈报即可。该法第二十五条第一款、第四款、第八款规定，环境厅长官可根据某自然环境保护区的保全规划确定该区内的某些地区为特殊区；在特殊区内进行填埋地表水或拓干湿地的行为，改变特殊区内河流、湖泊、沼泽地等的水位或水量的行为，修造向特殊区内的湖泊、沼泽、湿地或流向这些湖泊、沼泽、湿地的水域排放污水的设施的行为，必须得到环境厅长官的许可。但为应付紧急状态而采取应急措施的行为不受该规定限制。凡在确定自然环境保护区内某些湖泊、沼泽、湿地为特殊区之前，早已在区域内实施这类行为的，则可不受该规定的限制。在该区域被确定或其范围被扩大之日起，6 个月内可继续进行已开始的活动。

## 二、日本环境教育制度评述

日本的环境教育在世界范围内都是做得比较好的，特别是在社会层面的环保意识和环保自觉上尤为突出，这也为日本公民深入参加湿地环境管理工作奠定了基本的公民素质。这些值得我们在研究环境教育的实践中进行学习和借鉴。

日本环境教育起源于日本民众对环境公害的普遍关注，可以将其分为三个阶段：

第一个阶段是日本环境教育的萌芽阶段（20 世纪 70 年代至 90 年代）。这一时期，从全社会范围来看，环境教育呈现出两个特点：一是保护环境的关注点在于反公害运动；二是由民间发起，形成自下而上的社会倒逼政府保护环境的局面。第二次世界大战之后，日本经济飞速发展的同时，环境问题也日益严重，当时全球范围内出现的"八大环境公害事件"在日本发生了四起，即熊本水俣病事件、新潟第二水俣病事件、四日市哮喘事件和富山县痛痛病事件。这些事件本质上都是生活区周边的工业污染排放造成当地居民出现身体疾病。这些公害事件的受害者相对集中，因此受害者自发地组织起来开展了持续性的民间环境保护活动。这些环境保护活动引起了日本民众的广泛关注，提高了民众的环保意识。

第二个阶段是日本环境教育的发展阶段（20 世纪 90 年代至 21 世纪初）。这一阶段呈现的特点一是开始了专业化和系统化的环保教育，二是环保教育进入实践。在这一阶段环保组织大量成立，社会及民众保护环境的意识已经基本形成。20 世纪 70 年代以后，公害问题逐渐淡化，可日本社会又出现了新的环境问题，如生活垃圾及废弃物排放问题。因此，这一时期的环境教育出现一个明显的趋势，就是环境教育的发起方由社会组织逐渐转变为大学等专门的教育部门，环境教育出现了专门化、专业化的趋势。一方面，大学开始培养专门的环境人才，以完成社会环保工作的需要；另一方面，政府开始着手社会环境教育的专业化，通过编写《共同营造更好的环境》《环境教育指导资料（小学篇）》《环境教育指导资料（中学、高校篇）》《环境教育指导资料（案例汇编）》等环境教育手册对社会公众、地方政府、各阶段教育系统进行环境教育指导工作，进而使全社会的环境保护的能力与上一个阶段相比有了较大程度的提高。

第三个阶段是日本环境教育的成熟阶段（21 世纪初至今）。这一阶段的特点是日本政府完成了对于环保类社会组织的规范性管理，充分发挥了社会性环保组织在环保教育中的作用，实现了环保教育方面社会、学校、家庭的教育理念与实践的一体化。日本的环境教育依照主体的不同可分为学校、社区与家庭、企业三个版块，它们有着各自不同的体系和鲜明特点，共同构成了日本一体化的环境教育体系。

日本的学校环境教育的特点，一是没有设置专门的环境教育课程，环境教育按照涉及的问题散落在各门学科当中，也就是环保的思想贯穿于学校教育的始终。二是按照每个年龄段学生的特点去设置环境教育的目标。在幼儿园和小学阶段，教育的手段是亲近自然和体验自然，目的是从小培育孩子对自然的天然喜爱和保护的欲望。在初中阶段，教育的重点是让孩子思考自然现象、特别是环境问题与人类活动之间的因果关系，形成环保的意识。进入高中阶段，培育孩子的重点是对结果的预判能力，培养学生对于行为结果的分析能力。进入大学阶段，环境教育按照人与环境关系所涉及的各个领域来进行学习内容的设置，目的是为未来培养保护利用自然环境的专门人才。

社区和家庭的环境教育主要体现在两个方面。一是社区环境教育基地。这些教育基地由政府出资承办，免费向社会开放，举办各类环保活动。比如东京板桥区环境城市中心就是典型的社区类环境教育基地。二是严格执行垃圾分类政策。从 20 世纪 70 年代开始推行的家庭垃圾分类，已经与日本人的家庭生活融为一体。

日本企业的环境教育的特点在于实践重于理论，起点为 20 世纪 60 年代成立的环境事业团，主要负责企业的污染控制工作。日本企业的环境教育更多偏重于实践层面，主要体现在提供环境型商品和服务、提升技术水平以降低环境的负荷、在企业直接经营的范围外开展环境教育等，比如丰田的"森林计划"、朝日啤酒公司所建的"朝日森林"等。

由于四大公害的影响，自然环境的公共产品属性在日本社会得到普遍认可，特别是 20 世纪 70 年代处于都市圈的居民普遍比以往更加渴望亲近绿草、森林，因此在都市圈内，一种名为"自然学校"的民间组织或企业开始为这种需求提供服务。这也是近代日本社会崇尚自然体验的一个开端。除此之外，在日本环境教育当中，近些年还出现一个新的趋势，就是将环保活动与时尚潮流相结合。这种教育方式在青年人当中收到了较好的效果，比如在当时日本的大学里流行起一股穿旧衣服的风潮，让大学生们开始懂得"回收"的概念。

从日本环境教育的发展历程和内容中，可以看出日本环境教育呈现出以下四个方面的特点：一是日本的环境教育是从理论和实践两个方面开展的；二是日本的环境教育是学校、家庭和社会教育一体化实现的；三是社会组织是环境教育重要的组成力量；四是日本的环境教育是体验式和引导式的。这些教育理念的转变或是新趋势的出现，都是与日本社会环境问题的凸显息息相关的，也就是说早期日本环境教育的内容并没有前瞻性，教育手段与教育内容呈现出后置性；而随着日本环境教育的发展，教育的理念转为以可持续发展为目的的时候，教育内容出现了前瞻性，这一阶段社会环保问题的矛盾没有集中爆发，这也是环境教育对于环保工作的重要意义之所在。

### 三、日本湿地保护与管理制度的经验

日本湿地保护制度的特点在于：

一是公民及地方社会团体湿地保护意识和能力较强。日本公民是环境公害的受害者，公害对身体和生活所带来的伤害，使得日本公民有较强的环境保护意识。在环境保护方面，地方政府最早发现并关注环境问题，在反公害活动中发挥了重要的作用。在实践过程中，地方政府对于地方环境问题出现的原因、情况、本质、地域范围、如何科学治理等问题比较具有发言权。因此，日本公民和社会团体既有较高的环保意识，同时在反公害活动中又积累了环境保护的经验，形成了对环境问题进行预判的能力。并且随着日本环境教育的普及和专业性的增强，在反公害活动之后，日本社会对于湿地环境保护问题的处理能力也在逐渐增强。日本社会团体具有较丰富的湿地保护经验，能吸纳各界人士和资金，采用多种方式保护湿地，比如生态基金、湿地保护基金等这样的基金组织就可将筹集到的民间资金投入到生态环境建设之中。日本钏路湿地公园成立的民间全国联络理事会，负责湿地的保护、研究与合理开发利用，与社会各界进行沟通交流。日本的雾多布市湿地就是由个人、社会慈善机构和大公司捐助的非营利基金会组织进行管理的。如果说日本公民的环境保护意识来源于环境公害的伤害，那么日本社会的环境保护能力则是来源于日本环境教育的积累。

二是地方政府在湿地保护方面具有较高的自治权，地方性的保护法规针对性较强。日

本地方政府较高的自治权来源于两个方面：一方面是宪法对其制定法律条例的规定较为宽松，赋予了其自治的可能；另一方面是实践中地方政府在保护环境上积累的丰富经验。日本地方政府能够根据本地区的湿地类型和特点，制定较为详尽的湿地保护规则和开发使用规则。在这一方面与我国的湿地保护有相类似的地方，我们国家在湿地保护方面长时间没有上位法，对于湿地保护的规定散落于不同的法律中，地方性法规在湿地管理中发挥着重要的作用。在我国《湿地环境保护法》出台后，这些地方性法规如何调整，未来如何发挥作用，是一个值得思考的问题。地方政府如何根据地域特点、湿地类型、保护现状细化管理条例，与《湿地保护法》的整体思想原则融为一体，使管理措施具体、具有可操作性，是未来地方性法规需要进一步解决的问题。

三是环境教育系统性与实践性是日本社会较高的环境保护意识和管理能力的重要来源。日本的环境教育是从幼儿园到大学的长期教育，在每一个教育阶段学生都要不断地接受环境教育，并且根据每一个阶段的学生年龄特点、环境问题的状况，设置不同阶段的环境教育内容。日本的环境教育除去各阶段教育重点的不同外，还是家庭、社会、学校共同发力的教育体系，让环境教育存在于生活中的每个场景。日本环境教育取得良好效果的另一个原因是重视实践与体验，而不仅停留于意识。如日本的中小学生经常在老师的带领下到湿地现场进行采集标本、辨识植物、观察鸟类等活动，从小就有亲近自然、认知湿地、保护环境的理念。日本滋贺县在对学生进行环境教育方面，20 年间每年政府投入资金达 3亿～4 亿日元。特别是随着学生年龄的增大，环境教育的内容不再局限于保护环境，而是思考环境问题的产生原因和如何解决，整体提高了公民的环境治理能力。英国的湿地保护政策是原则性政策与技术政策结合的范例，日本的环境教育则是理念性与实践性结合的范例。

# 第五节　其他国家典型湿地保护制度分析

## 一、澳大利亚湿地保护制度评述

### （一）澳大利亚湿地法律保护

澳大利亚有国家级重要湿地 851 处，其中 56 处湿地已列入《湿地公约》国际重要湿地名录。澳大利亚在法律的制度建设上与日本相同，都没有专门的湿地立法，相关法律条款散落于各项法律制度中。在澳大利亚湿地保护与管理方面，最重要的文件是 1997 年澳大利亚联邦政府出台的《联邦政府湿地政策》。目前，这份文件是澳大利亚联邦政府进行湿地管理和各地方政府制定独立的湿地保护管理法律法规的主要依据，相当于"国家湿地保护法"的国家政策法。澳大利亚湿地保护法律体系还包括《环境与生物多样性保护法》《新南威尔士州国家公园与野生生物法》《北领地公园与野生动物保护法》《昆士兰大堡礁海洋公园管理条例》等单行法律。

### （二）澳大利亚湿地保护的管理部门与管理体制

澳大利亚是典型的英联邦国家，在政治体制上，联邦政府处于弱势。州政府和地方政府对于本地区管辖范围内的一切事务的处理，享有绝对的自主权。其政治体制也是国家体制上的特点，导致在湿地管理上联邦政府和各州的权力划分具有清晰的界限，各州在事实上更多地行使湿地的管理职能,其管理体制是统一协调框架下的地方主导型湿地管理体制。1995 年,澳大利亚联邦政府设立了专门管理和保护湿地的办公室,1996 年成立湿地国际的大洋洲办事处。目前,联邦政府中的环境署是湿地事务的主要负责部门,主要职能是履行国际公约、制定国家湿地政策、开展湿地项目和技术指导工作。地方政府是湿地的保护管理主要管理人。地方政府通过立法,建立湿地自然保护区、湿地公园,开展建设项目的环境评估,限制湿地的开发活动等措施对区域内湿地进行保护。澳大利亚宪法规定,联邦政府只对河流和海洋的航运享有所有权,其他一切自然资源所有权均归属于州政府和地方政府。这就决定了澳大利亚州政府和地方政府,在湿地资源的管辖方面,至少在法律授权方面,享有超过联邦政府的绝对主导权。

### (三) 澳大利亚湿地保护制度

一是专业性的非政府保护。在澳大利亚,公众参与湿地管理主要体现在非政府类湿地保护机构对于湿地的保护上。在澳大利亚湿地保护领域存在一定数量的国际和国内非政府湿地保护机构。国际非政府机构如湿地国际、世界自然基金会、鸟类国际都在澳大利亚设有分支机构;国内的非政府组织有涉禽研究组、海洋保护协会、湿地保护协会、内陆河流网络等。这些组织与政府密切合作,为澳大利亚的湿地保护提供意见建议,是澳大利亚湿地保护管理工作不可替代的决策咨询机构。二是以尊重生活经验为原则的湿地保护磋商制度。澳大利亚湿地保护工作中有一项非常灵活务实的制度——《昆士兰大堡礁海洋公园管理条例》。在澳大利亚,许多湿地都是土著居民聚居的社区,土著居民世代在湿地上生活,形成了许多独有的保护湿地的方式和习惯。澳大利亚政府在保护和管理湿地的过程中,充分尊重当地居民在生活中长期积累的生态智慧和生活习惯,制定了《昆士兰大堡礁海洋公园管理条例》。《昆士兰大堡礁海洋公园管理条例》规定与湿地相关的立法、执法等各个管理环节都要考虑三个要素:一是土著居民世代积累的湿地保护的经验和方法;二是任何湿地开发和利用活动要以土著居民的实际需求为准;三是将监督的权限交予土著居民手中,由其承担起督导员的职责,同时也将管理权给予土著居民,让其承担管理的职责。该制度是因地制宜的选择,不仅利用土著居民得天独厚的保护习惯和方法,也调动了土著居民保护湿地的积极性和主动性。这种尊重传统智慧和生活智慧的做法,在实践中受到了土著居民的欢迎,进一步激起他们保护湿地、保护家园的积极性和主动性,更好地保护了湿地。除《昆士兰大堡礁海洋公园管理条例》外,艾培克斯湿地公园的管理也采用了这样的管理思想,公园的水质监测小组在当地设立了意见箱,收集当地居民在湿地保护和管理方面的意见。这种尊重湿地周边居民意见的环境管理磋商制度值得借鉴和推广。

### (四) 澳大利亚湿地保护与管理的特点

一是澳大利亚的湿地保护与管理手段相对灵活,不只依靠强制性手段,还依靠柔性管理和经济手段来实现管理的目的。如在湿地管理方面尊重土著居民的生活习惯的管理办法,在建立自然保护区时对于属于私人土地的重要湿地和鸟类栖息地,政府常采取购买的方式解决权属问题等。澳大利亚政府从 1996 年起,筹集建立了为期 5 年的自然遗产基金,总额为 12.5 亿澳元,1996—2000 年用于湿地保护的总预算为 1 400 万美元,提高了湿地保护的经济投入。这些灵活变通的行政手段和经济手段产生了较好的保护效果。二是湿地保护管理制度办法更注重地方实际的执行。澳大利亚的政治体制固然决定了联邦政府对于湿地的管理权限较小，但是与政治体制相类似的美国相比，澳大利亚联邦政府对于湿地的管理权限依然明显弱于美国中央政府。因此，政治体制只是这种管理格局形成的原因之一。地方政府对于湿地管理的相对宽松的自治权和以尊重生活经验为原则的湿地保护磋商制度的核心都是依据湿地的具体情况来制定管理制度。

## 二、加拿大湿地保护制度评述

加拿大湿地面积居世界首位，约有 $127×10^4$ 平方千米，占世界湿地面积的 24％。1992 年联邦政府出台的《湿地保护政策》提出了湿地面积不再减少和生态功能不再受损害的决心和目标。该政策在功能上相当于加拿大的湿地保护法。诸如《联邦环境影响评价法》《水企业法》等涉及相关通用环境制度、湿地要素的法律形成了加拿大湿地保护法律体系。

加拿大有两个重要的保护区管理机构：一个是加拿大公园局，由《国家公园法》授权设立；另一个是加拿大野生动植物保护管理局，由《加拿大野生动植物法》授权设立。前者负责全国的文化和自然遗产管理，后者负责国家野生动植物保护区和候鸟禁猎区的建立，并通过加拿大生态保护区委员会的领导，负责实施联邦湿地保护政策。在保护区管理方面，湿地保护区分级分类制度和湿地科学开发制度是最重要的两个制度。湿地保护区分级分类制度是加拿大湿地保护的重要制度，该制度的对象是湿地保护区，将湿地分为国家、省、区域、地方四级和公园系统、海洋系统、野生动植物保护区系统、候鸟禁猎区系统、遗产河流系统等类别。每个层级又根据不同的功能和特点进一步地细化种类，主要分为公园系统类、海洋系统类、野生动植物保护区系统类、候鸟禁猎区系统类和遗产河流系统类等。特别保护区是整个保护区的核心，属于独特或濒危生态区域；荒野区的突出特点是设施较少；自然环境区一般为游客进入区，提供少量服务设施；户外游憩区，有直达交通工具，为公众提供了解、欣赏自然遗产价值的机会；公园服务区是人流和设施集中分布区。加拿大《水企业法》和多部地方政府制定的法律共同确立了湿地开发许可制度。《水企业法》规定，土地所有者在其拥有的湿地中实施的工程，可能会导致湿地水体流失的，都要经过有关部门的许可才能开工。《萨斯喀彻温省环境评价法》规定，需要在湿地中实施工程的，必须在严格环评的基础上取得政府签发的工程许可和经营执照。其他如曼尼托巴、安大略等省也有类似的法律制度规定。湿地开发许可制度的建立和实施，实际有效地预防了加拿大湿地面积减少和功能退化的问题。加拿大的湿地保护制度有三个特征：一是湿地保护管理机构都是由法律授权而建立的，比如加拿大公园局和野生动物保护管理局，这就确保了管理主体在湿地保护与管理中既有权威性又有稳定性，确保了管理主体和管理政策的持续性，较好地发挥了湿地管理的效果。二是加拿大的湿地管理办法相对灵活，更加注重合作管理，比如湿地管理倡导的伙伴协作机制，通过社会力量、非政府组织和社区居民的共同协作、短暂授权等方式，解决湿地保护区的政策制定等具体问题。再比如公园局在管理中尝试企业化运作，通过旅游来实现财政自给自足。三是湿地保护区实行分区分级的管理制度，确保了管理政策与湿地的实际情况和类型相符合。

## 三、德国湿地保护制度评述

德国作为欧洲国家，于 1976 年加入了《湿地公约》，已有 34 块湿地列入国际重要湿地名录，面积为 $0.868×10^4$ 平方千米。德国保护与管理比较成功的湿地有瓦登海湿地、巴伐利亚威尔达姆湿地、莱茵河上游湿地等。德国在湿地保护方面有自己独有的自然保护体系，由自然保护区、公园、人与自然生物圈、欧洲"自然 2000"项目地等共同组成。在保护体系中有两项重要的制度。一是人与生物圈自然保护区管理。德国联邦宪法规定，联邦州负责自然保护。2008 年，德国联邦政府制定了《国家公园质量管理标准》、人与生物圈自然保护区评估标准等，评估结果成为国家湿地公园申请经费的标准之一。这些公园在管理中注重与当地农民的沟通与协商，农民可以在公园内经营餐饮、交通等服务业，也可以按照要求进行放牧。比如对湿地公园的管理体现了公园与居民的合作，公园管理部门确定需要收割植被的区域以及收割方法和数量，社区居民按照要求收割牧草，经济收益归居民所有。这种以物质产品换取劳务服务的合作方式节省了公园人力物力的支出，增加了居民的收入，同时也对湿地进行了科学的管护。二是湿地的跨国界管理。瓦登海湿地是欧洲最大的海洋湿地，也是跨国联合管理的典范，每年有 1 000 万～1 200 万只候鸟迁徙停歇。1974 年，丹麦、德国、荷兰发起了一个联合保护瓦登海的协定，1982 年正式签署《荷兰、丹麦、德国联合宣言》，协同保护瓦登海国家公园。1987 年，荷兰、德国和丹麦政府环境保护部门联合成立了"瓦登海秘书处"。1997 年，《瓦登海多边保护计划》获得通过。三国之间的合作事宜由瓦登海秘书处负责。这种保护自然生态系统完整性而打破国界的做法是跨界管理的典范。三是较早地开展碳汇研究。德国联邦政府对湿地的碳储量进行了监测，科学计算自然保护区的固碳能力，并不断推广和完善碳汇交易。德国加强对湿地科学的研究，建立对不同类型的湿地碳汇与碳源之间的研究，为保护湿地、增强湿地固碳能力提供科学依据。比如，通过监测发现梅前州最大的碳源是被开发的泥炭湿地，每年大约排放 600 万吨二氧化碳。这也就意味着梅前州湿地恢复之后具备 600 万吨固碳能力，从生态效益的角度讲有巨大的环保价值，从经济角度讲是碳交易的巨大利润和产业发展空间，相当于德国交通运输业二氧化碳释放量的两倍。

以上三个国家在湿地保护与管理方面都有各自的突出特点。澳大利亚在管理中的协商制度，尊重传统的保护智慧；加拿大在自然保护区采取分级分区的保护方法；德国的人与自然生态圈保护体系中人与自然和谐相处的管理状态、跨国界的协调管理和湿地碳汇的核算办法，特别是泥炭湿地的核算办法值得我们在湿地保护与管理中学习和借鉴。

# 第六节　境外湿地保护对我国的借鉴意义

我国湿地的保护与管理在近 30 年发生了很大的进步，特别是《中华人民共和国环境保护法》和《中华人民共和国湿地保护法》出台之后，湿地的保护与管理在过去长期存在的问题，如上位法缺失、多头管理、湿地定义不明确以及自然资源的法律地位缺乏立法确认等得到了初步的解决。但是，在我们国家湿地保护与管理的进程中，湿地保护与利用的协调发展、全社会共同保护湿地和湿地保护与恢复的技术问题等方面还有较大的改进空间。

## 一、建立国家湿地生态补偿制度的建议

根据境外湿地管理的经验和我国《湿地保护法》的要求，要解决湿地保护与利用协调

发展的问题，就需要建立国家湿地生态补偿制度。目前，要解决对我国湿地补偿制度有效运行的制约，需要解决以下三个方面的关键问题：

## （一）建立湿地生态补偿制度，畅通开发湿地与建设湿地权属交易的问题

我们国家湿地的权属是国家所有，部分荒地滩涂湿地归集体所有，这就决定我们不能直接借鉴美国、英国这种从私人湿地所有者中直接购买产权或地役权的做法来对湿地进行保护和恢复。但是我们可以借鉴美国湿地缓解银行通过支付 30％地价来换取湿地保护建设的权力以及限定部分湿地的使用用途，并且参与建设的湿地不允许再改变用途的做法。这种不改变湿地所有权，出让部分使用权，保留地役权的做法可以借鉴到我们国家湿地管理中湿地所有权、所有权代表权和所有权代理权主体参与湿地补偿责权利的分配方面。按照美国湿地缓解银行的界定，用以对开发湿地进行湿地补偿的建设湿地的补偿测定单位称为"湿地信用"。在后面的论述中会将这部分湿地称为拟"湿地信用"。我们国家湿地的所有者为国家（全民所有制）和法律规定的集体（集体所有），但是中央政府不直接参与管理，参与管理的是地方政府，它们拥有湿地所有权的代理权。在大多数情况下，湿地所有权的代理主体是湿地建设的责任主体，它们是湿地保护事实上的管理者。拟"湿地信用"的建设工作由谁负责、由谁进行后期维护，拟"湿地信用"进行市场交易的经济收入就归谁所用，用以进行对该湿地或域内其他湿地的建设与维护工作。它们相当于美国湿地缓解银行的"建设者"。但是美国湿地缓解银行的"建设者"多数情况下是企业或能进行市场交易的主体，而在我们国家，由于自然资源所有制的限制，"建设者"多数情况下是地方政府。但是将地方政府作为拟"湿地信用"的建设者，一方面会使政府工作压力增大，另一方面也不利于生态恢复最优效果的发挥，因此需要有专门的建设者来承担这样的工作。比较符合我国现存的湿地所有权与所用权代理权情况的制度设计是，地方政府或集体作为湿地建设的一级建设者，享有拟"湿地信用"的收益权，在保留所有权代理权、部分地役权的前提下，使用专门的湿地建设团队进行湿地的恢复或新建。湿地建设团队在建设初期不需向湿地所有权代理权部门缴纳购买部分地役权的费用，可以让拥有湿地所有权代理权的部门以一定比例参股拟"湿地信用"。具体比例可以借鉴美国湿地缓解银行的定价方法，以 30％作为一个基础线，结合具体湿地对其生态价值和经济价值进行综合评估，根据评估情况在 30％的基础上逐渐提高，上限不超过 50％。用于参股的部分地役权只用于拟"湿地信用"的建设，不出让其他经营管理、租赁和使用等权利，这也就意味着拟"湿地信用"在市场交易中获得的经济收入按约定比例由湿地所有权的代理权一方和湿地建设的签约方获得，湿地的其他权利及其收入的分配不改变，仍然按照现有的湿地管理制度来进行分配。与美国湿地缓解银行不同的是，我国湿地银行的申请人是湿地所有权的代理人，也就是地方政府，不是湿地建设具体的承担方。如果湿地信用产生后，在交易市场中没有完成交易，也可以由湿地信用所有权代理者按照当下市场交易价格购买，按照现行价格进行收益分配。"湿地信用"的购买方，也就是湿地的开发者和使用者，按照批准开发管理部门的要求在审批前完成湿地信用的交易。在美国湿地缓解银行系统中，审批者是陆军工程兵部，这种统一的审批机构有利于全国建立统一的审批流程与规范，便于监测和管理。我国可以由国务院林业草原主管部门负责，按照具体审批所涉事项会同其他相关部门组成湿地补偿审核小组，对于湿地建设、恢复和开发工作进行审核，因为按照《中华人民共和

国湿地保护法》的规定："国务院林业草原部门负责湿地资源的监督管理，负责湿地保护规划和相关国家标准拟定、湿地开发利用的监督管理、湿地生态保护修复工作。国务院自然资源、水行政、住房城乡建设、生态环境、农业农村等其他有关部门，按照职责分工承担湿地保护、修复、管理有关工作。"国务院林业草原主管部门可以借鉴美国湿地缓解银行收取湿地缓解银行建设保证金和管理费的办法，向拟"湿地信用"的申请人（湿地所有权代理者）收取管理费，向湿地建设的事实建设者收取保证金，管理费不退还，保证金在验收合格后退还给湿地建设者。

### （二）建立湿地生态补偿制度要依靠科技支撑建立技术标准

首先，湿地信用测定的科学性和准确性是市场交易公平性的前提。一般来说湿地信用的测定问题是生态技术领域的问题，市场交易是经济领域的问题，并无太大相关性。但是在湿地生态补偿的交易过程中，这两个问题交织在一起，湿地信用测定的科学性和准确性成了市场交易公平性的前提。这就相当于在农贸市场买东西的秤砣，秤砣要准，斤两才能够。这就要求我国首先建立对不同类型的湿地进行测定的方法，以及可用于不同类型湿地之间、不同建设方法之间的转换方法。由于每一个国家的湿地类型以及自然资源使用的整体情况都不同，我们不能从其他国家照搬照抄，要建立一套适合我国国情的测定及转换方法。但是我们可以借鉴其他国家制定测定方法的思想、原则和方法。其次，湿地信用测定的主要方法，应该是基于湿地生态系统功能进行测定。在我国确定湿地信用测定方法的过程中，可以借鉴美国对于不同类型的湿地进行比例转换的办法，但是美国湿地信用系统中通常采用的基于湿地面积的测定办法则不建议广泛使用。因为在我国湿地管理体系中，地方政府所管理的湿地或湿地自然保护区，其范围和流域都比较广泛，湿地面积只是指标之一，更应该关注的是湿地的功能发挥以及湿地生态系统的未定性。未来，当技术成熟的时候，我们还要关注湿地生态系统与其他生态系统的交互作用。因此，我们对于区域范围或流域范围的湿地建设应该是基于湿地生态功能来进行测定的。这里可以借鉴英国自然资产核算和生态服务价值评估的办法来开展湿地生态资本的登记与核算，在核算的基础上建立测定标准。再次，建立湿地自然资本登记与核算、湿地信用测定的技术操作指南。基础是建立湿地自然资本登记的技术规范。由于我国《湿地保护法》刚刚出台不久，原则性规定较多，对于各地方性法规及其他相关法律法规之间的耦合性需要进一步的制度设计。加之我国自然资源登记的部分工作由地方承担，那么对于原则性标准的理解程度、对于具有弹性空间的标准的执行程度，各地的基础情况都是不同的，这些都要求建立技术操作指南，解决实操层面的问题，确保登记和核算工作的准确性。比如英国在生态价值服务的评估和自然资产核算的管理制度方面，都使用了"原则性＋技术性"的规定方法。我们可以在案例整理的基础上，对具有代表性的特殊案例进行总结，形成技术指导。在短时间内搜集众多案例是有难度的，可以借助于我国的自然资源登记工作，对于登记过程中各地区出现的不确定的问题建立上报机制，经过统一研判之后给出操作办法，并对这些案例进行整理，为技术操作指南的形成积累实践素材。最后，建立湿地建设许可与湿地评估的技术规范。湿地是复杂的生态系统，涉及的自然资源要素和管理部门较多，单纯依靠国务院林业草原主管部门无法完成对这两部技术规范的制定。虽然按照《湿地保护法》的规定，国务院林业草原主管部门可以会同其他相关部门制定这两部技术规范，但是在制定的过程中如果将各部门提供的单一自然资源要素的评估标准进行简单组合，是不足以对湿地生态系统功能进行准确反映的。在制定这两部技术规范的过程中，要避免将各要素的标准割裂，要像体检一样有"综合会诊"的过程，注重发挥生态系统整体的功能性，制定出能够对生态系统功能进行综合考量的评审标准。

### （三）建立完善的湿地生态补偿交易制度

完善的湿地生态补偿制度，离不开湿地建设许可制度、湿地建设评估制度、湿地生态补偿市场交易制度、湿地开发许可制度和湿地调整管理制度。

**1. 湿地建设许可制度**　湿地建设审批方面，可以由国务院林业草原主管部门负责，根据所涉及的湿地地域、管理权限、湿地类型会同相关部门和地方政府组成湿地建设审核小组。按照《湿地保护法》的规定，不同级别的湿地自然保护区由不同级别的政府管理。另外，县级以上人民政府林业草原主管部门负责编制本级湿地保护规划并报上一级批准。由此，在制度设计的过程中，为解决管理层级的问题、避免层层审批，湿地依附土地的所有权代理人作为湿地建设的申请人，向国务院林业草原主管部门提出湿地建设的申请。申请内容主要包括湿地建设项目的选址情况，湿地及各项资源的权属情况，具体承担湿地建设项目的主体情况、项目建设的基本情况以及增加湿地面积或增强湿地生态功能的情况，和申请人之间约定的收益分配比例等。国务院林业草原主管部门根据申请湿地的具体情况组建湿地建设审核小组，按照湿地建设项目技术规范对建设湿地项目的申请书进行论证。如果项目申请内容基本可行，可以聘请专门的咨询机构完善建设计划后颁发湿地建设许可证。在签发许可证之前，要与湿地建设项目的申请人及项目建设的承建人共同签订湿地建设协议。这份协议要包括湿地的自然情况及权属情况，湿地建设的进程及效果，湿地建设的用途以及项目建成后的日常维护工作，湿地信用测定值、湿地信用出售方式（是分阶段出售还是整体评估后出售），湿地信用交易的地域范围和功能限定等具体内容。在签订协议书的同时，湿地建设的申请人要向国务院林业草原主管部门缴纳湿地建设项目管理费用，项目具体承建人缴纳湿地建设项目保证金。

**2. 湿地建设评估制度**　关于湿地建设的评估，要根据建设项目的类型，如新建湿地、恢复湿地等进行分类评估。湿地建设项目的评估要按照所签订协议的内容分阶段进行，项目全部建成时进行总体评估，湿地信用交易完成后也要定期进行后评估，以确保湿地建设项目的持续效果。湿地补偿的评估的内容不仅包括对于项目的执行情况，还应该包括项目对于湿地生态系统的结构和功能的影响。在评估的过程中可以借鉴美国咨询机构或是英国环境咨询机构的经验，定期对项目的执行效果进行评估，在必要的时候进行调整。评估制度是确保湿地建设与开发质量的保证制度，是确保湿地总量控制的关键一环。湿地建设项目建设完成并评估合格后，国务院林业草原主管部门颁发湿地信用确认证书，并返还湿地建设保证金。关于湿地信用确认证书的颁发时间，可以借鉴美国湿地缓解银行的做法，在签订协议书的时候将一个湿地项目分成不同的阶段，每完成一个阶段，便可以出售部分湿地信用。这样做的好处是缓解了湿地建设单位的资金压力。在美国湿地缓解银行制度中，湿地建设者完成市场交易后，后期的维护工作仍然由建设者来完成。但是经许可部门批准后，湿地缓解银行发起人可以将责任转移给政府或非营利组织等其他土地管理实体。所以关于后期的维护问题，我国在制度设计的时候也可以根据双方意愿决定是否转移这种管理责任。

**3. 湿地生态补偿市场交易制度**　当市场上存在数量相当的湿地信用买卖交易诉求后，交易的公平、透明、安全就成了交易能够持续进行的必要保障。这离不开政府对于交易平台的搭建与监管。因为湿地信用的情况很难通过非政府的渠道获得，需要政府建立湿地信用交易平台。在这一平台上要对于待出售湿地信用的建设进度，可出售湿地信用的测定值、服务范围以及参与交易等相关情况进行跟踪采录，对于待补偿的湿地的买家情况也要有全面的登记。这样全过程的透明信息跟踪，便于管理监督，也便于湿地信用市场交易的进行。湿地信用交易的过程，离不开湿地信用的定价，基本的原则是以湿地恢复的成本为基准线，按照市场定价的方式来确定价格。

**4. 湿地开发许可制度**　对湿地的开发许可，要严格按照待开发湿地的管理权限进行审批，但是在审批前要确定补偿方式，如果采取第三方补偿的方式，要先购买湿地信用再进行湿地开发，并且要对待开发项目先行评估，确定其补偿湿地信用的测定，完成湿地信用的市场交易后方可进行湿地开发。

**5. 湿地调整管理制度**　湿地调整管理制度主要用于湿地补偿不成功的情况。这里涉及一个问题：项目计划外的临时调整应该如何确定、经费从何而来。美国湿地缓解银行的规定是如果湿地补偿项目失败，则保证金不返还，由湿地综合事务管理部门用保证金及管理基金来负责修复与管护。在湿地补偿项目中，评估人员根据定期评估结果，决定具体的调整事项。如果评估结果与预期结果相符合，则继续执行；如果定期评估成果与预期成果方向相同，但是未达到标准效果，可以提出相关建议和指导；如果定期评估成果与预期结果出现了重大偏差，则应启动湿地建设项目的调整机制，按照预定程序暂停湿地建设。湿地评估组应该向审批部门或组织发起评估的部门提出停止湿地建设的意见，待重新研判后，再确定项目是否重新启动，或项目调整，或项目终止。对于项目建设效果与预期建设效果不相符合的原因应进行分析，如果是由于建设者未按约定内容进行建设，则超出预算额度的资金，由建设者承担；如果是由于项目制定的计划导致湿地受损，则损失与超出预算的建设经费由项目计划的制定方来承担，要用湿地管理基金积累的资金进行补差。要实现对湿地补偿项目的调整，必须要满足以下三方面要素：一是有法定的有权决定项目终止或过程变更的决策部门和规范的、统一的决策程序；二是有专业的研判机构，能够准确地对评估结果进行分析与预判，这里面的研判机构是与计划部门区分开的，这样能够保障计划与评估不会相互干扰；三是有专门的调整资金，一旦启动调整机制，对湿地建设项目进行调整，就意味着长远计划中规定的利益双方都有可能受到损失，如果是计划不完善导致计划变更，则计划方须有专门的资金用于这部分费用。对于上述情况应建立有针对性的调整制度。

## 二、提高公众参与湿地保护与管理的能力与效果

《中华人民共和国宪法》《中华人民共和国环境保护法》《中华人民共和国湿地保护法》都要求公众要参与到自然资源、湿地资源的保护与管理中。但是在公众参与湿地保护与管理方面，存在公众参与度低、参与范围窄小、参与管理的能力不足且效果差的问题。为此，要建立能够执行的适合非专业人士参与管理的渠道，在管理中提高环保意识，进行湿地环境保护教育，提高普通公众参与湿地管理的能力，建立专门的湿地保护与管理的决策

咨询机制。

## （一）建立公众参与湿地保护与管理制度

在境外湿地管理经验中，英国公民陪审团制度的组织形式、日本地方社团参与管理的决策机制、澳大利亚的磋商机制都可以借鉴。目前我国的公众参与湿地管理制度，参与形式相对单一，基本局限在公示、听证会、意见箱这些形式上，缺乏系统的组织办法和固定的参与机制。英国的公民陪审团制度为我们提供了较好的借鉴案例。在我国湿地的建设、恢复及开发方面，可以引入公民陪审团制度。由湿地管理部门根据具体涉及的内容，组建公民陪审团。首先抽取规定数量的公民陪审团成员，根据所涉事项遴选专家证人，确定一位小组主持人。所遴选出来的专家证人负责向公民陪审团成员讲解专业事项，以及回答公民陪审团成员的疑问与不解，直到公民陪审团成员认为对这一事项有了足够的专业了解。随后，公民陪审团成员根据不同的子任务进行详细的分组讨论，以及将小组讨论结果放到大组继续讨论，直至达成一致意见。意见达成后，公民陪审团向小组主持人出具书面报告。在意见达成的过程中，专家证人扮演公民陪审团的专业辅导老师的角色，随时为公民陪审团提供专业知识。小组主持人受主办者委托，引导小组问询专家并讨论能否顺利完成论证任务，全程确保公民陪审团独立做出判断。为了确保公正性，公民陪审团成员抽取的办法与过程要公开透明，成员选取范围要具有广泛性。在遴选专家的时候首先要确定遴选范围，保证专家的专业性与论证事项的相关性，同时要注意回避原则。除此之外，还要对公民陪审团的决策质量进行跟踪评价，在实践中积累遴选专家、抽取公民陪审团成员、小组主持人工作技巧等方面的经验，特别是对公民陪审团成员问询、讨论、协商的经典案例进行整理，这对于提高公民陪审团成员的能力具有较大帮助。另外，澳大利亚的磋商机制中，对于湿地土著居民传统生态智慧的尊重也是值得我们借鉴的，这些是劳动人民长期的智慧积累，在湿地保护与利用的原则中也应该引入这条原则，作为公民陪审团成员进行项目论证的标准之一。

## （二）完善湿地环境教育体系

应加强湿地环境治理的思辨教育与湿地环境保护的实践教育。在这一方面可以借鉴日本的经验。目前，我们国家的湿地环境教育停留在意识教育方面，但是这已经不能满足湿地环境保护工作对于公众的要求了。因此，在湿地环境教育方面可以通过经典案例或是环境保护事项听证会的身边案例作为教学素材，向不同年龄阶段的孩子提出不同的教学目标。比如，在幼儿园阶段要培养孩子喜爱自然、喜爱湿地的情感；在小学阶段要通过亲身教育让孩子树立保护自然、保护湿地的意识；在初中阶段要引导学生去思考一项行为所带来的环境后果，引导其形成保护环境的思维方法；在高中阶段要引导学生去思考遇到湿地环境问题应该如何解决，形成解决问题的思路；到大学阶段，要进行专业的教育，形成系统解决环境问题的能力。2021年，西南林业大学湿地学院申报的新专业"湿地保护与恢复"，列入《普通高等学校本科专业目录》，填补了我国在湿地教育领域的空白。

另外，在每个人接受环境教育的过程中，学校和社会要注重运用多种教育方式。目前，我们的教育方式更多的是理念式教育，缺乏对于环境环保问题的体验。要把体验式环境教育项目纳入到我们的环境教育体系中。围绕湿地自然保护区建设，建立湿地科教宣传馆、湿地自然学堂、湿地自然情况观测站等，深入挖掘湿地的科教文卫价值。比如广东星湖国家湿地公园就进行了科普宣教规划。广东星湖国家湿地公园通过"点""线""面"的布局方式，开展湿地科普宣传教育。"点"是以公园中人们聚集活动的景点为依托，主要供游人休憩游玩之用，在游客驻足观看游览的同时，将湿地有关的生态、自然知识通过展板、二维码、声音、图片、视频的形式向游人进行宣传，使人们了解湿地的功能等知识。"线"主要利用景点之间的通道、廊道、渠道、水道等连接，通过科学规划线路，形成湿地知识发展空间脉络或时间脉络，让游人以沉浸式的游览方式，了解湿地有关知识。"面"是通过"点"与"线"之间的错综勾连，形成湿地公园的整体面貌，通过空间位置图、三维动画、立体电影等形式，了解湿地公园的形成、变迁历史过程。

### （三）建立湿地专业咨询机构

湿地专业咨询机构作为第三方独立机构存在于湿地保护与管理工作中。应建立湿地专业专家库管理办法。由于湿地所涉专业门类众多，应该建立由不同学科专家共同组成的专家库，并按照专业建立不同的湿地咨询专家组，在具体的湿地保护与管理工作中以法律条文明确规定哪些领域需要第三方专家咨询。应当以法律条文明确湿地保护专家委员会的权利义务，保证其第三方中立性，以便专家委员会的工作开展具有可操作性和独立性，特别是应编制好技术操作规范。此外，可以借鉴澳大利亚的磋商制度，在湿地专家委员会成员中引入湿地当地居民，吸收、借鉴当地居民日积月累的湿地保护实践经验和智慧。

## 三、培育专业的湿地保护与恢复团队

美国的湿地补偿采取的是第三方替代补偿的方法。从全社会的角度看，替代补偿是最具经济效率的一种补偿方法。我国要建立湿地生态补偿制度，协调好经济与环境之间的关系，合理地利用湿地，都必须先解决补偿效率这个问题。然而，我国缺乏像美国 RES 公司这样的专门从事湿地管护的公司。尽管近几年我国出现了一些专门从事湿地保护规划、湿地生态恢复与景观营造、湿地生态资源调查、湿地科研监测和评估、湿地科普宣传教育、国家湿地公园试点建设迎检全程一站式策划设计工程的公司，但是在专业技术能力、资金链的流动性、专业人才特别是技术施工人员等方面都存在不足。政府要对于这样的公司在资金保障上给予一定的支持力度，通过市场化的手段确保其投入资金及时回流，有能力承担新的项目。另外，专业技术人员特别是施工现场的技术工人稀缺。湿地的恢复与维护需要具有一定专业知识的人来进行，这就要求现场施工人员中必须有具备专业能力的人。但是施工现场工作环境艰苦，野外工作时间长，很多具有这方面知识的专业人才不愿意从事这样的工作，导致现场的监理人员稀缺。近几年，不仅是湿地管护行业存在"用工荒"的问题，工作性质类似的行业也都缺乏施工现场技术监理人员。因此，对于这类人员，一方面在环境保护教育方面要加强培养、加大人才供给力度，另一方面要在人才政策方面给予一定的优惠，吸引这类人才留在本地。总体而言，这类企业从行业发展周期看，属于新生行业，并且投资周期长、资金投入多、专业壁垒厚、人才供给缺乏。这些都是不利于新生行业成长和发展的因素，为了壮大这一市场主体，政府要对于这些企业给予政策方面的优惠，帮助其克服成长期的发展困境。这样的企业一旦具有了一定的规模和项目积累，能够从过去的管护项目中获取持续的运营费用，在资金方面就可以有稳定的现金流，从而维持生存。对于已经进入发展期的企业，政府给予的政策激励是引导其在技术上不断

• 128 •

提升，解决恢复与管护的技术难题。这就要求政府要在不同的发展阶段给予不同政策支持，引导湿地管护类企业走技术发展型路径。

我国湿地保护管理起步于1992年加入《湿地公约》，经过30年的发展，目前已经进入全面保护的阶段。在《环境保护法》与《湿地保护法》的共同约束下，我国的湿地保护工作在湿地的定义、湿地管理体制等方面取得了明显的成绩，但是在制度间兼容、湿地权属、公众参与湿地管理和协调湿地保护与经济发展等方面还存在较大的进步空间。本章重点分析了美国的湿地缓解银行制度、英国的自然资本核算和公民陪审团制度、日本的环境教育与地方自治制度，以及澳大利亚、加拿大和德国等国家典型的湿地管理制度。通过国内国外管理情况的对比分析，结合当下我国在湿地保护方面的重点任务，提出了构建国家湿地生态补偿制度、提高公众参与湿地管理的能力与效果、培育专业的湿地管护团队的具体建议。

# 第八章　三江平原湿地生态系统健康管理体系的构建

在前文中，依据三江平原湿地生态系统的健康评价结果，我们提出了解决湿地生态系统健康改善缓滞问题的总体要求，以及提高湿地生态系统管理效率、发挥湿地生态系统自我恢复能力的具体要求。为了解决三江平原湿地生态系统健康改善缓滞的问题，本书提出构建以湿地生态系统健康为管理目标的三江平原湿地生态系统健康管理体系的设想。本章重点研究如何通过构建一个具备综合管理能力的湿地生态系统健康管理体系，提高研究区域湿地生态系统管理效率和湿地生态系统的健康水平。

## 第一节　湿地生态系统健康管理的模式选择

### 一、湿地生态系统健康管理模式的内涵与适用

本书根据三江平原湿地生态系统的健康分级情况，设定具体的管理模式，具体包括：生态效益避险模式（The ecological safety mode，简称 ESM）；原生态效益模式（The original ecological benefit mode，简称 OEM）；经济效益避让模式（The economic benefit avoidance mode，简称 EBM）；衍生态效益主导模式（The derive ecological benefit mode，简称 DEM）。

#### （一）生态效益避险模式

此种管理模式属于危机处理模式，用于抢救重要的湿地、维持生物多样性、维持基本的湿地生态功能，确保做到湿地"零净损失"，使湿地生态系统的关键性功能得以维持。人类的一切行为为湿地生态效益的实现让步，确保湿地生态系统得以维持、湿地生态效益正常发挥是该管理模式的核心目标。其管理重点在于最大限度地避免一切人类扰动行为对湿地生态系统造成新的损害，通过人类干预行为降低自然扰动的负效应和激励湿地生态系统的自我恢复能力不断增进。生态效益避险模式的适用条件为：当湿地生态系统处于疾病状态时，应即刻进入生态效益避险模式。

#### （二）原生态效益模式

原生态效益是指湿地生态功能或湿地生态效益中可以直接作用于自然或人类系统、其实现不依赖于人类社会、不需要通过市场机制转化的、原始的湿地生态效益。此种管理模式属于湿地生态系统健康的修复模式，也是管理晋级的关键和基础阶段，这时湿地原生态效益基本得以发挥但仍不稳定，湿地管理的主要任务还是最大限度地恢复湿地的生态功能，确保做到湿地"零净损失"，使得湿地生态系统的关键性功能得以发挥。原生态效益模式的适用条件为：湿地生态系统处于亚健康状态且湿地生态系统处于向疾病状态演化的趋势强于向健康状态演化的趋势。

### （三）经济效益避让模式

经济效益避让模式是指湿地生态系统的保护工作要避让经济效益，管理工作不能损害生态效益，但要充分发挥经济效益，推动经济的长足发展，为生态产品的转换提供必要的市场准备。该模式下湿地生态系统健康管理的重点目标在于，在确保湿地达到"零净损失"的基础上，兼顾经济效益和生态效益，并在保障区域经济发展的同时，实施对湿地生态系统的健康管理。在此管理模式下，主要工作在于结合保护生态功能的需要，调整产业结构，推动产业绿色发展；在保护和恢复生态功能的前提下，发展生态产业和生态经济。经济效益避让模式的适用条件为湿地生态系统处于相对健康状态。

### （四）衍生态效益主导模式

衍生态效益是指经过市场交换产生了经济效益的湿地生态效益。衍生态效益主导模式是指以湿地衍生态效益转化的经济效益作为湿地生态系统综合效益的主要效益，是将湿地生态效益、社会效益和经济效益等综合效益合理整合的具体体现，是生态效益、社会效益和经济效益的合力。在这种管理模式下，管理的关键目标是不断开发和挖掘出新的湿地衍生态效益，并且不断经营和利用好这些衍生态效益，将这些效益不断转化为经济效益、社会效益。衍生态效益主导模式的适用条件为：当湿地生态系统处于健康状态时，其受到的自然与人类扰动在合理承受范围内，表现出健康的生态特征，能够维持自身的演化并且能够向人类社会提供稳定的物质和精神文化产品。

## 二、评价引导下管理模式的选择

湿地生态系统健康管理模式的选择要与湿地生态系统健康管理模式的分类标准相对应。依据湿地生态系统健康预测的结果确定湿地生态系统健康管理模式，即依据年度湿地生态系统健康等级及其集对势的综合研判预测结果选择管理模式。

如第六章所述，本书将三江平原湿地生态系统分为疾病（Ⅴ）、相对疾病（Ⅳ）、亚健康（Ⅲ）、相对健康（Ⅱ）、健康（Ⅰ）五个等级，相对应地，本书将联系度分级为 $\mu_V \in [-1, -0.6)$、$\mu_N \in [-0.6, -0.2)$、$\mu_{\mathrm{III}} \in [-0.2, 0.2]$、$\mu_{\mathrm{II}} \in (0.2, 0.6]$、$\mu_{\mathrm{I}} \in (0.6, 1]$。

其中，五级（Ⅴ）表示湿地生态系统处于疾病状态，湿地生态系统受到严重的外部扰动，基本不具备自我维持及发展的能力。此时，湿地生态系统已无法拥有生态系统自我维持及发展能力和满足人类社会经济发展需求的能力。此时，坚决避免湿地生态效益再受到损失、以最快速度恢复湿地生态系统自我维持及发展能力成为首要任务。

四级（Ⅳ）表示湿地生态系统处于相对疾病状态，湿地受到了大于自身抗扰动能力的扰动，不再能够独立地进行自我维持及发展。此时，湿地生态系统整体健康状况很差，相关管理工作的主要目标还是维护湿地的生态效益，以实现原生态效益为主。

三级（Ⅲ）表示湿地生态系统处于亚健康状态，湿地生态系统自我维持及发展能力开始不能满足自身更新与演化的需要。该级别湿地生态系统的健康状况处于过渡阶段，介于健康与疾病之间。在该阶段，不仅要判断湿地的健康现状，还要通过现状判断其发展态势、健康态势，选择管理模式。

二级（Ⅱ）表示湿地生态系统处于相对健康状态。虽然此时湿地的生态特征基本稳定，但是由于湿地恢复的缓慢性以及有些伤害的不可逆性，湿地生态系统健康管理工作仍然要以保护湿地生态系统的生态功能为目标，经济的发展要在不损害生态效益的前提下进行。

一级（Ⅰ）表示湿地生态系统处于健康状态。湿地生态系统受到的外界扰动很小，在湿地生态系统的抗扰动能力范围内。此时，应按照研究区域社会经济发展的需求，合理利用湿地资源，不断挖掘出满足社会发展需求的湿地衍生态效益，并且不断经营和利用好这些衍生态效益。将这些衍生态效益不断转化为经济效益、社会效益，会使湿地生态系统的原生态效益得以进一步发挥，增加和扩展湿地生态系统对人类社会的反馈。

具体选择依据见表 8-1。

**表 8-1  湿地生态系统健康等级与管理模式分类**

| 健康等级 | | 管理模式 |
|---|---|---|
| V | | 生态效益避险模式 |
| Ⅳ | | 原生态效益模式 |
| Ⅲ | $\alpha+\beta_1 \leqslant c+\beta_3$ | 原生态效益模式 |
| | $\alpha+\beta_1 > c+\beta_3$ | 经济效益避让模式 |
| Ⅱ | | 经济效益避让模式 |
| Ⅰ | | 衍生态效益主导模式 |

第六章关于三江平原湿地生态系统健康状况的预测结果显示，2025 年时，联系度健康值为 0.02，健康等级处于亚健康状态（Ⅲ），系统内处于集对反势（$\alpha+\beta_1 \leqslant c+\beta_3$）。预计到 2025 年时，三江平原湿地生态系统的健康状况不会改善，反而会略微恶化，并且反势状态基本形成。到 2025 年时，虽然三江平原湿地的核心差异度明显减少，意味着系统中不确定因素越来越少，但集对反势日趋明显。系统中的不确定因素大部分转向了对立差异度和差度。三江平原湿地生态系统健康评价和预测的结果表明，受评湿地生态系统符合原生态效益管理模式的适用条件，即当湿地生态系统处于亚健康状态，且湿地生态系统向疾病状态演化的趋势强于向健康状态演化的趋势时，进入原生态效益模式。

综上所述，三江平原湿地生态系统健康管理应选择原生态效益模式。

# 第二节  原生态效益模式下三江平原湿地生态系统健康管理

本章选择原生态效益模式作为三江湿地生态系统健康管理的模式，因此，对于三江湿地生态系统健康管理体系的设计，本章也是在这个前提下进行的。

## 一、湿地生态系统健康管理的目标

湿地生态系统健康管理的目标在于运用管理手段，优化配置社会资源，解决现存问题，实现湿地生态系统健康。具体来讲有以下几个目标。

### （一）增强湿地生态系统自我维持及发展的能力

通过研究湿地演化规律，预防自然扰动给湿地生态系统健康带来的侵害，提高湿地生态系统抵御扰动的能力，提高其承受扰动的上限。目标是使湿地生态系统能够维持正常的生态结构，发挥生态服务功能，具备自我维持及发展的能力。

### （二）提高湿地生态系统满足人类社会经济发展需求的能力

湿地生态系统满足人类社会经济发展需求的能力，主要包括满足人类社会物质和精神文明需要的能力，以及满足区域经济社会与人类社会可持续发展需要的能力，它的核心是人的健康。满足人的物质精神需要，比如提供观赏旅游场所、洁净的空气和水、适宜的生存空间等，是一个湿地生态系统的社会能力。

### （三）控制和降低人类扰动的破坏力

通过政策、法律等硬性约束手段限制人类活动范围；通过经济和社会宣传教育等手段激励与引导人类行为，使之成为自发降低人类扰动强度的内生力量，使人类扰动的负面影响最小化；通过科学研究进一步定量评价人类扰动危害，为政策法律的制定提供科学依据，通过生计替代和社会发展与管理模式的变化，实现湿地保护与利用的"双赢"。

### （四）具备综合管理能力

湿地生态系统健康管理体系应该是一个闭合的管理体系，运用生态学理论和技术手段进行监测、评价和分析，为管理决策提供科学依据和技术支撑。湿地生态系统健康管理体系具有决策、评估、反馈、修正的能力，是技术与管理相结合的管理体系。

### （五）提高区域整体优化能力

湿地生态系统健康管理的目的在于实现湿地生态系统健康，并且通过湿地生态系统健康状态的改善带动区域内经济、社会和生态环境的优化，或是与其他生态系统的健康相互促进，推动区域整体全面发展，增强地区实力。

### （六）实现人类自身平等发展

生态伦理道德所追求的人类平等，要求发展主体对自己的发展行为自律，要以人类生存发展的整体利益和长远利益为视角。这里所指的实现人类自身的平等包括代内平等和代际平等两个方面。代内平等要求任何人和部门都应保护生态环境并为此作出积极贡献；代际平等关注的是发展的未来性。

## 二、湿地生态系统健康管理的过程

三江平原湿地生态系统健康管理从管理的实现过程上看一共分为四个步骤，分别是湿地生态系统健康评价、湿地生态系统健康管理决策、湿地生态系统健康管理执行和湿地生态系统健康管理监测监督，上述四个步骤是循环往复的，具体循环过程见图8-1。

### （一）湿地生态系统健康评价

评价是湿地生态系统健康管理决策的前提依据和决策基础。湿地生态系统健康评价工作是综合性过程，它涉及对评价指标体系的制定与完善、评价比对分析，以及对评价数据结果的诊断与分析。从管理职能的角度看，这一过程包括决策职能和服务职能，因此可以说它是一个综合性的管理过程。制定和完善评价指标体系属于决策职能范畴，评价比对分

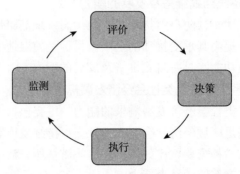

图 8-1　湿地生态系统健康管理循环过程图

析属于服务职能范畴。因此，新一阶段的评价工作是在前一阶段管理工作的基础上开展的。在制定评价指标体系时，应充分考虑研究区域内湿地生态系统的特性，并综合生态专家的意见和社会调查结果，尤其是当地居民对湿地生态系统健康状态的期望。在选择评价指标时，应随着评价期间湿地生态系统健康状态的变化进行适时调整，但要保持指标的连续性。除非出现重大的研究突破或社会现象，否则不宜轻易更改指标。在调整指标时，应确保新旧指标之间的关联性和替代性。湿地生态系统健康评价与分析的结果，为湿地生态系统健康管理决策指明了解决问题的努力方向。为了确保这一方向的正确性，将湿地生态系统健康评价的数据结果转换为湿地生态系统管理决策依据时，要遵循真实转换和现实转换的原则。其中，真实转换要求对评价结果的解读全面、准确，现实转换要求评价结果能够指出问题。

### （二）湿地生态系统健康管理决策

决策在湿地生态系统健康管理过程中处于核心地位，决定着管理活动的方向。湿地生态系统健康管理决策为湿地生态系统健康管理的执行提供具体的行动依据，通过管理价值选择、制定政策、统筹规划和组织协调等具体决策行为，将决策职能贯穿于湿地生态系统健康管理的全过程。虽然湿地生态系统健康评价从时间顺序上看先于湿地生态系统健康管理决策，但是是否评价、评价什么、以什么样的方式来评价其实依然属于湿地生态系统健康管理的决策范围。如前文所述，管理选择受社会伦理价值的影响，"人与自然和谐共生"是支撑湿地生态系统健康管理的正确价值选择。在基本的价值伦理框架下，管理选择还受到现实情况的影响和制约，健康的生态系统可以提供丰富的物质产品、可供观赏的自然风光，且能涵养水源，退化的或不健康的湿地生态系统则很难具备多种用途，而仅能发挥某些方面的功能。那么，在管理过程中，应该实现湿地的哪些功能？这种选择就是管理选择，是综合判断的结果，它既受到现实情况的影响，也受到管理体系组成结构的影响。湿地生态系统健康管理决策还具体体现在制定湿地生态保护规划、制定湿地生态系统评价标准和政策法规等行政手段的发挥上。宣传教育、综合规划、政策法规、污染控制、生态保护、监督管理等部门，主要运用政策、法规、制度等方式参与湿地管理，通过制定行为规范、调整利益关系保护和恢复湿地，使湿地生态系统保持健康状态。

### （三）湿地生态系统健康管理执行

湿地生态系统健康管理的实施，是对既定决策的有效执行，关键在于切实履行湿地生态系统健康管理单位的组织协调职责，将管理决策转化为实际行动。在遵循相关法律法规的前提下，三江平原湿地管理执行部门应将湿地生态系统健康管理决策过程中确立的政策、管理目标和工作计划等具体任务进行分解，并依据时间节点逐步推进实施。湿地管理执行部门应依法对辖区内单位或个人执行湿地保护法规的情况进行现场检查，并按规定进行处理。为确保三江平原湿地生态系统健康管理的公平性和公正性，湿地管理执行部门需接受来自组织内部和外部的严格监督。同时，还要协调使用好湿地破坏处罚金、湿地生态系统健康基金。

### （四）湿地生态系统健康管理监测

这一管理过程基本上是与湿地生态系统健康管理的执行过程同步进行的。湿地生态系统健康管理的监测，重点在于根据既定的湿地生态系统健康评价指标体系的测量需要，不断完善数据监测体系，提高数据监测的精准度。对于人类社会系统的监测主要是污染监测，其中既要做好面源污染监测工作，又要做好点源污染监测工作，为实地踏查部门提供数据依据。而监督工作的核心目的在于保障湿地生态系统健康管理的公正性和公平性，这是防止不正当利益交换、确保湿地生态系统健康管理发挥实效的重要社会支撑措施。

# 第三节　原生态效益模式下三江平原湿地生态系统健康管理体系的设计

## 一、湿地生态系统健康管理体系的框架构成

在原生态效益模式下的三江平原湿地生态系统健康管理体系中，湿地资源主管部门通过设置管理机构，制定法律法规、管理制度、技术标准等行为来完成管理工作，统筹规划与健康管理目标相耦合的政策、技术和教育支持体系，确保三江平原湿地生态系统健康管理过程的有效运转。

原生态效益模式下的三江平原湿地生态系统健康管理体系，由职能运行体系和辅助支撑体系两个相互依赖的部分组成。根据健康状况选择适宜的管理模式，是职能运行体系运作的基础和前提。在具体的管理模式下，管理体系按照管理过程运转，而对管理体系的修正意见通过反馈机制不断地提供给决策部门，使之不断地修缮和补充相关工作要求。在职能运行体系运转的过程中，需要辅助支撑体系提供技术、资金和教育等方面的支持，同时职能运行体系在运转过程中遇到的困难和问题，也是辅助支撑体系需要补充和加强的内容。因此，可以说在某种程度上职能体系规定了辅助支撑体系构建的目标。三江平原湿地生态系统健康管理体系的具体构成如下：

### （一）管理系统模块构成

管理是一个过程，本章根据湿地生态系统健康管理的职能和管理流程，设计了职能运行体系，它是三江平原湿地生态系统健康管理过程的体现。本章在前文所述三江平原湿地生态系统健康管理体系的五个职能的基础上，进一步将其整合为湿地管理（指导、规划、协调）、湿地监察（监督）、湿地服务保障（服务）3项基本职能。职能机构设置的依据是管理职能，故本章依据基本职能的要求，设立相应的职能系统，即湿地宏观管理与决策系

统、现场监督执行系统和支持服务保障系统，在每一个职能系统内设立相对应的职能部门。

### （二）辅助支撑系统模块的基础构成

根据三江平原湿地生态系统健康管理的需要，在职能运行体系之外设立管理辅助支撑体系，设立目的在于根据管理面临的困难有针对性地、具体地建立以湿地生态系统为中心的技术和教育体系，同时为湿地生态系统健康管理体系的运行提供财政补给之外的资金来源，部分缓解资金不足问题，进而实现技术、资金和教育的相互支持、相互补充。

## 二、湿地生态系统健康管理系统模块

### （一）决策指挥系统

决策指挥系统，具体地讲就是宏观管理与决策系统，也是管理体系的指挥中心。它的职责是作出决定，指挥整个湿地生态系统的健康管理工作。其具体职能包括宏观指导、统筹规划和组织协调。除承担的基本职能外，该指挥中心具有不可替代的决策功能和协调功能。决策功能体现在制定生态规划、湿地项目审批、制定评价标准和政策法规等行政手段的发挥上。湿地生态系统涉及的资源类型较多，也涉及多个管理部门，而且将三江平原湿地生态系统健康作为区域管理目标，实现跨行政区划、跨部门的管理，需要一个强有力的协调部门。因此，该管理部门统筹协调的管理职能不可忽视。三江平原湿地生态系统健康管理指挥中心内部设置与职能相对应的职能部门，如宣传教育、综合规划、政策法规、污染控制、生态保护、监督管理等，主要运用政策、法规、制度等措施，参与社会经济发展决策，防治环境污染，实现湿地生态系统健康。具体地讲，可分为：

**1. 宏观指导部门** 为实现三江平原湿地生态系统健康的管理目标，指挥中心应对有关部门的业务进行指导。指导职能体现在纵向指导和横向指导两个方面。纵向指导是指三江平原湿地生态系统健康管理指挥中心的政策法规指导部门对市县湿地管理部门及相关部门的业务指导。这可以有效地将相关市县的政策统一起来，依据法规，从宏观上和整体上进行决策。同时，在市县政府，也有相应的职能管理部门与其对应。横向指导是指三江平原湿地生态系统健康管理指挥中心的政策法规指导部门及其地市管理指挥决策中心对同级相关部门开展的湿地保护与开发活动进行业务指导。根据上述职能，指挥中心宏观指导部门的主要工作内容为：一是政策指导，通过制定和宣传环境保护的方针、政策、地方性法律法规、行政规章、技术评价标准，以及与相关产业、经济、技术、资源配置等有关的政策，对社会有关环境的各项活动进行规范、控制、引导。二是目标指导，通过制定和落实湿地生态系统保护的近期、中期和远期管理目标，对该领域管理工作进行宏观指导。三是计划指导，通过湿地保护年度规划或中长期保护规划的颁布，明确该领域工作的相关要求，并与当地国民经济和社会发展规划相统一，按照年度计划的工作内容安排管理工作。

**2. 统筹规划部门** 统筹规划职能是管理学中的计划职能。这一部门在三江平原湿地生态系统健康管理体系中主要承担制定湿地生态保护规划和湿地恢复计划，对未来的湿地生态系统健康管理目标、对策和措施进行规划安排等工作。统筹规划是落实宏观目标的形式和行为，是三江平原湿地生态系统健康管理工作在执行过程中的依据。没有规划，湿地生态系统健康管理工作就会出现随意性和盲目性，也无法衡量管理效果。同时，统筹规划是组织协调和监督检查的基础，指导和规范着湿地生态系统监督管理工作，是减少管理过程中的资源浪费、缩短管理时间、提高管理效率的重要手段和方法。统筹规划部门的主要工作内容是：分析和预测湿地生态系统健康状况的演化趋势，及时调整湿地生态系统的健康管理方向；准确制定出湿地生态系统健康管理的目标任务；拟定多个计划目标的实施方案，从中优选可行的方案；编制环境保护规划（包括综合规划、环境保护的年度计划和专项活动）。

**3. 组织协调部门**　该部门的职能主要体现在两个方面：一是为实现三江平原湿地生态系统健康的管理目标、实施工作计划提供组织保障，这是它的内部职能；二是对湿地生态系统健康管理活动中的各种要素进行统筹调配，对人们在管理活动中的相互关系进行组织协调。组织协调部门的主要工作内容是：湿地保护法规组织实施方面的协调工作；湿地保护政策组织实施方面的协调工作；湿地保护计划（规划）实施方面的组织协调工作；组织协调落实和推进湿地监察管理工作；组织协调开展湿地环境保护方面的宣传教育工作，动员社会各方面力量，加大对湿地保护工作的宣传力度，增强宣传效果，切实提高区域内居民对湿地保护的环境意识；湿地科研方面的组织协调工作，即集中力量进行对湿地科学的研究和本土人才的培养，同时提高现代化技术手段在湿地监测工作中的应用范围，完善和细化湿地生态系统健康评价标准。

**（二）监察执行系统**

湿地监察是湿地监察机构实施的湿地生态系统健康管理行为，是湿地监察系统的基本职能，是三江平原湿地生态系统健康管理指挥中心实施统一监督、实现管理目标的主要途径之一。湿地监察执行强调现场监督与执行，包括污染源管理、建设项目管理、排污费征收、湿地污染事故与纠纷调查处理，是为了保证指挥中心所发出的指令得到准确执行而设置的，要对执行机构是否按指令办事作出判定。

**1. 监察机构的设置与性质**　1991 年 8 月，国家环境保护局发布了《环境监理工作暂行办法》，规定县及县级以上地方各级人民政府环境保护部门，应该设立环境监理机构，按照该规定的要求，各级人民政府的环境保护部门要履行环境监理的工作责任。综合《环境监理工作暂行办法》和《环境保护行政处罚办法》两项法规的内容，可以看出各级人民政府的环境保护部门要负责对湿地环境破坏事件进行调查，对湿地生态系统健康状况进行现场监督、检查并参与管理。县及县级以上地方各级人民政府环境保护部门应设立环境监理机构。因此，三江平原湿地监察部门受三江平原湿地生态系统健康管理中心的领导，依据它的委托依法对辖区内单位或个人执行湿地保护法规的情况进行现场监督、检查，并按规定进行处理。监察中心按分块监察的原则设立职能科室。

**2. 监察机构的职责**　一是贯彻国家和地方湿地保护的相关法律、法规、政策和规章；二是依据三江平原湿地生态系统健康管理中心的委托，依法对辖区内单位和个人执行湿地保护法律法规的情况进行监督监察；三是核定排污费；四是提出管理和使用排污费的建议；五是负责调查和处理生态破坏事件与环境污染事故；六是定期对湿地专项治理项目的执行情况进行督查和总结；七是组织湿地监理人员定期进行业务培训；八是及时反馈信息，提出调查报告及建议，参与湿地生态系统健康管理决策；九是承担环境主管部门或上级湿地管理部门委托的其他任务。

**3. 监察机构的工作内容** 一是环境现场执法，对辖区内相关单位和个人执行湿地保护法律法规的情况进行常规监督检查；对污染情况进行排查，调查污染事故的起因和危害，并按照规定进行处理。二是对污染源的监察。分为人为污染源监察和天然污染源监察，其中人为污染源监察是湿地生态系统健康管理，具体包括对各种污染源的各类污染物排放情况的巡查，对污染治理设施的运转情况的巡查。三是对建设项目和限期治理项目的监察。四是生态监察，即对禁止开发区、限制开发区和开发区实行分类检查。五是排污费相关工作，主要工作为制定排污征收标准，具体工作主要包括组织排污申报、核定排污量、核算排污费。

## （三）服务保障系统

服务保障系统体现的是管理学中的服务职能，服务保障系统以信息库建设、湿地监测与评价为主要职能，为决策和执行提供必要的依据。

**1. 信息部门** 信息部门的主要工作任务是建立并完善三江平原湿地生态系统健康管理信息数据库，对监测部门和评价部门的数据使用工作进行综合管理，建立管理信息采集平台的工作规范，同时完善信息共享的数据管理机制，丰富数据库内容，提高湿地生态系统信息共享数据的权威性、时效性、可用性和系统性，构建能够基本反映湿地生态系统管理焦点问题的三江平原湿地生态系统健康管理信息监管平台，同时不断开发湿地生态系统环境信息数据产品。信息部门的主要工作内容：一是设计、搭建和完善三江平原湿地生态系统健康管理信息数据库；二是对多渠道的信息进行及时整合，发现管理中存在的问题；三是不断更新丰富数据产品；四是做好信息安全工作，按照保密制度管理数据信息产品；五是做好信息产品的营销与管理工作。

**2. 监测部门** 监测部门对湿地生态系统的健康状况和影响健康状况的各种污染源进行定期或不定期的监测。根据信息采集的数据，及时、准确、全面地评估湿地生态系统的健康状况，为湿地生态系统的健康评价与管理决策等提供科学准确的数据结果。监测中心的主要工作内容：一是常规项目的监测，主要包括对湿地生态系统重要组成要素的基础监测和对已知污染源的监测。基础监测是对已知的大气、水体、温度、土壤、生物量等各种与湿地演化息息相关的环境要素进行的监测。对已知污染源的监测是从多学科角度对各类污染源的排污情况进行的定时监控监测，和从物理、化学、生物学角度对污染源现状进行定时、定点监测。二是对特殊项目的监测，主要包括因科研项目的研究需要而专门定制的科研监测、为监督污染事故的处理情况而进行的事故监测以及为解决纠纷而专门进行的仲裁监测。监测工作的主要作用是，根据健康评价标准和特殊项目的监测需要，确定信息采集的种类和标准；对污染源实施监测，实时监测排污情况，严格管控污染行为；根据长期的监测资料，为研究湿地生态系统的演化规律、制定法律法规和标准提供准确的数据；揭示新的湿地研究问题，为湿地科学研究提供依据。

**3. 评价部门** 评价部门对湿地生态系统的健康状况进行评价，为湿地生态系统健康管理决策提供依据，属于湿地生态系统健康管理的参谋咨询机构。评价部门的主要工作内容可分为三个方面：第一，对于即将出台的与湿地生态系统相关的政策、项目进行评价，确定其是否符合湿地生态系统健康管理的标准及生态保护规划的要求，这属于前端评价；第二，评价三江平原湿地生态系统的健康状况，为制定生态保护规划提供依据，这属于现状评价；第三，对于湿地生态系统各项管理策略进行评价，对各项政策的实施效果进行分析，按照研判的结果，对原管理方案提出修正意见，供指挥机构决策时参考，这属于终端评价。

### 三、湿地生态系统健康管理支撑系统模块

三江平原湿地生态系统健康管理支撑系统模块同样是以原生态效益模式为前提设计的，是三江平原湿地生态系统健康管理体系的组成部分。其包括以下几个系统。

#### （一）管理信息采集系统

管理信息监管系统，即三江平原湿地生态系统健康管理信息采集平台，是实现三江平原湿地生态系统健康管理的技术支撑和信息化管理的基础，是一个规模庞大的综合性信息技术平台，是三江平原湿地生态系统健康管理体系的辅助支撑平台。该平台根据三江平原湿地生态系统健康管理的需要采集数据，依托现代科学技术监测手段，参照国土资源信息化建设标准，搭建以实现三江平原湿地生态系统健康为管理目标、多级共用的数据采集平台。

三江平原湿地生态系统健康管理信息采集平台主要由 5 个部分组成：

一是基于移动终端的野外数据采集系统。利用计算机技术、地理信息技术（3S 技术）、移动通信技术构建移动终端。同时，在终端的硬件设备上集成使用 GPS 接收器等，设计并开发出适宜三江平原湿地野外作业和信息接收的终端数据采集系统。该野外数据采集系统要具备向三江平原湿地生态系统健康管理中心的监测部门实时传递图片的功能，还要能够接收和自动处理来自监测部门的简单的程序性指令信息，能够做到简单的双向信息互动。同时，该终端系统还要具备一定的自我防护能力，一方面是预防自然原因导致的位移和失效，另一方面是预防人为原因造成的破坏。因此，这就要求该终端系统要具备跟踪定位的功能。在信息传输过程中要做好信息加密工作，对于未传输的信息要做好信息存储和保密工作，要设置终端设备遗失后的设备重启保护机制，做好断电防护工作。

二是基于高分辨率遥感图像的采集系统。遥感卫星能不间断地从空中真实记录地表信息，对湿地资源情况及其他土地利用情况进行有效反馈。结合多源遥感，采用人机交互与计算机自动处理技术，分析不同时期的遥感数据，根据国土资源管理需要及业务需求，提取土地利用变化信息，并结合其他基础图像及专题数据进行综合分析，实现快速反映土地利用现状和动态掌握土地利用变化情况的功能。

三是基于信息整合的业务办理监控系统。利用信息整合技术，将已运行的各类业务及应用系统中的分散信息及时整合，及时发现管理过程中的异常情况，并将在业务办理过程中及业务办结后产生各种信息及时传送给信息部门。这些信息包括属性信息、空间数据信息、档案信息等。

四是基于视频技术的实时视频监控系统。该系统要配合终端设备使用，主要作用在于利用视频技术对关键湿地或专项治理项目进行湿地点位监测，对于不明污染源进行定点监测，以及对于有需要的科研项目、治理项目等进行视频监控，供监测部门使用。此外，对三江平原湿地生态系统健康管理中心的窗口单位实行视频监控。

五是平台使用者与后台管理者的信息交互系统。这部分系统是公众参与湿地管理的重

要组成部分，平台使用者办理会员后，以会员身份自愿将数据、图片、视频等信息上传给平台的信息管理员，信息管理员通过对信息进行梳理、鉴别、加工，分类储存这些资料，并给予资料提供者相应的奖励，其他的平台使用者通过申请，从交互平台获取所需的信息产品。

该平台以监测数据为基础，通过对湿地生态系统健康评价各项指标的数据监测来构建平台的数据库；为了提高平台数据库的使用效率，采集系统在采集基础评价信息的同时，还能按照管理部门的指令完成一些临时的采集任务，做到节约社会资源。此外，利用线上线下的交互功能、奖励和激励办法将更多的关爱三江平原湿地的力量集聚起来，增加湿地保护的社会力量；信息监管平台的运行，会为三江平原湿地生态系统健康管理的监测工作提供及时的数据采集结果，提高现场监督检查工作的效率。

### （二）管理资金补充系统

三江平原湿地生态系统健康管理体系运营的资金来源，主要是国家和地方政府财政供给。三江平原湿地生态系统健康管理基金作为其管理体系的基金补充渠道，主要用于湿地科学研究、湿地环境教育和湿地专业研究人员的培养。三江平原湿地生态系统健康管理基金的来源，主要为社会捐助、无形产品收入、地区间专项补偿费、排污费和产业专项补偿费。社会捐助就是公益组织、企业、个人等对三江平原湿地保护工作给予的专项捐助。旅游观光收入、信息产品收入、湿地碳汇转化收入和国际影响力等无形产品带来的效益属于无形产品收入。地区间专项补偿费是指生态环境受益地区对生态环境受损地区的专项补偿。排污费是指面向企业征收的污染治理费。产业专项补偿费，是指由上述之外的来源提供的补偿费，如从农业、矿产等产业收入中拿出一定比例的资金作为三江平原湿地生态系统健康管理基金。对于该管理基金，要建立多层次的筹资体系和宽广的融资平台，确保稳定的资金来源。

首先，应在立法上明确规定采用附条件许可主义的模式来运营管理基金。三江平原湿地生态系统健康管理体系的运营资金不仅依靠政府财政维持，还需要开拓资金来源，建立健康管理基金。三江平原湿地生态系统健康管理基金要通过市场化运营来获利，为了确保利润和基金运行的合法性，必须通过立法明确该基金从事营利活动的范围。从国际惯例上看，对公益性社会组织从事营利活动的立法选择，主要包括绝对禁止主义、一般禁止主义和附条件许可主义 3 种模式。绝对禁止主义和一般禁止主义经常会导致基金组织营利活动范围较窄，发展受到限制。因此，美国、韩国、日本等国家一般都会采取附条件许可主义的立法模式。黑龙江省是一个经济不发达的省份，资金流动较慢，在湿地保护和恢复等方面的公益性资金缺口较大，本地的社会捐助资金量有限。为了拓宽资金渠道和运营范围，可以借鉴国外附条件许可的立法模式，在立法上明确基金组织半公益、半营利的性质，允许该基金组织有条件地从事营利性活动。

其次，在运营规则上要明确三江平原湿地生态系统健康管理基金要遵守的安全性规则。三江平原湿地生态系统健康管理基金属于环保基金，在经营管理过程中必须遵循合法、效益和安全原则。其中，合法性是三江平原湿地生态系统健康管理基金的前提条件。因为在立法上选择了附条件许可主义的立法模式，在运营中坚持安全原则就变得格外重要。效益原则和安全原则可以确保三江平原湿地生态系统健康管理基金在安全运营的基础上的稳定增长。

最后，要明确三江平原湿地生态系统健康管理基金的使用原则，建立基金运营管理信息披露制度。三江平原湿地生态系统健康管理基金要服从于合法、安全、稳定增长的运营要求，采取市场化的运营方式，基金的管理部门与专业的团队签订运营合同进行委托经营。在使用三江平原湿地生态系统健康管理基金时，必须认真贯彻执行国家法律法规的有关要求，对基金使用的各项财务制度进行严格的合规性审查。三江平原湿地生态系统健康管理基金在运营的过程中需要及时向公众披露运营状况，让公众及时掌握三江平原湿地生态系统健康管理基金本金的"增值"或"贬损"等信息。此外，还要接受来自外部和内部的监督。其中，外部监督主要来自三江平原湿地生态系统健康管理中心，该中心采取定期审计的方式对三江平原湿地生态系统健康管理基金的运营情况进行监督审查，并及时将运营状况向外界公布。内部监督是三江平原湿地生态系统健康管理基金的管理部门对受托运营团队进行的监督。其依据三江平原湿地生态系统健康管理基金运营合同的约定，监督三江平原湿地生态系统健康管理基金的投资运营状况，敦促运营主体妥善履行运营义务，并向三江平原湿地生态系统健康管理基金的捐赠人和资金来源方及时披露三江平原湿地生态系统健康管理基金的收支现状。在监督过程中，如果发现三江平原湿地生态系统健康管理基金面临着巨大的商业风险或是明显不符合安全规则，可按照合同约定停止运营行为或是进行最大限度地止损。这种情况下，按照事先约定，启动三江平原湿地生态系统健康管理基金的运营风险担保机制，会使三江平原湿地生态系统健康管理的本金及时、安全、最大限度地收回，保证三江平原湿地生态系统健康管理基金的其他运营活动不受影响。

## （三）湿地教育系统

三江平原湿地生态系统健康管理体系需要完成与之相适宜的教育任务，要通过湿地环境教育，使人们掌握湿地保护的基础知识，形成正确的环境伦理价值观；要通过专业教育模式，培养懂技术、会管理的湿地保育人员；要通过湿地专业教育，扩展湿地学科的研究领域，为做好湿地管理提供有力的科技支撑，将湿地管理与湿地科学研究有机结合。从这个意义上说，湿地教育系统的好坏将直接关系到湿地生态系统管理效果的成败。这种教育模式要做到教育形式多样化和教育的终身制。

**1. 教育形式多样化**　湿地教育形式多样化是指湿地教育应该包括学历教育、基础教育、公众教育和成人教育。其中，学历环境教育是指以高等院校为主体，培养专业环境保护人才的教育。基础环境教育是指各类大、中、小学开展的环境保护科普宣传教育。公众环境教育是结合世界环境日、世界地球日、世界水日等重大节日以及国家重大环境保护行动，通过新闻报道和社会舆论宣传，面向社会公众开展的不同形式和内容的环境教育。成人环境教育是指环境保护在职岗位培训教育或继续教育。在全球范围内，不同的国家、地区，几种教育形式的优先顺序是不相同的。一般来讲，在经济发达国家，对于湿地教育的先后排序，从高到低是公众环境教育、基础环境教育、成人环境教育、专业环境教育；在发展中国家，这一顺序则是专业环境教育、公众环境教育、成人环境教育、基础环境教育。选取什么样的顺序，主要是由各个国家和地区不同的环境问题、社会情况所决定的。三江平原的湿地教育应该根据黑龙江省教育的实际情况，借鉴国外成熟的教育经验和教育模式，形成具有地域特点的湿地教育模式。上述四种教育形式，三江平原地区都应该加强。首先，应该加强成人湿地教育。三江平原地区的高知群体相对较少，从事湿地管理工作的人员一般不具备较高的专业水平，或是知识体系已经陈旧、亟待更新，年轻的科技人员较少补充到这一群体中来。因此，针对湿地管理人员开展岗位技术培训是当务之急。其次，应该加强公众湿地教育。为了防止零散的、非组织性的人类扰动行为的发生，加强对研究区域公民的湿地教育是必要的；在配合行政法规的情况下进行教育，也会收到相对明显的效果。再次，应该加强学历湿地教育。对三江平原湿地的研究是湿地管理的基础，也是三江平原地区湿地教育的重点，但受当地科研人员能力水平、现有研究成果的积累情况、研究经费情况、监测技术手段等诸多条件限制，短时间内提高三江平原地区的学历湿地教育水平有一定的困难。但是，黑龙江省内的高等院校和科研机构具备进行学历湿地教育的水平和科研能力。它们对于三江平原湿地的研究成果可以为三江平原湿地生态系统健康管理提供科学依据，能够在一定程度上弥补三江平原地区学历湿地教育不足的问题。因此，其被排在第三的位置。最后，应该加强基础湿地教育，这是一项致力于提升居民湿地保护意识的长期工作。我们应秉持着长远发展的理念，全面推进这项工作，以期实现居民湿地保护素质的持续提升。鉴于过去在基础湿地教育方面的不足，我们应通过加强公众环境教育来弥补这一缺陷。在未来的工作中，我们必须加大基础湿地教育的力度，并坚定不移地将这种教育长期执行下去。

**2. 教育的终身化**　三江平原湿地教育的终身化是指湿地教育要贯穿一个人生命的始终。环境问题是随着人类社会的发展而变化的，同时也是随着社会进步和科学技术发展而必然要予以认识和解决的。有鉴于此，基于公众参与涉及各种群体和职业，环境教育既需要贯穿人生的始终，也需要针对不同的人群展开，我们可以将之分为几个类别。一是幼儿环境教育，主要在幼儿园活动、家庭活动、湿地节日活动中潜移默化地进行。二是青少年教育，这一教育包括小学阶段、初中阶段和高中阶段的教育，是公民湿地教育的基础，也是增强公众湿地保护意识的关键。前文所说的加强基础湿地教育，指的就是要加强这一阶段的教育。在小学阶段，要注意让学生了解周围环境，潜移默化地帮助学生树立正确的人与自然的伦理价值观，学会关爱自然。在中学阶段，要利用初中生的特点，开展一些略带争议的、关于湿地保护的讨论，或是提供各种案例题，让学生带着问题思考，打开思路，鼓励学生通过自己的观察思考来分辨是非。三是学历湿地教育。学历湿地教育主要是专业教育，其中专科教育偏重对技术人才的培养，大学以上的教育则主要是对研究人才和管理人才的培养。四是成人湿地教育。成人湿地教育主要是针对有湿地研究、管理、保护需求的成年人进行的快速入门或是提升教育，重点教育内容应该是对基础知识的普及，对新发现、新技术、新方法的快速通报，使从事专业领域工作的人员能够及时更新知识，始终掌握该领域的前沿信息。

**3. 提升湿地管理从业人员的专业素质**　鉴于三江平原地区专业技术人才不足、高端人才少、引进人才更少，加大本土技术人才培养力度的重要意义已经凸显。黑龙江省内、三江平原内的高等教育应肩负起湿地生态教育的重任，为做好三江平原湿地管理提供有力的科研支撑，应探索和建立起能够满足湿地管理和研究需要的人才教育机制。三江平原地区已经陷入湿地退化的生态危机，但是关于湿地的科学研究明显滞后于湿地恢复和管理的实践需要，尤其是关于三江平原的湿地研究成果更是数量不多，一定程度上制约了三江平原地区湿地管理效果的发挥。因此，要做好湿地管理专业人才队伍建设、湿地学科研究领域的拓展和特色优势学科的深入研究工作，坚持不断地为满足管理需求输送高水平的专业人才，黑龙江省内的高等教育院校应承担起为湿地专业研究和技术应用领域培养人才的重任，通过加大专业教育建设力度，提高湿地生态系统管理人员的专业水平。通过召开三江平原湿地生态系统健康及管理年会，让科研人员有机会在一起交流研究成果。这样既可以让科研工作者进行学术交流，又可以对管理工作提出技术上、方向上的指导，使管理人员不断更新湿地科学知识、湿地管理知识，提高专业水平。定期科普工作则可以作为一种公共教育的手段，提高公众关于湿地的知识水平，进而提高他们保护湿地的意识与能力。

　　本章依据评价及预测结果，选择了适宜三江平原湿地生态系统健康状况的原生态效益管理模式，构建了原生态效益模式下的三江平原湿地生态系统健康管理体系。首先，本章结合三江平原的实际具体阐释了生态效益避险模式、原生态效益模式、经济效益避让模式和衍生态效益主导模式四种管理模式的管理内涵及适用条件，并且在评价与预测结果的引导下选择了原生态效益管理模式。其次，依据三江平原湿地生态系统健康评价及预测结果，建立了以湿地生态系统健康为管理目标、由管理系统模块和支撑系统模块共同组成的健康管理体系。

# 第九章 原生态效益管理模式下三江平原湿地生态系统健康管理策略

三江平原湿地生态系统健康管理的策略选择是在原生态效益管理模式下进行的，这是实现管理统一、各项管理制度相互契合的前提。与此同时，依据预测评价中扭转性指标的导向进行相应的策略选择，是管理工作做到有的放矢、防患未然的基础。本章依据预测结果，在限制人类扰动负效应、提高湿地自我恢复能力和提升湿地物质贡献能力等方面提出管理策略。

## 第一节 限制人类扰动负效应

如何限制人类对三江平原湿地的扰动，一直以来都是湿地生态系统管理实践中的热点问题。过去，解决办法更多局限于通过制定法律法规类的规制性行为准则来限制人类扰动行为的发生。这些规制性行为准则并未取得预期效果，究其原因主要是可操作性不强，加之转移安置、生计替代、经济补偿等激励政策不配套、不到位，导致居民自觉遵守准则的积极性不高、效果不好。因此，在未来提高和改善三江平原湿地生态系统健康的策略选择方面，一方面要致力于通过提高违规成本，从制度设计上降低人类扰动行为发生的可能性；另一方面，要通过社会行为引导体系的丰富和完善，正确引导社会公众的个体行为。同时，管理者还要面对一个不可忽视的现实，那就是在三江平原范围内停止一切影响湿地的人类扰动行为，让湿地生态系统接近或保持原始的状态，是脱离实际的。目前，三江平原湿地生态系统健康的状况和周边社会经济发展情况都不乐观，在现有条件下，最现实的选择是通过对防患未然的法规、政策措施的多重组合，最大限度地降低人类扰动带来的危害。因此，在限制人类扰动负效应的策略选择上，应该侧重于最小化人类扰动行为带来的危害，将规制手段、引导手段和激励手段综合使用。

### 一、提高违规成本与跟踪恢复管理

在原生态效益管理模式下，三江平原湿地生态系统健康管理在限制人类扰动行为方面，主要是通过提高违规成本来禁止人类扰动行为的发生；同时，对于已经发生的违规事件进行专项跟踪治理。目前来看，需要进行的工作有下面几项。

#### （一）确立统一的处罚主体

目前，对于破坏湿地的违规违法行为的处罚主体，没有明确的具体要求。《黑龙江省湿地保护条例》中规定的处罚主体包括湿地管理机构、湿地主管部门、有关主管部门，不同地区因机构设置不同处罚主体不同。这种情况不利于湿地生态系统健康管理，容易导致处罚标准不一、存在管理盲区等问题。从三江平原地区实际情况出发，对于破坏湿地的行为应明确处罚主体。本书建议统一规定处罚的主体为三江平原湿地生态系统健康管理中心的监督部门，这样就可以在一定程度上避免多头执法的情况出现。对于《黑龙江省湿地保护条例》中未涉及的破坏湿地的行为应统一处罚标准，规定应处罚的违法行为及处罚金的数额。处罚金的数额应当符合地区实际生产力水平和收入水平，同时满足被破坏湿地恢复工作的需要。

### （二）制定行政处罚细则

在湿地保护与管理的过程中，常常出现对湿地具有破坏性又尚未构成犯罪的违规行为，在这种情况下违规行为人应承担相应的责任。但是，目前的法律法规对于这种所谓的"轻微违规"行为的违规定义、处罚标准都缺乏实际的、可操作的标准。这种相对轻微的、零散的人类扰动行为，综合起来后，对于湿地的破坏性也是不容忽视的。例如，一个人偷一个鸟蛋是小事，区域内的每一个人都偷一个鸟蛋，对于湿地而言就是毁灭性的灾难。因此，对于这类违规行为也要严加管控。针对三江平原湿地内已经出现的和预计出现的零散的人类扰动行为，建立"行为问题清单"，逐一建立处罚和管理办法，对于频频违规的个人加重处罚。同时，要根据实际情况按期更新修订"行为问题清单"和治理办法。

### （三）提高处罚力度

湿地是比较脆弱的生态系统，易受人类活动的影响，且自身拥有极大的经济价值。这就决定了破坏湿地资源的违法行为应承担的法律责任，一般来说应重于破坏其他自然资源的违法行为。三江平原地区关于湿地保护的地方性法规可以结合自身实际情况，借鉴国际相关法律法规，明确规定相应法律关系主体因违反法规而需承担的法律责任。此外，还应根据湿地资源的特点来确定相应法律责任。三江平原湿地是遭受人类扰动较为严重的湿地生态系统之一，它遇到的问题主要是人类扰动行为超出了它的承载范围，导致湿地生态系统健康受到影响。可是，依据《黑龙江省湿地保护条例》的规定，对于开垦湿地的破坏性行为，仅仅处以每平方米 10 元的罚款。本书建议应根据破坏湿地造成的损失或恢复湿地的成本来决定处罚力度。除没收和追缴非法所得外，对于二次违规的个体应提高 10% 的处罚额度，并以此类推，提高处罚上限。对于严重危害湿地生态系统健康的行为，应依照法律进行刑事处罚。对于不具备支付处罚金能力的违规个体，应依据相关法律进行处理。在执行处罚的过程中，三江平原湿地生态系统健康管理中心应具有处罚执行优先权。

### （四）处罚金的使用

关于处罚金的使用需要坚持三条原则。第一条原则是就地使用。这是关于处罚金用在何处的原则，处罚金在使用过程中优先用于本次受损湿地的修复工作，如果本项修复工作的积累资金相对充足，或是修复工作完成后资金还有剩余，则可进一步扩大使用范围，受损湿地所在地区对剩余资金具有优先使用权。第二条原则是统一管理。收缴的破坏湿地处罚金全部由三江平原湿地生态系统健康管理中心统一管理，应建立受损湿地与处罚金使用相联动的管理制度，根据湿地恢复计划按期划拨处罚金作为湿地恢复的资金。对于不是一次性支付的湿地恢复资金，要将处罚金放到湿地生态系统健康管理基金中进行运营，按照时间计划逐项按时拨付。第三条原则是透明公开。每年或不定期向社会公布处罚金的收、支、余明细，确保阳光透明，接受公众监督，取信于民。

### （五）社会监督

处罚力度的加大将会产生新的问题，需要通过完善监督制度来解决。一是处罚的合理性与公正性。处罚力度加大导致处罚者的权力增大，易造成执法权力的滥用，这个问题可以通过完善处罚程序来解决。要通过三江平原湿地生态系统健康管理机构的监督部门来履行组织内部的监督职能，确保执法行为的合理性和公正性，避免因为执法不当和寻租等腐败行为导致处置不当。同时，还要组织开展社会监督，利用社会媒体、听证会等制度确保管理机构广泛接受社会监督，使得处罚行为更加公开透明。二是确保处罚金的去向明确、用途明确，这需要管理中心和社会监督体系共同参与实现，将每笔处罚单和处罚金相关联，对每笔处罚金使用情况进行公示。三是允许和鼓励公民参与监督管理工作，畅通公民意见反馈渠道，扩大公众参与管理的途径，及时纠正不正当的湿地管理行为，确保公民行使监督的权利。

## 二、伦理公德介入引导管理

在原生态效益模式下的三江平原湿地生态系统健康管理中，要通过生态伦理教育增强社会保护湿地的意识，形成自觉保护湿地的内在思想动力。通过社会公德意识的提高，借助全国志愿者服务网站的志愿者服务，降低对个体违规行为进行监控的监督成本，增强公众意识和提高管理效率。同时，为一些具有较好素质的人员提供相对应的优惠，对于有过不文明行为记录的个体，将其拉入"黑名单"，限制其进入相关保护区内。通过这些手段限制不文明行为，鼓励更多的人关心、关爱三江平原湿地。

### （一）要培养健康的生态伦理意识

培养健康的生态伦理意识的目的是增强社会公众保护湿地的意识，提高三江平原湿地生态系统健康管理的水平和效率。在湿地管理中要增强当地居民的湿地保护意识，使他们正确认识人与自然的关系，改变湿地资源可以过度使用的错误认识，牢记三江平原开发历程中破坏湿地所造成的严重后果，树立爱护湿地就是保护家园的观念。近些年，尽管媒体及各种教育渠道广泛宣传保护自然、保护湿地的重要性，三江平原湿地保护与恢复工作任重而道远的思想已经深入人心，但是这些宣传教育工作的内容和深度还远远不能满足湿地生态系统健康管理的需要。过去，在社会层面上既存在着对于自然只重利用的功利性的伦理意识，也存在着当地居民，特别是少数民族对于自然有敬畏之情的从古至今流传下来的朴素的生态伦理意识。增强生态伦理意识，正确处理人与自然的关系，是提高三江平原湿地生态系统健康管理效率的需要。在全社会范围内树立人与自然和谐共生的价值观，可以增强全社会自觉保护自然的内在动力。这是激发社会公众参与生态环境保护的自觉性与热情的必然选择。一方面，应通过环境教育使公众认识到，生存的权利是所有生命形态共有的；另一方面，人类要正确地行使自己的生活权利，与自然和谐相处。对于资源要合理地使用，不能过度浪费，培养健康的资源使用习惯，引导人们形成绿色的生产方式和生活方式。

### （二）丰富和拓展社会教育平台，增强公众参与意识

要充分利用现代化网络教育平台和媒体优势建立具有三江平原特色的湿地宣传平台、开展具有本地特色的湿地文化活动。目前，三江平原地区乃至黑龙江省对于湿地资源网络

信息平台的建设远远落后于其他国际重要湿地所在省份，只有少数几个网站能够查到三江平原湿地生态系统的相关情况，信息资源更新慢、信息不全面、社会关注度较低，这些在客观上降低了国内外社会各界对三江平原湿地生态系统健康管理工作的参与度。因此，要加强对三江平原湿地保护工作的社会宣传力度，增强社会的责任意识、参与管理意识，为公众参与三江平原湿地生态系统健康管理提供更多、更好的平台。一是充分利用"世界湿地日""湿地宣传月""爱鸟周"等契机，广泛宣传湿地保护的法律法规。二是充分利用现代网络媒体和传统新闻媒体，做好湿地志愿者招募活动，引导更多的人关爱和保护三江平原湿地。三是利用三江平原湿地生态系统健康管理信息平台的数据库，做好数据、图片的线上线下交互使用。同时，还应开辟湿地基础知识共享平台，建立线上线下交互平台，让数据库的使用者无偿使用可以公开的数据资源，同时发挥摄影爱好者、旅游爱好者和当地居民的作用，鼓励他们上传自己拍摄的照片，由后台人员负责分类整理并补充图像信息，这样既节省社会资源，又激发公众参与湿地保护的热情。

### （三）通过公民社会公德评价准入制度限制不文明行为

公民社会公德准入制度，简言之就是建立三江平原湿地文化体验和休闲旅游信用管理平台和公民公共道德信用记录体系。禁止在国内外其他旅游景区有过不文明行为，并且记录在案的公民到三江平原区域内的湿地自然保护区和湿地公园进行一切休闲娱乐活动。对在中国志愿服务平台累计志愿服务时间达到三江平原湿地生态系统健康管理中心要求的参观者，在景区门票、酒店入住、交通工具的使用等方面提供优惠。

# 第二节　提升湿地自我恢复能力

本书第六章对三江平原湿地生态系统健康状况的预测结果显示：本湿地生态系统自我维持及发展能力不强，其中生物多样性指标需尽快得到改善。本书认为对于该维度及其该项指标的改善，主要可以从两个方面进行努力：一是提升湿地生态系统内部自我发展、抵御外部扰动的能力，这相当于提升湿地生态系统自身天然的免疫能力；二是人类根据湿地演化的规律，在湿地生态系统健康管理中使用湿地恢复技术、实施生态保护规划，帮助湿地生态系统发挥自我修复的能力。依靠自然力量进行恢复的优点在于安全可靠，缺点在于消耗时间较多；依靠人为力量进行恢复的优点在于可以相对缩短恢复时间，缺点在于失败的人类干预可能成为新的人类扰动。虽然人类干预存在风险，但是仅凭自然恢复也存在一些缺点。比如对于一些濒危动植物，不采取紧急保护措施，它们有可能永远从地球上消失。因此，本书倾向于通过人为干预来促进湿地生态系统自我维持及发展能力的发挥。为了通过人为干预促进湿地生态系统自我维持及发展能力的发挥，特别要增强湿地的自我恢复能力。本书从建立湿地保护功能网络入手，提出增扩湿地自然保护区生态效益辐射面、铺设湿地生态廊道连接带和设定湿地生态"踏脚石"类关键基点恢复区的策略，做到湿地保护"点线面"相互结合、相互补充。

## 一、增扩湿地自然保护区生态效益辐射面

自然保护区的设立标准和社会对其的重视程度决定了保护区内的生态系统健康情况，

保护区内的湿地生态系统的健康状况往往明显好于自然保护区以外的区域。因此，在湿地生态系统健康管理中，要坚持不断地提高自然保护区的管理能力，从保护生物多样性等生态效益的角度出发，不断增加自然保护区的生态效益，使湿地自然保护区的生态效益对周边地区起到示范辐射作用，进而增长其所在区域的生态效益。

应严格执行自然保护区的管理办法。按照《中华人民共和国自然保护区条例》和《黑龙江省自然保护区管理办法》，严格执行保护措施，并将自然保护区的发展规划纳入国民经济和社会发展计划。以兴凯湖国家级湿地自然保护区为例，基本上处于原始状态的龙王庙和东北泡子核心区内曾有过临时捕鱼点，虽然分布较零散，但在鱼苗繁育季节，零散的捕鱼行为也会影响物种的存活率。针对这类情况，一是要采取严格的保护措施，防止发生新的人为破坏和致使湿地退化的行为，充分发挥湿地调蓄洪水、维持生物多样性、防治国土侵蚀等生态功能。在保护区内实行三区分类管理，即核心区、缓冲区和实验区。在核心区范围内任何生产建设活动都严禁进行；在缓冲区范围内除必要的科学研究观测活动外，其他任何生产建设活动一律严禁进行；在实验区范围内，可以进行科学试验、教学实习、参观考察、旅游以及驯化、繁殖珍稀、濒危野生动植物等活动。二是设为自然保护区后要尽快实现人口的有序转移，顺序为核心区先转移，缓冲区、实验区后转移。要逐步将自然保护区的人口转移到重点开发城镇，最终实现自然保护区核心区无人居住、缓冲区和实验区人口大幅度减少。三是严格控制人为因素对自然生态环境的扰动。应全面保护该区域的生态环境，适度开发绿色天然产品、发展旅游。在自然保护区组织参观、旅游活动时，应当严格按照规定的方案进行，并加强管理。严禁开设与自然保护区保护方向不一致的参观、旅游项目。在自然保护区的外围保护地带建设的项目，不得损害自然保护区的环境质量。在重点自然保护区周围，不得建设对自然保护区有影响的开发建设项目，从事有影响的生产经营活动。

## 二、铺设湿地生态廊道连接带

湿地生态廊道连接带，是指在湿地类自然保护区之间，以生态廊道为轴心建立的湿地生态功能恢复区，这些廊道有助于形成湿地类自然保护区网络。从行政辖区上看，这些廊道主要分布在绥滨县、同江市、抚远市、富锦市、饶河县、虎林市、密山市和宝清县。该区域是三江平原湿地与生物多样性保护的关键区域，湿地分布最为集中，天然水域和原始湿地面积很大。三江平原地区被列入国际重要湿地名录的洪河国家级自然保护区、三江国家级自然保护区、兴凯湖国家级湿地自然保护区就分布于此区域内。

铺设湿地生态廊道连接带的主要目的在于使区域内的自然保护区之间相互连接，使生物基因库得以交流，形成自然保护区网络或生物多样性保育带。对于湿地及湿地自然保护区周边地区，以及受到一定扰动或已经严重退化、丧失生态功能的地区，以生态廊道相连接，有助于形成湿地自然保护区网络，扩大自然保护区生态功能的辐射面积，保护和维持生物多样性，促进区域生态安全。生态廊道所具有的联系和辐射功能，能够为某些湿地物种提供特殊生态环境或栖息地、创造物种重新迁入的机会，不断促进版块间物种的扩散，增加生物的进化机会。如建立三江—洪河、勤得利鲟鳇鱼—八岔岛、虎口—月牙泡、长林岛—雁窝岛—挠力河—七星河—安邦河等多条生态廊道，为物种的空间运动增加一条可选择的途径，形成湿地类自然保护区网络与生物多样性保护网络相融合的保护系统，为湿地生态安全多上一份保险。

对生态廊道的建设，目前还没有像自然保护区那样，在地理范围、生态功能和资金来源等方面有明确的规定。因此，在建设中应重点加强对基本范围和功能的界定工作，这是做好廊道建设与管理工作的基础。生态廊道具有重要的生态作用，但是由于地理范围和生态功能的界定不清晰、所处区域生态环境多数较为脆弱，未来的保护工作会更加艰难，因而资金来源的稳定和充足也是做好这项工作的必要保障。未来一段时间，生态廊道的建设要围绕保护珍稀野生动物栖息地和保护湿地集中分布的区域来进行，逐步完善自然保护区之间的生态廊道建设；同时，要加大生态退耕还湿力度，降低水体污染程度；开展对生物多样性的科学研究与生态监测，为平衡自然保护区内外生态功能提供依据。生态廊道管理工作的重点是人员和资金，建设生态廊道需要具有管护经验和一定技术水平的工作人员。与自然保护区的建设工作相比，生态廊道的建设工作更具难度，涉及区域大、涉及任务多、占用时间长、工作条件艰苦。因此，对于这项工作应该给予专项建设经费，对于从事野外作业的工作人员应该给予相应补贴，关注他们的身体健康情况，在体检方面要定期组织进行专项检查，在医疗保险方面建议适当提高参保比例。以上工作需要有专项的资金支持，主要资金来源有三个：一是在国家层面通过立项获取环保、科技、财政、教育等部门的专项经费支持；二是从三江平原区域内的湿地碳汇、农业收入、煤炭收入中提取固定比例的资金，用于湿地生态廊道建设；三是将三江平原湿地生态系统健康管理基金年收入的10%用于生态廊道的专项建设。

## 三、设定湿地生态"踏脚石"类关键基点恢复区

"踏脚石"是指分布在农田中的"零星"湿地。在三江平原地区，这类区域大多处于国家农产品主产区。通常情况下，这些区域的基本农田面积较大，然而在农田之中，却又无处不在地散布着"零星"湿地。"踏脚石"类关键基点湿地生态恢复区是以生态学家测算的"关键点"的生态价值为依据设立，用于湿地保护和恢复的湿地生态恢复区，它们是对自然保护区和生态廊道的重要补充。

### （一）"踏脚石"区的设立条件

建立"踏脚石"区应满足两个条件：一个条件是区域内存在"零星"小块湿地（20公顷以下）；另一个条件是区域内存在"关键"生态点，这是设立"踏脚石"湿地生态恢复区的生态意义。

### （二）"踏脚石"湿地生态恢复区建立的意义

小块湿地对区域生物多样性的贡献，主要体现在为湿地鸟类和两栖类物种提供暂时的休息地，避免湿地间距离过大导致湿地鸟类等个体无法向外迁徙，降低了这些物种灭绝的风险。这样的小块湿地、"踏脚石"区域，主要包括农田景观中的小片洼地、侵蚀沟和水体岸边等特殊生态环境。"踏脚石"湿地生态恢复区满足了在农田生态系统中保护一些特殊鸟类的需要，使它们免受施肥、使用农药带来的影响和伤害。因此，建立"踏脚石"湿地生态恢复区是保护湿地生物多样性与实现三江平原湿地生态系统健康的重要管理方法。加强对"踏脚石"湿地生态恢复区的建设，对于增加生物多样性、推动生态廊道建设都具

有重要作用。

### （三）"踏脚石"生态恢复区的日常维护和管理

"踏脚石"湿地生态恢复区大多散落在农田之中，因此可以由三江平原湿地生态系统健康管理中心委托给附近村民进行日常管护，三江平原湿地生态系统健康管理中心对受托村民进行专门的岗位培训。这种模式的优势在于：一是减少了湿地管理人员的工作任务量，节省了财政经费。如果指定人员维护"踏脚石"类湿地生态恢复区，会增加财政经费，不利于缓解经费紧张的局面；如果由兼职人员来完成，则会增加管护人员的工作量，因为大部分时间要在路上往返。二是实现了公民参与湿地管理的目标，提高了他们管护湿地的能力。即使将来不再承担管护任务，他们在日常农田管理中也会具备一定的湿地保护意识。三是增加村民收入。对受托的村民给予相应工资，使农民在农耕收入之外还能拥有相对稳定的收入来源，增加就业机会，对社会稳定起到一定的辅助作用，也是对因保护湿地而在农业生产方面受损的村民进行了补贴。四是原始管护员参与"踏脚石"类湿地生态恢复区的利益分配。所谓原始管护员是指从"踏脚石"类湿地生态恢复区建立之日起就负责管护工作的人员。当生态恢复工作取得一定效果后，因景观价值所带来的经济收入在管护期间由原始管护员所得。原始管护员管护工作结束时，对于管护时间长、使湿地生态恢复效果明显的原始管护员，可给予适当的物质奖励，接替管护工作的管护员不再参与利益分配。

# 第三节　增加湿地物质贡献能力

三江平原湿地生态系统物质贡献能力不高，主要有两方面原因：一是湿地传统物质产品价值受损；二是湿地产品参与市场程度较低。本书认为应该着重提升湿地产品参与市场竞争的能力，特别是那些新兴产品和具有地域特色的产品的竞争力，以增强其在物质贡献方面的能力。这是因为湿地传统物质产品的质量和数量受限于湿地基本状况，而这一状况在短时间内提高的空间不大，即使有所提高，传统的湿地物质产品升级换代的余地也比较小，产品价值提升的空间比较有限。从当前利益考虑，开发新产品的收效较快；从长远利益考虑，注重新产品特别是注重湿地无形产品的开发、衍生态效益的转化，获得经济发展的增长后劲，是提升地区经济实力的关键。本书结合三江平原湿地产品的现状，探索性地提出通过湿地碳存储价值转化和湿地数据信息产品化经营，来增加湿地物质贡献能力。

## 一、湿地碳储存的价值转化

全球湿地面积仅占陆地面积的3%～6%，而湿地碳储量占陆地生态系统碳储量的10%～30%。湿地是陆地上所有生态系统中单位面积碳储量最高的一种生态系统，是森林单位面积碳贮存量的3倍，并且在气候稳定且没有人类扰动的情况下，能够更长期地储存碳。

### （一）正确认知和准确衡量三江平原湿地生态系统碳储存价值

虽然湿地因为物产丰富和功能多样的特点而具有非常高的存在价值，但这些功能往往难以直接用市场价格来衡量，在管理决策的过程中常常被忽视和遗漏，没有得到与其价值相匹配的重视和地位。三江平原湿地的碳存储价值就是一种被忽视和遗忘的价值：一方面，对湿地的垦荒行为破坏了湿地存储碳的能力，在生态效益领域降低了人类的福祉；另一方面，它的价值没有参与到社会经济活动的交换体系中，没有实现生态效益向经济效益的转化。只有当湿地碳储存的生态价值被正确地认识，湿地固碳能力才能够得到保护，并通过市场机制的经济激励，有效推动湿地保护。

湿地，这个被誉为地球之肾的生态系统，以其独特的碳存储能力在全球生态环境中扮演着举足轻重的角色。首先，湿地中的碳转化对全球碳循环具有极为重要的影响。湿地中的泥炭是全球大气中二氧化碳的潜在来源，而湿地中的甲烷则可以作为臭氧层的自动平衡调节器。这就意味着，湿地在调节全球气候和保护地球生态环境方面发挥着至关重要的作用。湿地可以吸收和存储大量的二氧化碳，减缓全球变暖的速度。同时，湿地还可以释放出大量的氧气，维持地球生态系统的平衡。总的来说，湿地是地球生态系统中不可或缺的一部分，它在碳循环、气候调节、生态环境保护和生物多样性维护等方面发挥着至关重要的作用。因此，保护和恢复湿地生态系统，对于维护地球生态平衡和人类可持续发展具有重要意义。

### （二）探索碳汇交易补偿的实现途径

湿地作为自然界中最重要的碳汇之一，具有巨大的碳储存和减排潜力。然而，目前全球范围内的湿地碳信用市场尚未完全建立，尤其是在我国，湿地碳汇的作用尚未得到正式的承认和认可。尽管如此，我们可以借鉴森林碳汇的成功经验，将其引入湿地碳汇的补偿交易中，作为三江平原湿地收益的来源之一，从而增加湿地恢复和管理的资金来源。尽管建立三江平原湿地碳信用市场的条件尚不完全成熟，但我们不能忽视三江平原湿地所具备的固碳能力。本书认为，湿地碳交易必然会成为三江平原地区未来经济发展的重要增长点。因此，我们需要做好相应的管理准备，加强对三江平原湿地固碳能力的保护，为湿地碳交易的实现做好铺垫和准备工作。这种铺垫工作一方面体现在保护湿地固碳能力方面，要最大限度地保护好天然湿地，保持厌氧环境，增加植被覆盖率，确保有机残余物能够持续输入到湿地中。另一方面，我们需要研究适宜地区特点的交易机制，探索性地建立区域交易平台，为日后市场交易的积累经验。为实现这一目标，我们还需加强对相关领域的理论研究，做好理论准备，探索现实可行的实现途径。此外，政府、企业和社会各界也应共同努力，推动湿地碳交易的实施。总之，建立三江平原湿地碳信用市场是一项复杂的系统工程，需要我们从多方面入手，不断探索和实践。只有这样，我们才能充分发挥湿地碳汇的作用，为我国应对气候变化、保护生态环境和促进绿色发展作出贡献。

## 二、湿地生态系统数据信息的产品化

三江平原湿地生态系统健康管理信息具备重要的管理价值、科研价值和市场价值。三江平原湿地是受到人类扰动较大的湿地生态系统，对它的恢复和管理，具有显著的现实意义和普遍的示范意义。三江平原湿地保存了丰富的湿地演化历程与结构组成信息，对湿地演化研究具有极高的科研价值。其湿地景观与动植物群落的多样性，使其适合成为教育和科学研究的研究对象和试验基地，构成动态的生态实验室。此外，这些信息可以通过市场化运营实现产品化，其经济收入可成为三江平原湿地生态系统健康管理资金的一部分。

## （一）三江平原湿地生态系统健康管理数据库的信息产品分级

对于三江平原湿地生态系统健康管理信息数据库的信息，要依据保密等级和时效性来进行分级管理。数据信息分为三级：一级信息，主要是指涉及国土安全的信息，只提供给经国家安全部门审批同意的部门使用。二级信息，主要是最新的监测信息，属于没有公开或全面公开发布的信息，具有重要的科学研究价值和经济价值，如新发现的物种信息、动植物资源信息等。此部分信息不属于数据库的共享信息，在不危害国家安全的情况下，经三江平原湿地生态系统健康管理指挥中心审核后可以用来交换等价信息或是作为信息产品直接出售。三级信息，是基础性信息，一般指已经公开发布的信息，此部分信息一般可以免费分享给用户。

## （二）三江平原湿地生态系统信息产品分类

三江平原湿地生态系统健康管理信息库是实现数据信息产品化的基础，应不断研究和开发数据型产品，提高数据产品的利用率。三江平原湿地生态系统信息产品主要分为成品信息产品和定制信息产品。成品信息产品主要指政策法规类信息产品、技术标准类信息产品、动物资源信息产品、水资源信息产品、土壤资源等常规信息产品。定制信息产品是指为了满足特殊的科研、社会调查、政策调研等社会管理与研究的需求，而通过三江平原湿地生态系统健康管理信息平台的定制渠道向管理部门定制的信息。

## （三）三江平原湿地生态系统信息产品的管理

一是信息产品的价格管理。信息产品包括无偿使用和有偿使用两种类型。无偿使用的信息产品一般指成品信息产品，三级信息产品中的共享信息属于这一范畴。有偿使用的信息产品，一般是定制信息产品。信息产品的收费标准，根据信息获取成本的大小和时效性来核算和制定。二是信息产品的安全核定管理。用于出售或是分享的信息产品必须通过三江平原湿地生态系统健康管理信息指挥中心的审核，一级信息不能以任何名义出售、交换或是泄露。定制信息产品订单必须经过信息安全部门审核后才能生成，信息产品生成后必须再次接受审核才能出售。三是信息产品线上线下交互管理。对于三江平原湿地生态系统健康管理信息平台的注册会员实行积分制管理办法，鼓励网络"游客"注册为会员，依据会币奖励政策对每位会员的参与行为进行奖励；会员可以随时上传有关三江平原动植物、气象、水资源、土壤资源、污染情况等一切和湿地生态系统相关的数据、图片等资料，后台管理人员对每项上传资料的真实性、有效性和价值进行分类整理和认定，对上传资料的会员进行会币奖励；会币可以用于兑换等值的信息产品，也可以进行会员间的赠送，但是不能兑换现金。四是信息产品收入管理。信息产品收入全额上缴三江平原湿地生态系统健康管理基金进行统一运营，运营收入按需逐年返还，这部分资金作为平台运营管理的专项经费。

本章根据三江平原湿地生态系统健康预测结果，在原生态效益模式下，从限制人类扰动负效应、提高湿地自我恢复能力和增加湿地物质贡献能力三个方面提出了改善和提高湿地生态系统健康状况的具体策略。在限制人类扰动负效应的策略选择中提出了提高违规成本与专项跟踪恢复、社会伦理公德介入式管理等具体措施；在凸显人类干预正效应，提升湿地自我恢复能力的策略选择中提出了增扩湿地自然保护区生态效益辐射面、铺设湿地生态廊道连接带和设定湿地生态"踏脚石"类关键基点恢复区等具体措施；在增加湿地物质贡献能力的策略选择方面提出探索湿地碳存储价值转化途径和实现湿地生态系统数据信息产品化的具体措施。其中，在限制人类扰动负效应的策略选择方面创新性地提出了使用志愿者服务时间兑换旅游优惠的措施，进而引导公众关爱三江平原湿地；招募当地村民作为"踏脚石"类湿地生态恢复区的原始管护员，参与景观类湿地收入的分配；将湿地生态系统信息视为信息产品进行管理，一方面对信息产品实行分级分类管理，另一方面通过定制产品的出售增加经济收入，将之补充到三江平原湿地生态系统健康管理基金中。

# 第十章　研究成果总结

如何对湿地生态系统健康进行评价，模拟湿地生态系统健康的演化趋势，保护生物多样性，全面提高湿地的生态效益、经济效益和社会效益，已成为当前学术界研究的热点问题之一。三江平原湿地是我国淡水沼泽集中分布区，是维持世界生物多样性的关键区域，也是遭受人类扰动破坏较为严重的区域。如何提高湿地管理效率、实现湿地生态系统健康成为该区域亟待解决的重要问题。本书采用结构方程模型和集对分析方法，对三江平原湿地生态系统健康进行评价分析，模拟预测三江平原湿地生态系统健康演化趋势，提出了构建三江平原湿地生态系统健康管理体系设计构思及具体策略。本书的主要观点和结论是：

## 一、湿地生态系统健康包括湿地自身能力的健康和外部扰动的健康

一方面，健康的湿地生态系统应该具备两种能力，即自我维持及发展的能力和满足人类社会经济发展需求的能力。湿地生态系统自我维持与发展能力是实现湿地生态系统满足人类社会经济发展需求能力的基础和前提。保证湿地生态系统满足人类社会经济发展需求的能力，是实现湿地生态系统自我维持与发展能力的目的。另一方面，健康的湿地生态系统受到的外部扰动的强度不应该超过系统的承受能力。

## 二、三江平原湿地生态系统健康能力因素与扰动因素的综合变化导致湿地综合效益严重受损

三江平原湿地生态系统在栖息地、多样性、洪水调蓄等方面发生了逆向演替，湿地生态系统的生态效益、社会效益和经济效益受到损害。在三江平原湿地生态系统变化的过程中，人类扰动与自然扰动共同作用且相互叠加，其中人类扰动是湿地景观类型发生改变的主要原因，人类干预效果的滞后性加速了这种改变。

## 三、三江平原湿地生态系统健康情况改善缓滞，且系统演化呈集对反势

基于集对分析方法进行的三江平原湿地生态系统健康评价的结果表明，1985 年至2015 年，湿地生态系统健康状况的改善陷入缓滞；预测结果表明，按照现在的演化路径，到 2025 年，三江平原湿地生态系统将处于亚健康状态。

## 四、找出适合三江平原湿地的管理模式

为改变三江平原湿地生态系统健康状况的发展趋势，本书选择在原生态效益管理模式下对三江平原湿地生态系统健康进行管理。同时，还要以扭转性指标为导向，重点从限制人类扰动负效应、提升湿地自我恢复能力、增加湿地物质贡献能力等三个方面进行管理。

本书的创新之处主要包括四个方面：

## 一、提出了三江平原湿地生态系统健康指数

本书将对三江平原湿地生态系统健康状况的公众期望值与专家期望值相结合，利用结构方程模型的方法，提出三江平原湿地生态系统健康指数应由直接健康指数和间接健康指数两个方面共同构成，其中直接健康指数＝湿地生态系统满足人类社会经济发展需求能力；间接健康指数＝0.16×自然扰动＋0.44×人类扰动＋0.68×湿地生态系统自我维持及发展能力。

## 二、构建了三江平原湿地生态系统健康评价及预测模型

本书利用集对分析方法构建了三江平原湿地生态系统健康评价及预测模型，用于模拟预测三江平原湿地生态系统健康的发展趋势。在评价的过程中，为了进一步细化"同异反"要素，在同一度、差异度和对立度的基础上，补充提出了同一差异度、核心差异度和对立差异度的概念，将不确定性因素进一步细化分类。

## 三、构建了三江平原湿地生态系统健康管理体系

本书提出了湿地生态系统健康管理的模式：生态效益避险模式、原生态效益模式、经济效益避让模式和衍生态效益模式。设计了三江平原湿地生态系统健康管理框架，并在评价与预测结果的引导下选择了原生态效益模式进行湿地生态系统健康管理。

## 四、提出了三江平原湿地生态系统健康管理的具体策略

在原生态效益模式下进行三江平原湿地生态系统健康管理，要依据预测结果来进行策略选择，具体策略包括：一是通过提高违规成本与跟踪恢复管理、社会伦理公德介入引导管理等措施来限制人类扰动负效应；二是通过增扩湿地自然保护区生态效益辐射面、铺设湿地生态廊道连接带和设定湿地生态"踏脚石"类关键基点恢复区等措施来提升湿地自我恢复能力；三是通过探索湿地碳存储价值转化途径和实现湿地生态系统数据信息产品化等措施来增加湿地物质贡献能力。

三江平原湿地生态系统健康管理体系仍然是一种理念，它的构建是一项系统性工程，涉及多个管理部门和学科领域。其构建需获得政府的大力支持、社会的广泛认同、持续的技术配合，同时还要符合国际规则。如对于将湿地碳汇转化为经济效益的探索就要符合国际规则的要求。因此，相关研究成果还需在实践中不断完善。本书所主张的制度设想不可能很快就能得到实现或充分发挥作用，只希望能对提高三江平原湿地管理水平起到积极的作用。

# 参 考 文 献

鲍梓婷，周剑云，2016. 英国自然环境保护方法的转变——从孤立的"场地"保护到全面综合的景观管理 [J]. 中国园林，32（2）：87-91.

毕然，2021. 生态伦理的现代管理价值研究 [D]. 哈尔滨：黑龙江大学.

蔡晓明，2000. 生态系统生态学 [M]. 北京：科学出版社：6-30.

蔡月明，2018. 日本环境教育及其对中国生态文明教育的启示 [D]. 广东：广东外语外贸大学.

曾德慧，1999. 生态系统健康与人类可持续发展. 应用生态学报 [J]. 10（6）：75-76.

陈波，包志毅，2003. 整体论的景观生态学原则在景观规划设计中的应用 [J]. 规划师（3）：60-63.

陈利顶，傅伯杰，2000. 干扰的类型、特征及其生态学意义 [J]. 生态学报，（4）：581-586.

陈幸欢，2016. 英国环境决策公民陪审团制度及镜鉴 [J]. 中国科技论坛，（3）：156-160.

陈宜瑜等，1995. 中国湿地研究 [M]. 长春：吉林科学出版社：23.

陈宇佳，2014. 环境监察与环境监测的职能及其相互关系的探讨 [J]. 科技创新导报，3：34.

陈展，尚鹤，姚斌，2009. 美国湿地健康评价方法 [J]. 生态学报，（9）：5015-5022.

崔保山，刘兴土，1999. 三江平原湿地生态特征变化及其可持续性管理对策 [J]. 地域研究与开发（3）：45-48.

崔保山，刘兴土，1999. 湿地恢复研究综述 [J]. 地球科学进展，（4）：45-51.

崔保山，杨志峰，2001. 湿地生态系统健康研究进展 [J]. 生态学杂志，20（3）：31-36.

崔保山，杨志峰，2002. 湿地生态系统健康评价指标体系 Ⅱ. 方法与案例 [J]. 生态学报，（8）：1231-1239.

崔保山，杨志峰，2003. 湿地生态系统健康的时空尺度特征 [J]. 应用生态学报，14（1）：121-125.

崔保山，杨志峰，2006. 湿地学 [M]. 北京：北京师范大学出版社：31.

崔丽娟，张明祥，2002. 湿地评价研究概述 [J]. 世界林业研究，（6）：46-53.

崔玲，倪红伟，陈琳等，2010. 三江平原湿地生态功能区划分区方案及分区特征 [J]. 国土与自然资源研究（3）：61-63.

邓琳君，2020. 论我国湿地生态补偿市场化——以美国湿地缓解银行机制为借鉴 [J]. 四川警察学院学报，32（3）：103-108.

方从刚，2013. 信息技术支撑下的国土资源监管技术体系研究与应用 [D]. 成都：成都理工大学：25.

冯文利，王学雷，史良树，等，2022. 我国湿地资源保护与权属管理现状的调研思考 [J]. 中国土地，434（3）：8-11.

冯轩玮，2022. 马克思哲学生态伦理的向度分析 [J]. 今古文创，（7）：51-53.

傅国华，2014. 生态经济学 [M]. 北京：经济科学出版社：143.

高志丹，2020. 我国湿地保护法律问题研究 [D]. 武汉：武汉大学.

郭义贵，2006. 从种群到福利——英国野生动植物保护法的发展历程及其启示意义 [J]. 科技与法律，（1）：108-114.

国家林业局，2001. 湿地履约指南 [Z].

国家林业局野生动植物保护司 . 2001. 湿地管理与研究方法 [Z]. 北京：中国林业出版社：48.

何海宁，2010. 日本体验式环境教育根深叶茂 [J]. 今日国土，(12)：34-35.

何兴元，2004. 应用生态学 [M]. 北京：科学出版社：5-56.

何兴元，贾明明，王宗明，等，2017. 基于遥感的三江平原湿地保护工程成效初步评估 [J]. 中国科学院院刊，32 (1)：3-10.

黑龙江省国营农场总局计划统计处，1982.1982 年黑龙江省国营农场总局统计年鉴 [Z]. 北京：中国统计出版社.

黑龙江省国营农场总局计划统计处，1990.1990 年黑龙江省国营农场总局统计年鉴 [Z]. 北京：中国统计出版社.

黑龙江省人民政府，2012. 黑龙江省主体功能区规划 [Z].

黑龙江省统计局，2021.2021 年黑龙江省统计年鉴 [Z]. 北京：中国统计出版社.

黑龙江省政府，2010. 黑龙江省湿地保护条例 [Z].

黑龙江省统计局，2015.2015 年黑龙江省统计年鉴 [Z]. 北京：中国统计出版社.

黑龙江省统计局，1982.1982 年黑龙江省统计年鉴 [Z]. 北京：中国统计出版社.

黑龙江省统计局，1992.1992 年黑龙江省经济统计年鉴 [Z]. 北京：中国统计出版社.

黑龙江省统计局，2000.2000 年黑龙江省统计年鉴 [Z]. 北京：中国统计出版社.

黑龙江省统计局，2010.2010 年黑龙江省统计年鉴 [Z]. 北京：中国统计出版社.

侯建斌，2022. 确立湿地保护管理顶层设计"四梁八柱". 法治日报. 2022-1-14.

侯杰泰，成子娟，1999. 结构方程模型的应用及分析策略 [J]. 心理学探新，(1)：54-59.

侯杰泰，温忠麟，成子娟，2004. 结构方程模型及其应用 [M]. 北京：教育科学出版社：27.

胡金明，刘兴土，1999. 三江平原土壤质量变化评价与分析 [J]. 地理科学，(5)：417-421.

胡攀，2022. 湿地保护纳入自然保护地体系的规范困境及出路 [J]. 南京工业大学学报（社会科学版），21 (2)：55-67，112.

胡卫萍，2013. 商法思维下的慈善公益资金运营思考 [J]. 中国商法年刊，(9)：205-210.

滑丽萍，华珞，李贵宝，等，2005. 基于全球环境变化的中国湿地问题及保护对策 [J]. 首都师范大学学报（自然科学版），26 (3)：102-108.

黄妮，刘殿伟，王宗明等，2009.1954-2005 年三江平原生态系统服务价值损失评估 [J]. 湿地科学，(1)：33-39.

姜琦刚，崔瀚文，李远华，2009. 东北三江平原湿地动态变化研究 [J]. 吉林大学学报（地球科学版），39 (6)：1127-1133.

鞠美庭等，2009. 湿地生态系统的保护与评估 [M]. 北京：化学工业出版社：28.

孔红梅，赵景柱，吴钢等，2002. 生态系统健康与环境管理 [J]. 环境科学，23 (1)：1-5.

孔令博，林巧，聂迎利，等. 英国自然资本核算体系建设进展及对中国的借鉴 [J]. 农业展望，2021，17 (10)：11-17.

蓝文艺，2004. 环境行政管理学 [M]. 北京：中国环境科学出版社：69.

郎廷建，2019. 生态危机与生态正义-基于马克思主义哲学的思考 [J]. 马克思主义哲学研究，(2).

雷霆，邢韶华，2009."湿地保护与管理"课程研究型教学体系与模式的探索 [J]. 中国林业教育，(6)：70-74.

李鸿敏，2008. 日本湿地生态系统保护的经验与启示 [J]. 生态经济（学术版），203 (2)：300-303.

李静，2012. 三江平原垦区城镇化过程与空间组织研究 [D]. 长春：中国科学院研究生院（东北地理与农业生态研究所）：41.

李强，桑家晔，张健，2020. 从保护区划定到红线管理：国内外生态空间管制发展综述 [J]. 建筑师，203 (1)：85-90.

李文华，赵景柱，2004. 生态学研究回顾与展望［M］. 北京：气象出版社：38.

李秀珍，冷文芳，解伏菊，2010. 景观与恢复生态学：跨学科的挑战［M］. 北京：高等教育出版社：273.

李艳芳，2012. 三江平原湿地生态环境状况研究［J］. 黑龙江环境通报 (2)：19-21.

李智，衣起超，吴明官，2014. 三江平原生态水利研究成果效益分析［J］. 东北水利水电，32（12）：33-36.

李子恒，2020. 我国湿地保护法律制度完善研究［D］. 兰州：甘肃政法大学.

林波，尚鹤，姚斌等，2009. 湿地生态系统健康研究现状［J］. 世界林业研究，(6)：24-30.

林小梅，2015. 论我国湿地综合生态系统管理法律制度的完善［D］. 福州：福州大学.

刘高慧，胡理乐，高晓奇，等，2018. 自然资本的内涵及其核算研究［J］. 生态经济，34（4）：153-157，163.

刘红，2003. 管理景观中的生态系统健康评价［J］. 新疆环境保护，2000，22（4）：236-239.

刘吉平，赵丹丹，田学智等，2014. 1954—2010 年三江平原土地利用景观格局动态变化及驱动力［J］. 生态学报 (12)：3234-3244.

刘金霞，2016. 我国湿地生态补偿法律制度研究［D］. 北京：北京理工大学.

刘晓辉，吕宪国，2008. 三江平原湿地生态系统固碳功能及其价值评估［J］. 湿地科学，6（2）：212-217.

刘晓辉，吕宪国，2009. 湿地生态系统服务功能变化的驱动力分析［J］. 干旱区资源与环境，23（1）：24-28.

刘晓辉，吕宪国，姜明，等，2008. 湿地生态系统服务功能的价值评估［J］. 生态学报，(11)：5625-5631.

刘兴土，1997. 三江平原湿地资源及其可持续利用［J］. 地理科学，(17).

刘兴土，2007. 三江平原沼泽湿地的蓄水与调洪功能［J］. 湿地科学 (1)：64-68.

刘兴土，马学慧，2000. 三江平原大面积开荒对自然环境影响及区域生态环境保护［J］. 地理科学，(1)：14-19.

刘雁翎，董小雨，2018. 中外湿地保护法律制度比较及借鉴［J］. 环境保护，46（17）：63-67.

刘焱序，彭建，汪安等，2015. 生态系统健康研究进展［J］. 生态学报，35（18）：5920-5930.

刘子刚，张坤民，2002. 湿地生态系统碳储存功能及其价值研究［J］. 环境保护，9：21.

柳荻，胡振通，靳乐山，2018. 美国湿地缓解银行实践与中国启示：市场创建和市场运行［J］. 中国土地科学，32（1）：65-72.

卢燕，2022. 我国湿地保护走进法治新时代［J］. 绿色中国，589（3）：8-17.

陆健健，何文珊，童春富，2011. 湿地生态学［M］. 北京：高等教育出版社，(1)：33.

罗跃初，周忠轩，孙轶等. 流域生态系统健康评价方法［J］. 生态学报，23（8）：1606-1614.

骆林川，2004. 新、马、日、港湿地公园考察收获与启示［J］. 湿地科学，(3)：238-240.

吕宪国，姜明，2004. 湿地生态学研究进展与展望［C］. 中国生态学会第七届全国会员代表大会：355.

吕宪国，刘红玉，2004. 湿地生态系统保护与管理［M］. 北京：化学工业出版社：222-223.

吕宪国，刘晓辉，2008. 中国湿地研究进展——献给中国科学院东北地理与农业生态研究所建所 50 周年［J］. 地理科学，28（3）：301-308.

吕宪国，王起超，刘吉平，2004. 湿地生态环境影响评价初步探讨［J］. 生态学杂志，(1)：83-85.

绿文，2022. 我国国际重要湿地生态保护成效显著——第 26 个世界湿地日中国主场宣传活动举行［J］. 国土绿化，335（2）：4.

马克明，孔红梅，关文彬，2001. 生态系统健康评价：方法与方向［J］. 生态学报，21（12）：2106-2116.

马逸清，1984. 湿地绝不是荒地——国际湿地公约简介［J］. 自然资源研究，(2)：68-69.

麦少芝，徐颂军，潘颖君，2005. PSR 模型在湿地生态系统健康评价中的应用［J］. 热带地理，(4)：

317-321.

梅宏，高歌，2010. 日本湿地保护立法及启示［J］. 环境保护，456（22）：72-74.

孟凡光，袁宏，1999. 三江平原自然灾害特点成因及防治［J］. 现代化农业，（1）：4-6.

孟祥楠，2012. 三江平原湿地生态序列温室气体排放通量研究［D］：哈尔滨：东北林业大学，45.

那守海，张杰，莽虹，2004. 三江平原湿地生态环境建设刍议［J］. 东北林业大学学报，（2）：78-80.

欧阳毅，桂发亮，2000. 浅议生态系统健康诊断数学模型的建立［J］. 水土保持研究，7（3）：194-197.

欧阳志云，春全，广斌等，2013. 生态系统生产总值核算：概念，核算方法与案例研究［J］. 生态学报，
    21（21）：6747-6761.

邱皓政，林碧芳，2009. 方程模型的原理与应用［M］. 北京：中国轻工业出版社：73.

曲艺，李佳珊，王继丰，崔福星，孙工棋，栾晓峰，倪红伟，2015. 基于系统保护规划的三江平原湿地保
    护网络体系优化［J］. 生态学报，35（19）：1-12.

邵琛霞，2014. 从保护到经营：美国湿地保护交易制度及其启示［J］. 中国土地科学，28（1）：68-74.

申德轶，衷平，2008. 生态健康评价在湿地管理中的应用［J］. 湿地科学与管理，4（3）：30-33.

申佳可，王云才，2020. 生态系统服务制图单元如何更好地支持风景园林规划设计？［J］. 风景园林，27
    （12）：85-91.

石文甲，2006. 生物量评价指标的确定及生物量与环境效应关系的研究［J］. 吉林大学：49.

宋洪涛，崔丽娟，栾军伟，李胜男，马琼芳，2011. 湿地固碳功能与潜力［J］. 世界林业研究，24（16）：
    6-7.

宋开山，刘殿伟，王宗明等，2008.1954 年以来三江平原土地利用变化及驱动力［J］. 地理学报（1）：
    93-104.

宋长春等，2012. 湖泊湿地海湾生态系统卷-黑龙江三江站（2000—2006）. 北京：中国农业出版社：
    50-57.

孙毅，2012. 基于 CVM 的三江平原湿地生态价值评价及影响因素分析［J］. 中国地理，（7）：45.

万方浩，郭建英，张峰，2009. 中国生物入侵研究［M］. 北京：科学出版社：3-4.

万韩，张晓伟，2008. 古希腊自然哲学时期的正义思想及其政治实现［J］. 辽宁行政学院学报，76（10）：
    65-66.

汪爱华，张树清，何艳芬，2002.RS 和 GIS 支持下的三江平原沼泽湿地动态变化研究［J］. 地理科学，
    22（5）：636-640.

汪力斌等，2008. 保护与替代-三江平原湿地研究［M］. 北京：社会科学文献出版社.

王彬辉，2002. 我国湿地保护的存在问题及法律对策［J］. 中国环境管理干部学院学报，（2）：40-44.

王佳佳，2021. 英国政府生态系统服务价值评估及实现机制研究［J］. 国土资源情报（2）：9-14.

王家德，陈建孟，2005. 当代环境管理体系构建［M］. 北京：中国环境科学出版社：45.

王勤花，王鹏龙，王宝，等. 英国自然资本管理制度与规划研究及对我国的启示［J］. 生态经济，2017，
    33（11）：201-205.

王熔，2011. 黑龙江三江自然保护区法治问题与对策研究［D］. 哈尔滨：东北林业大学：37.

王书可，李顺龙，2015. 基于 SEM 三江平原湿地生态系统健康与扰动因素分析［J］. 东北林业大学学报，
    （2）：101-107.

王树功，黎夏，周永章，2004. 湿地植被生物量测算方法研究进展［J］. 地理与地理信息科学（5）：104-
    109，113.

王树功，郑耀辉，彭逸生等，2010. 珠江口淇澳岛红树林湿地生态系统健康评价［J］. 应用生态学报，
    （2）：129-136.

王宪礼，李秀珍，1997. 湿地的国内外研究进展［J］. 生态学杂志，16（1）：58-62.

王小艺，沈佐锐，2001. 农业生态系统健康评估方法研究概况 [J]. 中国农业大学学报，61：84-90.
王玉娟，2008. 湿地保护立法比较研究 [D]. 北京：中国地质大学.
王志芳，彭瑶瑶，徐传语，2019. 生态系统服务权衡研究的实践应用进展及趋势 . 北京大学学报：自然科学版，55 (4)：773-781.
王治良，王国祥，2007. 洪泽湖湿地生态系统健康评价指标体系探讨 [J]. 中国生态农业学报，(6)：158-161.
王宗明，宋开山，刘殿伟等，2009. 1954—2005 年三江平原沼泽湿地农田化过程研究 [J]. 湿地科学 (3)：208-217.
魏强，2015. 三江平原湿地生态系统服务与社会福祉关系研究 [D]. 长春：中国科学院东北地理与农业生态研究所.
魏强，佟连军等，2015. 三江平原湿地生态系统生物多样性保护价值趋势分析 [J]. 生态学报 . 2 (35)：1-10.
魏强，杨丽花，刘永，等，2014. 三江平原湿地面积减少的驱动因素分析 [J]. 湿地科学，(6)：766-771.
温忠麟，侯杰泰，马什赫伯特，2004. 结构方程模型检验：拟合指数与卡方准则 [J]. 心理学报 (2)：186-194.
吴刚，韩青海，蓝盛芳，1999. 生态系统健康学与生态系统健康评价 [J]. 土壤与环境，8 (1)：78-80.
吴蕙婷，2022. 论湿地公园法律保护的困局与出路——以完善西洞庭湖国家湿地公园保护为视野 [J]. 湖南省社会主义学院学报，23 (2)：94-96.
吴喜梅，田晴，2021. 我国湿地保护管理体制的完善 [J]. 南阳理工学院学报，13 (1)：32-36.
吴志刚，2006. 国外湿地保护立法述评 [J]. 上海政法学院学报，(5)：98-102.
武海涛，吕宪国，2005. 中国湿地评价研究进展与展望 [J]. 世界林业研究，(4)：49-53.
夏雷，张晖，樊哲翾，2021. 英国的“启用自然资本评估方法”及对我国的启示 [J]. 中国土地，(9)：43-45.
谢立慧，2018. 我国湿地保护管理体制法律问题研究 [D]. 南宁：广西民族大学.
谢屹，温亚利，牟锐等，2009. 基于人与自然和谐发展的湿地保护研究 [J]. 北京林业大学学报 (社会科学版)，8 (2)：29-32.
徐永智，华惠川，2009. 三江平原湿地生态环境变迁及可持续发展研究 [J]. 生态经济 (学术版) . (1)：418-421.
杨厚翔，2012. 三江平原北部近 55 年来土地垦殖时空格局研究 [D]. 哈尔滨：东北农业大学.
姚佳，2019. 谈马克思主义哲学与当代生态思想 [J]. 青年与社会，(5)：160-160.
殷康前，倪晋仁，1998. 湿地研究综述 [J]. 生态学报，(5)：93-100.
尹晓梅，2013. 气候变化对三江平原湿地植被生产力影响模拟研究 [D]. 长春：中国科学院东北地理与农业生态研究所：23.
印红，2009. 湿地生物多样性保护主流化的理论与实践 [M]. 北京：科学出版社：13.
于飞，2013. 论公益性社会组织营利活动的法律规制 [D]. 沈阳：辽宁大学：37.
于贵瑞，2001. 生态系统管理学的概念框架及其生态学基础 [J]. 应用生态学报，(5)：148-155.
袁军，吕宪国，2005. 湿地功能评价两级模糊模式识别模型的建立及应用 [J]. 林业科学，(04)：1-6.
袁兴中，刘红，陆健健，2001. 生态系统健康评价-概念构架与指标选择 [J]. 应用生态学报，(4)：148-150.
原晋妮，2018. 中美湿地法律保护比较研究 [D]. 天津：天津师范大学.
张立，2008. 美国补偿湿地及湿地补偿银行的机制与现状 [J]. 湿地科学与管理，4 (4)：14-15.
张立伟，傅伯杰，2014. 生态系统服务制图研究进展 . 生态学报，34 (2)：316-25.

张苗苗，2007. 三江平原的农业开发对区域生态环境影响的研究［D］. 长春：吉林大学.

张士霞，2013. 在日本体验环境教育［J］. 环境教育，（1）：95-96.

张树文等，2008. 近50年来三江平原土壤侵蚀动态分析［J］. 资源科学，（6）：843-849.

张彦，2013. 三江平原典型湿地中多环芳烃的分布及来源分析［D］. 长春：吉林大学：56.

张祖陆，梁春玲，管延波，2008. 南四湖湖泊湿地生态健康评价［J］. 中国人口资源与环境，18（1）：180-184.

章远钰，崔瀚文，2009. 东北三江平原湿地环境变化［J］. 生态环境学报，（4）：1374-1378.

赵军，2005. 生态系统服务的条件价值评估：理论、方法与应用［D］. 上海：华东师范大学.

赵克勤，1995. 集对分析对不确定性的描述和处理［J］. 信息与控制，24（3）：162-166.

赵晓宇，李超，2020. "生态银行"的国际经验与启示［J］. 国土资源情报，232（4）：24-28.

赵学敏，2005. 湿地：人与自然和谐共存的家园-中国湿地保护［M］. 北京：中国林业出版社：13.

赵岳平，2014. 湿地保护看欧洲［J］. 浙江林业，（11）：38-40.

中国科学院长春地理研究所，1983. 三江平原沼泽［M］. 北京：科学出版社.

中央编办赴英国培训团，2017. 英国的环境保护管理体制［J］. 行政科学论坛，（2）：9-12.

周道玮，钟秀丽，1996. 干扰生态理论的基本概念和扰动生态学理论框架［J］. 东北师大学报（自然科学版），（1）：90-92.

周志强，刘彤，2005. 东北三江平原湿地现状、面临的威胁和保护措施（英文）［J］. Journalof Forestry Research，（2）：148-152.

朱凤琴，2012. 中华传统生态文化思想的现代阐释［J］. 科学社会主义，（5）：100-102.

朱洪文，王淑杰，郑桂荣，2000. 统计学原理［M］. 哈尔滨：哈尔滨工业大学出版社：47.

朱卫红，郭艳丽，孙鹏等，2012. 图们江下游湿地生态系统健康评价［J］. 生态学报，（21）：22-31.

朱智洺，冯步云，刘磊，2010. 沿海湿地生态系统健康预警指标体系的设计［J］. 生态与农村环境学报，（5）：38-43.

祝真旭，2010. 日本环境教育基地建设的经验与启示［J］. 环境教育，12：67.

宗思迪，刘吉平，2020. 1986—2019年三江平原孤立湿地动态变化研究［J］. 乡村科技，260（20）：108-109.

Allan Crowe，2000. Qucbee 2000：Millennium Wetland Event Program With Abstracts［C］. Quebee：Elizabeth Mac Kay，1-25.

Ayalew Wondie，2010. Improving management of shoreline and riparian wetland ecosystems：the case of Lake Tana catchment［J］. Eco hydrology & Hydrobiology，Vol. 10（2-4）：123-132.

Bazzaz F. A，1987. Characteristics of Population in Landscape Heterogeneity and Disturbance［M］. New York：Springer Verlag. 213-229.

Borja A，Dauer D M，Gremare A，2012. The importance of setting targets and reference conditions in assessing marine ecosystem quality. EcologicalIndicators，12（1）：1-7.

Bunn S E，Abal E G，Smith M J，Choy S C，Fellows C S，Harch B D，Kennard M J，Sheldon F，2010. Integration of science and monitoring of riverecosystem health to guide investments in catchment protection and rehabilitation. Freshwater Biology，55（S1）：223-240.

Chen ZX，Zhang XS，2000. Value of ecosystem services in China［J］. Chinese Science Bulletin，45（10）：870-876.

Chon T S，Qu X D，Cho W S，Hwang H J，Tang H Q，Liu Y D，Choi J H，Jung M，Chung B S，Lee H Y，Chung Y R，Koh S C，2013. Evaluation of stream ecosystem health and species association based on multi-taxa（benthic macroinvertebrates，algae，and microorganisms）patterning with different levels of pollution. Ecological Informatics, 17: 58-72.

Christensen NL, Bartuska AM and BrownJ H, 1996. The Report of the ecological society of American committee on the scientific basis for ecosystem management [J]. Ecological Application, 6 (3): 665-691.

Clewell A, AronsonJ, Winterhalder K, 2004. The SER primeroneco-logicalrestoration [R]. Tucson: SER: 44.

Connell D J, 2010. Sustainable livelihoods and ecosystem health: exploring methodological relations as a source of synergy. Eco Health, 7 (3): 351-360.

Costanza R, d' Arge R, de Groot R, et al, 1997. The value of the world's ecosystem services and natural capital [J]. Nature, 387: 253-260.

Costanza R, 1992. Ecosystem Health: Near Goals for Environmental Management [M]. Washington DC: Island Press. , 1-125.

Costanza R, 2012. Ecosystem health and ecological engineering. Ecological Engineering, 45: 24-29.

Costanza R, d'Arge R, de Groot R, Farber S, Grasso M, Hannon B, Limburg K, Naeem S, O'Neill R V, Paruelo J, Raskin R G, Sutton P, vanden Belt M, 1997. The value of the world's ecosystem services and natural capital. Nature, 387 (6630): 253-260.

Costanza. R, Towand, 1992. an operational definition of health [C]: Island press: 12-20.

DEFRA, 2011. The natural choice: Securing the value of nature [R]. London: Defra.

Delpech C, Courrat A, Pasquaud S, Lobry J, Le Pape O, Nicolas D, Boet P, Girardin M, Lepage M, 2010. Development of a fish-based index to assess the ecological quality of transitional waters: the case of French estuaries. Marine Pollution Bulletin, 60 (6): 908-918.

Department for Environment, Food and Rural Affairs. An introductory guide to valuing ecosystem services [EB/OL]. [2020-03-19].

Department for Environment, Food and Rural Affairs. Payments for ecosystem services: a best practice guide [EB/OL]. [2020-06-05].

Forman, 1995. Some general principles of lands cape and regional ecology [J]. Lands cape Ecology, 10 (3): 133-142.

Fu B J, Chen L D, 1996. Landscape diversity types and their ecological significance [J]. Acta Geographica Sinica, 51 (5): 454-462.

Gallopin G C, 1995. The potential of agroecosystem health as aguiding concept for agricultural research [J]. Ecosystem Health, 1: 129-141.

Geller E S, 1994. Psychological perspectives of ecosystem health [J]. Aquat. Ecosyst. Health, 3 (1): 59-62.

Halpern B S, Longo C, Hardy D, Mc Leod K L, Samhouri J F, Katona S K, Kleisner K, Lester S E, O'Leary J, Ranelletti M, Rosenberg A, Scarborough C, Selig E, Best B D, Brumbaugh D, Chapin F S, Crowder L B, Daly K L, Doney S C, Elfes C, Fogarty M J, Gaines S D, Jacobsen K I, Karrer L B, Leslie H M, Neeley E, Pauly D, Polasky S, Ris B, St Martin K, Stone G S, Sumaila U R, Zeller D, 2012. An index to assess the health and benefits of the global ocean. Nature, 488 (7413): 615-620.

Halpern B S, Longo C, Mcleod K L, Cooke R, Fischhoff B, Samhouri J F, Scarborough C, 2013. Elicited preferences for components of ocean health inthe California Current. Marine Policy, 42: 68-73.

Harries L D, 1991. From implications to applications: the dispersal corridors principles application of biological diversity [J] . Surrey Beatty: 198-220.

Harvey J, 2001. The natural economy [J]. Nature, 413 (6855): 463.

Jackson L E, Daniel J, Mc Corkle B, Sears A, Bush K F, 2013. Linking ecosystem services and human health: the eco-health relationship browser. International Journal of Public Health, 58 (5): 747-755.

Jawed Khan, 2012. Towards a sustainable environment UKnatural capital and ecosystem economic accounting [R]. London: Office for National Statistics.

Jrgensen S E, 2010. Ecosystem services, sustainability and the rmodynamic indicators. Ecological Complexity, 7 (3): 311-313.

Kaly U L, Jones G P. Mangrove Restoration: A Potential Tool for Coastal Management in Tropical Developing Countries [C]. Ambio, 1998, 27 (8): 656-661.

Karr J R, 1991. Biological integrity: along-neglected aspect of water resource management [J]. Ecological Applications, 1 (1): 66-84.

Kolb T E, 1994. Concepts of forest health: utilitarian and ecosystem perspectives [J]. Forestry, 92: 10-15.

Kristiina Vogt, John Gordon and Hohn Wargo, 2002. 欧阳华, 王政权, 王群力等翻译. 生态系统: 平衡与管理的科学 [M]. 北京: 科学出版社: 158.

Leopold J C, 1997. Getting a handle on ecosystem health. Science, 276: 887.

Mageau M T, Costanza R, Ulanowicz R E, 1997. Quantifying the trends expected in developing ecosystems [J]. Ecological Modelling, 112 (1): 1-22.

Main A R, 1993. Landscape reintegration: problem definition, in Reintegrating Fragmented Landscapes: Towards Sustainable Production and Nature Conservation [M]. New York, Springer-Verlag: 189-208.

Mayer P M, Galatowitsch S M, 2001. Assessing ecosystem integrity of restored prairie wetlands from species Produetion-diversity relationships [J]. Hydrobiologia, 443 (l): 177-185.

Meyer J L, 1997. Stream health: incorporating the human dimension to advance stream ecology [J]. Journal of the North American Ethological Society, 16 (2): 439-447.

Meyerson L A, Mooney H A, 2007. Invasive alien species in an era of globalization [J]. Frontiers in Ecology and Environment, 5 (4): 199-208.

Millennium Ecosystem Assessment, 2005. Ecosystems and Human Well-being: Synthesis. Washington: Island Press.

Ministry of Housing, Communities and Local Government. Review of technical guidance on environmental appraisal [EB/OL]. [2020-05-28].

Molles M C, 2011. Ecology Concepts and Applications [M], 北京: 高等教育出版社, 5.

Noble I R, Dirzo R, 1997. Forests as human dominated ecosystems [J]. Science, 277: 522-525.

Office for National Statistics. UK Natural Capital: interim reviewand revised 2020 roadmap [EB/OL]. (2018-07-12).

Pantus F J, Dennison W C, 2005. Quantifying and evaluating ecosystem health: a case study from Moreton Bay, Australia [J]. Environmental Management, 36 (5): 757-771.

Pearce D W, Turner R K, 1990. Economics of natural resources and the environment [M]. Baltimore: Johns Hopkins University Press: 51-53.

Peter Rabinowitz, Lisa Conti, 2013. Links Among Human Health, Animal Health, and Ecosystem Health [J]. Annual Review of Public Health (IF3. 268), Vol. 34, pp: 189-204.

Preston N D, Daszak P, Colwell R, 2013. The human environment interface: applying ecosystem concepts to health. Current Topics in Microbiology and Immunology, 365: 83-100.

RACHAEL Gooberman-hill, et al, 2008. Citizens'juries in planning research priorities: process. engagement and outcome [J]. Health ex-pectations, 11: 272 -273.

Rapport D J, G. Bohm, D. Buckingham, J. Cairns, R. Costanza, J. R. Karr, H. A. M. de Kruijf, R. Levins,

A. J. McMichael, N. O. Nielsen & W. G. Whitford, 1999. Ecosystem health: the concept, the ISEH, and the important tasks ahead. Ecosystem Health, 5: 82-90.

Rapport D J, 1989. What constitutes ecosystem health. Perspectives in Biology and Medicine, 33 (1): 120-132.

Rapport D J, Maffi L, 2011. Eco-cultural health, global health, and sustainability. Ecological Research, 26 (6): 1039-1049.

Rapport D, Lee V, 2004. Ecosystem health : coming of age inprofessional curriculum [J]. EcoHealth (Supp): 8-11.

Rapport D J, 1989. What constitutes ecosystem health. [J]. Perspectives in Biology and Medicine, 33: 20-132.

Rapport D J, 1998. Evaluating landscape health: integratingsocietal goals and biophysical process [J]. Journal of Envi-ronmental Management, 53: 1-15.

Robert C, 1992. Ecological economic issues and considerations in indicator development, Selection and use: toward an operational definition of system health [J]. Ecological Indicators: 1491-1502.

Rolston H, 1985. Duties to endangered species [J]. BioScience, 35: 718-726.

Rombouts I, Beaugrand G, Artigasa L F, Dauvin J C, Gevaert F, Goberville E, Kopp D, Lefebvre S, Luczak C, Spilmont N, Travers-Trolet M, Villanueva M C, Kirby R R, 2013. Evaluating marine ecosystem health: Case studies of indicators using direct observations and modeling methods. Ecological Indicators, 24: 353-365.

Samhouri J F, Lester S E, Selig E R, Halpern B S, Fogarty M J, Longo C, Mcleod K L, 2012. Sea sick. Setting targets to assess ocean health and ecosystem services. Ecosphere, 3 (5): article41.

Sandin S A, Sala E, 2012. Using successional theory to measure marine ecosystem health. Evolutionary Ecology, 26 (2): 435-448.

Sarkar A, Patil S, Hugar L B, van Loon G, 2011. Sustainability of current agriculture practices, community perception, and implications for ecosystem health: an Indian study. Eco Health, 8 (4): 418-431.

Schaeffer D J & D K Cox, 1992. Establishing ecosystem threshold criteria. In: Costanza, R. , B. G. Norton & B. D. Haskell eds. Ecosystem health: new goals for environmental management [M]. Washinton, D. C: Island Press: 157-169.

Schneider B D, 1992. Monitoring for ecological integrity: The state of treat [A]. In: Daninel. Ecological Indicators [C]. Barking: Elsevier Science Publishers Ltd. 1403-1419.

Scottish Natural Heritage. Valuing our natural environment [EB/OL]. [2020-05-28].

Sharma R C, Rawat J S, 2009. Monitoring of aquatic macroinvertesbrates as bioindicator for assessing the Health of wetlands: A ease study in the Central Himalayas, India. Ecological Indicators [J]. 9 (l): 118-128.

Sharma R C, Rawat J S, 2009. Monitoring of aquatic macroinvert esbrates as bioindicator for assessing the Health of wetlands: A ease study in the Central Himalayas, India [J]. Ecological Indicators, 9 (l): 118-128.

Shear H, 1996. The development and use of indicators to assess the state of ecosystem health in the Great Lakes [J]. EcosystemHealth, 2: 241-258.

Sheaves M, Johnston R, Connolly R M, 2012. Fish assemblages as indicators of estuary ecosystem health. Wetlands Ecology and Management, 20 (6): 477-490.

Sophia Bari nova, Eibi Nevo, Tatiana Bragina, 2011. Ecological assessment of wetland ecosystems of northern Kazakhstan on the basis of hydrochemistry and algal biodiversity [J]. Acta Botanica Croatica, Vol. 70 (2), pp. 215-244c.

Speldewinde P C, Cook A, Davies P, Weinstein P, 2011. The hidden health burden of environmental degradation: disease comorbidities and drylandsalinity. Eco Health, 8 (1): 82-92.

Styers D M, Chappelka A H, Marzen L J, Somers G L, 2010. Developing a land-cover classification to select indicators of forest ecosystem health in a rapidly urbanizing landscape. Landscape and Urban Planning, 94 (3): 158-165.

Sub global assessment selection working group of millennium ecosystem assessment, 2001. Millennium ecosystem assessment sub global component: purpose structure and protocols: 28-29.

Trainer V L, Bates S S, Lundholm N, Thessen A E, Cochlan W P, Adams N G, Trick C G, 2012. Pseudonitzschia physiological ecology, phylogeny, toxicity, monitoring and impacts on ecosystem health. Harmful Algae, 14: 271-300.

Turner M G, 1989. Predicting the Spread of Disturbance in Heterogeneous Landscape [J]. Oikos, 55 (1): 121-129.

UK National Ecosystem Assessment Technical Report (2011) : Understanding nature's value to society. UK NEA, http://uknea. unep-wcmc. org / .

Van Niekerk L, Adams J B, Bate G C, Forbes A T, Forbes N T, Huizinga P, Lamberth S J, MacKay C F, Petersen C, Taljaard S, Weerts S P, Whitfield A K, Wooldridge T H. Country-wide assessment of estuary health: an approach for integrating pressures and ecosystem response in a data limited environment, 2013. Estuarine, Coastal and Shelf Science, 130: 239-251.

Vitousek P M, 1997. Human domination of earth's ecosystems [J]. Science, 277: 45-49.

Vugteveen P, Leuven R SEW, Huijbregts MAJ, et al. Redefinition and elaboration of river ecosystem health: perspective for river management [J]. Hydrobiologia, 2006, 565 (1): 289-308.

Wang C H, Wang K L, Xu L F, 2003. The assessment indicators of wetland decosystem health. Territory & natural resources study, 4: 63-64.

Wang Y K, Stevenson R J, Sweetsp R, et al, 2006. Developing and testing dia to mindieators for wetland sin the Caseo Bay watershed, Maine, USA [J]. Hydrobiologia, 561 (1): 91-206.

Weinstein P, 2005. Human health is harmed by ecosystem degradation, but does intervention improve it. A research challenge from the millennium ecosystem assessment [J]. EcoHealth, 2 (3): 228-230.

Wendy Kenyon, et al, 2003. Enhancing environmental decision-making using citizens' juries [J]. Local environment, 8 (2) : 222 -230.

Wike L D, Martin F D, Paller M H, Nelson E A, 2010. Impact of forest serial stage on use of ant communities for rapid assessment of terrestrial ecosystem health. Journal of Insect Science, 10 (77): 1-16.

Xu F L, Tao S, Aawson R W, et al, 2001. Lake ecosystem health assessment: indicators and methods [J]. Water Research, 35 (13): 3157-3167.

Yee S H, Bradley P, Fisher W S, Perreault S D, Quackenboss J, Johnson E D, Bousquin J, Murphy P A, 2012. Integrating human health and environmental health into the DPSIR framework: a tool to identify research opportunities for sustainable and healthy communities. Eco Health, 9 (4): 411-426.

Yu G M, Yu Q W, Hu L M, Zhang S, Fu T T, Zhou X, He X L, Liu Y A, Wang S, Jia H H, 2013. Ecosystem health assessment based on analysis of a land use database. Applied Geography, 44: 154-164.

Zhao Ming, Zeng Xinmin, 2002. Atheoretical analysis on the local climate change induced by the change of land use [J]. Advances in Atmospheric Sciences, 19 (1): 45-63.

Zhao S, Chai L H, Li P F, Cheng H X, 2013. Urban ecosystem health assessment model and its application: a case study of Tianjin. Acta Scientiae Circumstantiae, 33 (4): 1173-1179.

**图书在版编目（CIP）数据**

三江平原湿地生态系统健康评价与管理 / 王书可著
. —北京：中国农业出版社，2023.2
ISBN 978-7-109-30670-7

Ⅰ.①三… Ⅱ.①王… Ⅲ.①三江平原－沼泽化地－
生态系－研究 Ⅳ.①P942.350.78

中国国家版本馆CIP数据核字（2023）第081427号

三江平原湿地生态系统健康评价与管理
**SANJIANG PINGYUAN SHIDI SHENGTAI XITONG JIANKANG PINGJIA YU GUANLI**

**中国农业出版社出版**
地址：北京市朝阳区麦子店街18号楼
邮编：100125
责任编辑：吕　睿
版式设计：王　晨　　责任校对：吴丽婷
印刷：中农印务有限公司
版次：2023年2月第1版
印次：2023年2月北京第1次印刷
发行：新华书店北京发行所
开本：787mm×1092mm　1/16
印张：11
字数：260千字
定价：68.00元